自动化工程师职业培训丛书

单片机技术基础及应用

主 编 顾 波
副主编 李素萍 刘海朝 任 岩
参 编 袁生举 周 娜 谢俊明 成 斌

中国电力出版社
www.cepp.com.cn

内 容 提 要

本书系统地介绍了单片机技术的基本概念、理论基础、技术方法和应用实例。本书共8章，第一章主要介绍了单片机的发展概况、数制及编码技术；第二～四章分别介绍了MCS-51系列单片机的硬件结构、软件编程环境和MCS-51系列单片机的指令系统；第五章介绍了MCS-51单片机内部资源；第六章介绍了MCS-51单片机的扩展技术；第七章介绍了单片机的A/D、D/A转换设计；第八章在前面已介绍知识的基础上，结合具体实例来帮助读者加深对前面介绍的各种知识的认识。

本书侧重于基础知识的介绍，内容通俗易懂，在学习过程中结合大量的具体实例对内容进行补充说明，有利于单片机技术从入门到提高的进阶学习。

本书既适用于单片机初学者，又可作为工程技术人员的技术参考书及高校相关专业教材。

图书在版编目（CIP）数据

单片机技术基础及应用 / 顾波主编. —北京：中国电力出版社，2010.10

（自动化工程师职业培训丛书）

ISBN 978-7-5123-0810-7

Ⅰ. ①单… Ⅱ. ①顾… Ⅲ. ①单片微型计算机－技术培训－教材 Ⅳ. ①TP368.1

中国版本图书馆CIP数据核字（2010）第166788号

中国电力出版社出版、发行

（北京三里河路6号 100044 http://www.cepp.com.cn）

汇鑫印务有限公司印刷

各地新华书店经售

*

2011年1月第一版 2011年1月北京第一次印刷

787毫米×1092毫米 16开本 13印张 313千字

印数0001—3000册 定价**24.00**元

前　言

单片机是一种集成电路芯片，采用超大规模技术把具有数据处理能力（如算术运算，逻辑运算、数据传送、中断处理）的微处理器（CPU），随机存取数据存储器（RAM），只读程序存储器（ROM），输入/输出电路（I/O 口），甚至还包括定时器/计数器，串行通信口（SCI），显示驱动电路（LCD 或 LED 驱动电路），脉宽调制电路（PWM），模拟多路转换器及 A/D 转换器等电路集成到一块芯片上，构成一个小巧但完善的计算机系统。这些电路能在软件的控制下准确、迅速、高效地完成程序设计者事先规定的任务。

单片机控制系统能够取代以前利用复杂电子线路或数字电路构成的控制系统，可以用软件控制来实现，并能够实现智能化，现在单片机的应用领域越来越广泛，例如，通信产品、家用电器、智能仪器仪表、过程控制和专用控制装置等方面。

本书具有以下几方面的特点：

（1）重点介绍了单片机技术的基本知识，适当介绍了提高部分，便于读者从入门到提高的进阶学习，使读者可以循序渐进地理解和掌握单片机技术。

（2）首先介绍了单片机的整体结构和整体结构中各组成部分之间的联系，然后分章节详细介绍了各组成部分的结构和功能，使读者能通过整体了解局部，并通过局部的学习进一步增强对单片机整体结构的认识。知识结构组织新颖，整体与局部相结合，便于读者进行学习、理解和应用。

（3）全面、详细介绍了单片机的外围扩展技术，包括单片机常规扩展技术和一些最新的外围扩展技术，增强了读者对单片机使用范围的认识。

（4）以技能训练为主，强调实际应用，书中列举了大量的单片机应用实例，以加强读者对单片机技术的理解和应用。

本书共 8 章，第一章介绍了单片机的发展概况和数制及编码；第二章主要介绍了单片机的硬件结构，包括单片机的内部结构和引脚功能等；第三章介绍了单片机的软件编程环境，主要介绍了单片机编程和仿真时常用的两个软件：Keil 软件和伟福软件；第四章详细介绍了单片机的指令系统，包括单片机的寻址方式、指令系统、伪指令和汇编语言编程方法；第五章主要介绍了单片机内部资源，包括中断系统、定时器/计数器和串口通信等知识；第六章介绍了单片机系统扩展技术，包括输入/输出接口的扩展、键盘/显示器接口扩展和单片机系统存储器的扩展；第七章主要介绍了单片机的 A/D、D/A 转换设计；第八章通过具体实例来系统地学习前面各章节知识。

本书由顾波主编，负责全书的组织和统稿。第一、五章由李素萍编写，第二、三章由刘海朝编写，第四章由袁生举编写，第六章由任岩编写，第七、八章由顾波、周娜、谢俊明编写。

限于编者水平，书中难免存在缺点和不足之处，恳请读者提出宝贵的意见和建议。

作　者

目 录

概　述

单片机是一种集成电路芯片，它采用超大规模技术把具有数据处理能力（如算术运算，逻辑运算、数据传送、中断处理）的微处理器（Center Processing Unit，CPU），随机存取数据存储器（RAM），只读程序存储器（ROM），输入/输出接口电路（I/O 接口），甚至还包括定时器/计数器，串行通信口（SCI），显示驱动电路（LCD 或 LED 驱动电路），脉宽调制电路（PWM），模拟多路转换器及 A/D 转换器等电路集成到一块芯片上，构成一个小巧但完善的计算机系统。这些电路能在软件的控制下准确、迅速、高效地完成程序设计者事先规定的任务。

单片机控制系统能够取代以前利用复杂电子线路或数字电路构成的控制系统，可以用软件控制来实现，并能够实现智能化，现在单片机控制范围很广，例如，在通信产品、家用电器、智能仪器仪表、过程控制和专用控制装置等都有应用。单片机的应用领域也越来越广泛。

单片机的应用意义远不限于它的应用范围广和由此带来的经济效益，更重要的是它已从根本上改变了传统的控制方法和设计思想，是控制技术的一次革命，是一座重要的里程碑。

第一节　单片机的发展概况

一、单片机的发展特点

所谓单片机，是指一个集成在一块芯片上的计算机系统。尽管它的大部分功能集成在一块小芯片上，但是它将具有数据处理能力的微处理器（CPU）、存储器［含程序存储器（ROM）和数据存储器（RAM）］、输入/输出接口电路（I/O 接口）等模块集成在同一块芯片上，构成一个既小巧又很完善的计算机硬件系统，在单片机程序的控制下能准确、迅速、高效地完成程序设计者事先规定的任务。所以说，一片单片机芯片就具有组成计算机的全部功能。

（一）单片机简介

单片机也被称为微控制器（Microcontroller），它最早被用在工业控制领域。单片机是由芯片内仅有的 CPU 专用处理器发展而来的。最早的设计理念是通过将大量外围设备和 CPU 集成在一个芯片中，使计算机系统更小，更容易集成，且易于与复杂但对体积要求严格的控制设备相结合。INTEL 的 Z80 就是最早按照这种思想设计出的处理器，从此以后，单片机和专用处理器的发展便分开了。

由此来看，单片机有着一般微处理器（CPU）芯片所不具备的功能，它可单独地完成现代工业控制所要求的智能化控制功能，这是单片机最大的特征。然而单片机又不同于单板机（一种将微处理器芯片、存储器芯片、输入/输出接口芯片安装在同一块印制电路板上的微型计算机），单片机芯片在没有开发前，它只是具备功能极强的超大规模集成电路，如果对它进行应用开发，它便是一个小型的微型计算机控制系统，但它与单板机或个人电脑（PC 机）有着本质的区别。

单片机的应用属于芯片级应用，需要用户（单片机学习者与使用者）了解单片机芯片的结构和指令系统，以及其他集成电路应用技术和系统设计所需要的理论和技术，用这样特定的芯片设计应用程序，从而使该芯片具备特定的功能。

不同的单片机有着不同的硬件特征和软件特征，即它们的技术特征均不尽相同，硬件特征取决于单片机芯片的内部结构，用户要使用某种单片机，必须了解该类型产品是否满足需要的功能和应用系统所要求的特性指标。这里的技术特征包括功能特性、控制特性和电气特性等，这些信息需要从生产厂商的技术手册中得到。软件特征是指指令系统特性和开发支持环境，指令特性即我们熟悉的单片机的寻址方式，数据处理和逻辑处理方式，输入/输出特性及对电源的要求等。开发支持的环境包括指令的兼容及可移植性，支持软件（包含可支持开发应用程序的软件资源）及硬件资源。要利用某型号单片机开发自己的应用系统，掌握其结构特征和技术特征是必须的。

单片机控制系统能够取代以前利用复杂电子线路或数字电路构成的控制系统，可以以软件控制来实现，并能够实现智能化。

诚然，单片机的应用意义远不限于它的应用范畴或由此带来的经济效益，更重要的是它已从根本上改变了传统的控制方法和设计思想，是控制技术的一次革命，是一座重要的里程碑。

（二）单片机的发展历程

1946 年第一台电子计算机诞生至今，依靠微电子技术和半导体技术的进步，从电子管——晶体管——集成电路——大规模集成电路，使得计算机体积更小，功能更强。特别是近 20 年时间里，计算机技术更是飞速的发展，计算机在工农业、科研、教育、国防和航空航天领域获得了广泛的应用，计算机技术已经是一个国家现代科技水平的重要标志。

单片机诞生于 20 世纪 70 年代，最初的单片机是利用大规模集成电路技术把中央处理单元和数据存储器（RAM）、程序存储器（ROM）及其他 I/O 接口集成在一块芯片上，构成一个小巧的计算机系统，而现代的单片机则加上了中断单元、定时单元及 A/D 转换等更复杂、更完善的电路，使得单片机的功能越来越强大，应用越来越广泛。

20 世纪 70 年代，微电子技术正处于发展阶段，集成电路属于中规模发展时期，各种新材料、新工艺尚未成熟，单片机仍处在初级的发展阶段，元件集成规模还比较小，功能比较简单，一般把 CPU、RAM 有的还包括一些简单的 I/O 口集成到芯片上，像 Fairchild 公司就属于这一类型，它还需配上外围的其他处理电路才能构成完整的计算系统。类似的单片机还有 Zilog 公司的 Z80 微处理器。

1976 年 Intel 公司推出了 MCS-48 单片机，这个时期的单片机才是真正的 8 位单片微型计算机。它以体积小，功能全，价格低而赢得了广泛的市场，为单片机的发展奠定了基础，成为单片机发展史上一个重要的里程碑。

在 MCS-48 的带动下，其后，各大半导体公司相继研制和发展了自己的单片机，像 Zilog 公司的 Z8 系列。到了 20 世纪 80 年代初，单片机已发展到了高性能阶段，像 Intel 公司的

MCS-51 系列，Motorola 公司的 6801 和 6802 系列，Rokwell 公司的 6501 及 6502 系列等，此外，日本的著名电气公司 NEC 和 HITACHI 都相继开发了具有自己特色的专用单片机。

20 世纪 80 年代，世界各大公司均竞相研制出品种多、功能强的单片机，约有几十个系列，300 多个品种，此时的单片机均属于真正的单片化，大多集成了 CPU、RAM、ROM、数目繁多的 I/O 接口、多种中断系统，甚至还有一些带 A/D 转换器的单片机，功能越来越强大，RAM 和 ROM 的容量也越来越大，寻址空间甚至可达 64KB，可以说，单片机发展到了一个新的阶段。

以 8 位单片机为起点，单片机的发展可以分为以下几个阶段：

（1）第一阶段（1976～1978 年），单片机的探索阶段。以 Intel 公司的 MCS-48 为代表。MCS-48 的应用领域主要是在工业控制领域，这一阶段的研究公司还包括 Motorola、Zilog 等，并且取得了满意的效果。这就是单片微型计算机（Single Chip Microcomputer，SCM）的诞生年代，“单机片”一词即由此而来。

（2）第二阶段（1978～1982 年），单片机的完善阶段。Intel 公司在 MCS-48 基础上推出了完善的、典型的单片机系列 MCS-51。它在以下几个方面奠定了典型的通用总线型单片机体系结构。

1）完善的外部总线。MCS-51 设置了经典的 8 位单片机的总线结构，包括 8 位数据总线、16 位地址总线、控制总线及具有多机通信功能的串行通信接口；

2）CPU 外围功能单元的集中管理模式；

3）体现工控特性的位地址空间及位操作方式；

4）指令系统趋于丰富和完善，并且增加了许多突出控制功能的指令。

（3）第三阶段（1982～1990 年）。8 位单片机的巩固发展及 16 位单片机的推出阶段，也是单片机向微控制器发展的阶段。Intel 公司推出的 MCS-96 系列单片机，将一些用于测控系统的模数转换器、程序运行监视器、脉宽调制器等纳入片中，体现了单片机的微控制器特征。随着 MCS-51 系列的广泛应用，许多电气厂商竞相使用 80C51 为内核，将许多测控系统中使用的电路技术、接口技术、多通道 A/D 转换部件、可靠性技术等应用到单片机中，增强了外围电路路功能，强化了智能控制的特征。

（4）第四阶段（1990 年至今）。微控制器的全面发展阶段。随着单片机在各个领域全面深入地发展和应用，出现了高速、大寻址范围、强运算能力的 8 位、16 位、32 位通用型单片机，以及小型廉价的专用型单片机。

按单片机的功能对单片机进行分类，可以把单片机分为以下三个主要的阶段：

（1）SCM 即单片微型计算机阶段。这一阶段主要是寻求最佳的单片嵌入式系统及最佳的体系结构，奠定了 SCM 与通用计算机完全不同的发展道路。在开创嵌入式系统独立发展道路上，Intel 公司功不可没。

（2）MCU（Micro Controller Unit）即微控制器阶段。这一阶段主要的技术发展方向是：不断扩展满足嵌入式应用的各种外围电路与接口电路，突显其对对象的智能化控制能力。它所涉及的领域都与对象系统相关，因此，发展 MCU 的重任不可避免地落在电气、电子技术厂家。因此，在这一阶段 Intel 逐渐淡出 MCU 的发展。在发展 MCU 方面，最著名的厂家当数 Philips 公司。Philips 公司以其在嵌入式应用方面的巨大优势，将 MCS-51 从单片微型计算机迅速发展到微控制器。因此，当我们回顾嵌入式系统发展道路时，不要忘记 Intel 和 Philips 的历史功绩。

（3）单片机是嵌入式系统的发展之路。向 MCU 阶段发展的重要因素，就是寻求应用系统在芯片上的最大化解决。因此，专用单片机的发展自然形成了 SoC（System on a Chip）化趋势。随着微电子技术、IC 设计、EDA 工具的发展，基于 SoC 的单片机应用系统设计会有较大的发展。对单片机的理解可以从单片微型计算机、单片微控制器延伸到单片应用系统。

（三）单片机的发展趋势

1. CMOS 化

近年，由于 CHMOS 技术的进步，大大地促进了单片机的 CMOS 化。CMOS 芯片除了低功耗特性之外，还具有功耗的可控性，使单片机可以工作在功耗精细管理状态。这也是今后以 80C51 取代 8051 为标准 MCU 芯片的原因。因为单片机芯片多数是采用 CMOS（金属栅氧化物）半导体工艺生产。CMOS 电路的特点是低功耗、高密度、低速度、低价格。采用双极型半导体工艺的 TTL 电路速度快，但功耗和芯片面积较大。随着技术和工艺水平的提高，又出现了 HMOS（高密度、高速度 MOS）和 CHMOS 工艺。CHMOS 和 HMOS 工艺的结合，使目前生产的 CHMOS 电路已达到 LSTTL 的速度，传输延迟时间小于 2ns，它的综合优势已大于 TTL 电路。因而，在单片机领域 CMOS 正在逐渐取代 TTL 电路。

2. 低功耗化

单片机的电流从 mA 级降到了 μA 级甚至 1μA 以下；使用电压在 3～6V 之间，完全能使用电池工作。低功耗化的效应不仅是功耗低，而且带来了产品的高可靠性、高抗干扰能力以及产品的便携化。

3. 低电压化

几乎所有的单片机都有 WAIT、STOP 等省电运行方式。允许使用的电压范围越来越宽，一般在 3～6V 范围内工作。低电压供电的单片机电源下限已达 1～2V。目前 0.8V 供电的单片机已经问世。

4. 低噪声与高可靠性

为提高单片机的抗电磁干扰能力，使产品能适应恶劣的工作环境，满足电磁兼容性方面更高标准的要求，各单片机厂商在单片机内部电路中都采用了新的技术措施。

5. 大容量化

以往单片机内的 ROM 为 1～4KB，RAM 为 64～128B。但在需要复杂控制的场合，该存储容量是不够的，必须进行外接扩充。为了适应这种领域的要求，需运用新的工艺，使片内存储器大容量化。目前，单片机内 ROM 最大可达 64KB，RAM 最大为 2KB。

6. 高性能化

高性能化主要是指进一步改进 CPU 的性能，加快指令运算的速度和提高系统控制的可靠性。采用精简指令集（RISC）结构和流水线技术，可以大幅度提高运行速度。现指令速度最高者已达 100MIPS（Million Instruction Per Seconds，兆指令每秒），并加强了位处理功能、中断和定时控制功能。这类单片机的运算速度比标准的单片机高出 10 倍以上。由于这类单片机有极高的指令速度，可以用软件模拟其 I/O 功能，由此引入了虚拟外设的新概念。

7. 小容量、低价格化

与上述相反，以 4 位、8 位机为中心的小容量、低价格化也是发展动向之一。这类单片机的用途是把以往用数字逻辑集成电路组成的控制电路单片化，可广泛用于家电产品。

8. 外围电路内装化

这也是单片机发展的主要方向。随着集成度的不断提高，有可能把众多的各种外围功能器件集成在片内。除了一般必须具有的CPU、ROM、RAM、定时器/计数器等以外，片内集成的部件还有模/数转换器、DMA控制器、声音发生器、监视定时器、液晶显示驱动器、彩色电视机和录像机用的锁相电路等。

9. 串行扩展技术

在很长一段时间里，通用型单片机通过三总线结构扩展外围器件成为单片机应用的主流结构。随着低价位OTP（One Time Programble）及各种类型片内程序存储器的发展，加之外围接口不断进入片内，推动了单片机“单片”应用结构的发展。特别是IC、SPI等串行总线的引入，可以使单片机的引脚设计得更少，单片机系统结构更加简化及规范化。

二、单片机种类及性能

1. ATMEL公司的AVR单片机

ATMEL公司的AVR单片机是增强型RISC内载Flash的单片机，芯片上的Flash存储器附在用户的产品中，可随时编程，以及再编程，使用户的产品设计容易，更新换代方便。AVR单片机采用增强的RISC结构，使其具有高速处理能力，在一个时钟周期内可执行复杂的指令，每MHz可实现1MIPS的处理能力。AVR单片机工作电压为2.7～6.0V，可以实现耗电最优化。AVR的单片机广泛应用于计算机外部设备、工业实时控制、仪器仪表、通信设备、家用电器、宇航设备等各个领域。

2. Motorola单片机

Motorola是世界上最大的单片机厂商。从M6800开始，开发了多个品种，有4位、8位、16位、32位的单片机，其中典型的代表有：8位机M6805、M68HC05系列，8位增强型M68HC11、M68HC12，16位机M68HC16，32位机M683XX。Motorola单片机的特点之一是在同样的速度下所用的时钟频率较Intel类单片机低得多，因而使得高频噪声低，抗干扰能力强，更适合于工控领域及恶劣的环境。

3. MicroChip单片机

MicroChip单片机的主要产品是PIC 16C系列和17C系列8位单片机，CPU采用RISC结构，分别有33、35、58条指令，它采用Harvard双总线结构，具有运行速度快、低工作电压、低功耗、较大的输入/输出直接驱动能力、价格低、一次性编程、体积小等特点，适用于用量大、档次低、价格敏感的产品。在办公自动化设备，消费电子产品，电信通信，智能仪器仪表，汽车电子，金融电子，工业控制不同领域都有广泛的应用，PIC系列单片机在世界单片机市场份额排名中逐年提高，发展非常迅速。

4. MDT20XX系列单片机

工业级OTP单片机，由Micon公司生产，与PIC单片机管脚完全一致，海尔集团的电冰箱控制器，TCL通信产品，长安奥拓铃木小轿车功率分配器就采用这种单片机。

5. EM78系列OTP型单片机

台湾义隆电子股份有限公司生产，可直接替代PIC16CXX，管脚兼容，软件可转换。

6. Scenix单片机

Scenix公司推出的8位RISC结构SX系列单片机与Intel的Pentium Ⅱ等一起被《Electronic Industry Yearbook 1998》评选为1998年世界十大处理器。在技术上有其独到之处：SX系列双时钟设置，指令运行速度可达50、75、100MIPS；具有虚拟外设功能，柔性化 I/O 端口，所有的 I/O 端口都可单独编程设定，公司提供各种 I/O 的库函数，用于实现各种 I/O 模块的功能，如多路 UART、多路 A/D、PWM、SPI、DTMF、FS、LCD 驱动等。采用 EEPROM/FLASH 程序存储器，可以实现在线系统编程。通过计算机 RS-232C 接口，采用专用串行电缆即可对目标系统进行在线实时仿真。

7. EPSON 单片机

EPSON 单片机以低电压、低功耗和内置 LCD 驱动器的特点闻名于世，尤其是 LCD 驱动部分做得很好。该单片机广泛用于工业控制、医疗设备、家用电器、仪器仪表、通信设备和手持式消费类产品等领域。目前 EPSON 已推出四位单片机 SMC62 系列、SMC63 系列、SMC60 系列和八位单片机 SMC88 系列。

8. 东芝单片机

东芝单片机门类齐全，4 位机在家电领域有很大市场，8 位机主要有 870 系列、90 系列，该类单片机允许使用慢模式。东芝的 32 位单片机采用 MIPS 3000A RISC 的 CPU 结构，面向数字相机、图像处理等市场。

9. 8051 单片机

8051 单片机最早由 Intel 公司推出，其后，多家公司购买了 8051 的内核，使得以 8051 为内核的 MCU 系列单片机在世界上产量最大，应用也最广泛，有人推测 8051 可能最终形成事实上的标准 MCU 芯片。

10. LG 公司生产的 GMS90 系列单片机

该系列单片机与 Intel MCS-51 系列、Atmel 89C51/52、89C2051 等单片机兼容，具有 CMOS 技术和高达 40MHz 的时钟频率，多应用于多功能电话、智能传感器、电能表、工业控制、防盗报警装置、各种计费器、各种 IC 卡装置、DVD、VCD、CD-ROM 等。

第二节 数制及编码

一、数制

数制是人们利用符号进行计数的科学方法。数制有很多种，人们最熟悉的是十进制数，这是一种基数为 10 的进制，逢 10 进 1。除此之外，人们还用到的有二进制、八进制和十六进制等。为了区别不同进位的进制，一般在数字后面加上数制，如：2 代表二进制，16 代表十六进制等；也可以用字母表示数制，B（Binary）代表二进制，O（Octal）代表八进制，D（Decimal）代表十进制，H（Hexadecimal）代表十六进制。

1. 十进制（以 10 或 D 作后缀，可省略）

我们最常用的记数制是十进数制，有 1、2、3、4、5、6、7、8、9、0 10 个数字符号，并按照“逢十进一”规则组成。一个十进制数值实际上是由它们在这个数中所处的位置来决定的。所以，十进制是一种位置记数法。

例如，72568.65 这个数，用十进制表示，可以写成如下的形式。

$$72568.65=7\times10^4+2\times10^3+5\times10^2+6\times10^1+8\times10^0+6\times10^{-1}+5\times10^{-2}$$

可以用 X_i 表示 0～9 10 个数中的任意一个，那么，一个含有 n 位整数，m 位小数的十进制值可以表示为

$$N=X_{n-1}\times10^{n-1}+X_{n-2}\times10^{n-2}+\cdots+X_0\times10^0+X_{-1}\times10^{-1}+\cdots+X_{-m}\times10^{-m}$$

N 表示该十进制值，10 称为数制的基数，10^i 为该位的权。

2. 二进制（以 2 或 B 作后缀）

在计算机内部存储、处理和传输的信息均采用二进制代码来表示，二进制数只有 0 和 1 两个数码，所以运算起来很简单，其运算规则是逢二进一。

在二进制中，基数是 2，所以可以把任意一个二进制数 N 写成

$$N=X_{n-1}\times 2^{n-1}+X_{n-2}\times 2^{n-2}+\cdots+X_0\times 2^0+X_{-1}\times 2^{-1}+\cdots+X_{-m}\times 2^{-m}$$

其中，X_i 表示 0 和 1 中的任意一个，n 和 m 为正整数。

例如：$1101(2)=1\times 2^3+1\times 2^2+0\times 2^1+1\times 2^0$；

$11.11(2)=1\times 2^1+1\times 2^0+1\times 2^{-1}+1\times 2^{-2}$。

在计算机内部，信息的存储、处理和传递均采用二进制代码。这是因为二进制数运算简便且用电子元件容易实现。

二进制数具有以下特点：

（1）二进制数中只有 0 和 1 两个数字，可以方便地采用具有两个不同的稳定物理状态的元件来表示。例如，电容的充电和放电，电位的高和低，指示灯的开和关，晶体管的截止和导通；脉冲电位的低和高等，分别表示二进制数字中的 0 和 1。具有上述这些两个状态的元件制造容易，可靠性也高。

（2）二进制数运算规则简单，使得计算机中的运算部件结构相应变得比较简单。二进制数的加法法则和乘法法则都只有 4 条，即

$0+0=0$，$0+1=1$，$1+0=1$，$1+1=10$；

$0\times 0=0$，$0\times 1=0$，$1\times 0=0$，$1\times 1=1$。

（3）二进制数中的 0 和 1 与逻辑代数的逻辑变量一样，可以采用二进制数进行逻辑运算，并应用逻辑代数作为工具来分析和设计计算机中的逻辑电路，使得逻辑代数成为设计计算机的数学基础。

3. 八进制（以 8 或 O 作后缀）

八进制数的进位规则是“逢八进一”，其基数为 8，采用的数码是 0～7，每位的权是 8 的幂。任何一个八进制数也可以表示为

$$N=X_{n-1}\times 8^{n-1}+X_{n-2}\times 8^{n-2}+\cdots+X_0\times 8^0+X_{-1}\times 8^{-1}+\cdots+X_{-m}\times 8^{-m}$$

其中，X_i 表示 0～7　8 个数中的任意一个，n 和 m 为正整数。

例如：$(376.4)_8=3\times 8^2+7\times 8^1+6\times 8^0+4\times 8^{-1}=3\times 64+7\times 8+6+0.5=(254.5)_{10}$。

4. 十六进制（以 16 或 H 为后缀）

十六进制是计算机中常用的数制，它的基数是 16，因此有 16 个数字符号，它们是 0～9、A～F。其中，A 表示数 10，B 表示数 11，C 表示数 12，D 表示数 13，E 表示数 14，F 表示数 15，并且是“逢十六进一”。它与十进制的关系可按位置记数法求得。

例如，把十六进制 5EB（16）转换为十进制可得

$5EB(16)=5\times 16^2+14\times 16^1+11\times 16^0=1515(10)$。

二、数制之间的转换

1. 二进制数与十进制数之间的转换

（1）二进制数转换成十进制数——按权展开法。

二进制数按权展开，可以将一个二进制数转换成等值的十进制数。

例如：$(10110.11)_2=1\times 2^4+1\times 2^2+1\times 2^1+1\times 2^{-1}+1\times 2^{-2}=(22.75)_{10}$。

同理，若将任意进制数转换为十进制数，只需将数$(N)_R$写成按权展开的多项式表示式，并按十进制规则进行运算，便可求得相应的十进制数$(N)_{10}$。

（2）十进制数转换成二进制数。

1）对整数的转换。对于整数的转换可以采用除 2 取余法。若将十进制整数$(N)_{10}$转换为二进制整数$(N)_2$，则可以写成

$$\begin{aligned}(N)_{10}&=a_{n-1}\times 2^{n-1}+a_{n-2}\times 2^{n-2}+\cdots+a_1\times 2^1+a_0\times 2^0\\&=2(a_{n-1}\times 2^{n-1}+a_{n-2}\times 2^{n-3}+\cdots+a_2\times 2^1+a_1)+a_0\\&=2Q_1+a_0\end{aligned}$$

如果将上式两边同除以 2，所得的商为

$$Q_1=(a_{n-1}\times 2^{n-2}+a_{n-2}\times 2^{n-3}+\cdots+a_2\times 2^1+a_1)$$

余数就是a_0。同理，这个商又可以写成

$$Q_1=2(a_{n-1}\times 2^{n-3}+a_{n-2}\times 2^{n-4}+\cdots+a_2)+a_1$$

显然，若将上式两边再同时除以 2，则所得余数是a_1。重复上述过程，直到商为 0，就可得二进制数的数码a_0、a_1、…、a_{n-1}。例如，将(57)10 转换为二进制数：

除数	被除数/商	余数
2	57	
2	28	…………1=a_0
2	14	…………0=a_1
2	7	…………0=a_2
2	3	…………1=a_3
2	1	…………1=a_4
	0	…………1=a_5

$$(57)_{10}=(111001)_2$$

把得到的余数从下到上排列，即可得到转换的二进制。

2）小数转换。对于小数转换为二进制数，可以采用乘 2 取整法，若将十进制小数$(N)_{10}$转换为二进制小数$(N)_2$，则可以写成

$$(N)_{10}=a_{-1}\times 2^{-1}+a_{-2}\times 2^{-2}+\cdots+a_{-m}\times 2^{-m}$$

将上式两边同时乘以 2，便得到

$$2(N)_{10}=a_{-1}+(a_{-2}\times 2^{-1}+\cdots+a_{-m}\times 2^{-m+1})$$

令小数部分

$$(a_{-2}\times 2^{-1}+a_{-3}\times 2^{-2}+\cdots+a_{-m}\times 2^{-m+1})=F_1$$

则上式可写成

$$2(N)_{10}=a_{-1}+F_1$$

因此，$2(N)_{10}$乘积的整数部分就是a_{-1}。若将$2(N)_{10}$乘积的小数部分F_1再乘以 2，则有

$$2F_1=a_{-2}+(a_{-3}\times 2^{-1}+a_{-4}\times 2^{-2}+\cdots+a_{-m}\times 2^{-m+2})$$

所得乘积的整数部分就是a_{-2}。显然，重复上述过程，便可求出二进制小数的各位数码。例如，将(0.724)10 转换成二进制小数。

$$
\begin{array}{r l}
 & 0.724 \\
\times & 2 \quad \text{整数} \\
\hline
 & 1.448 \cdots\cdots\cdots\cdots \quad 1=a_{-1} \\
 & 0.448 \\
\times & 2 \\
\hline
 & 0.896 \cdots\cdots\cdots\cdots \quad 0=a_{-2} \\
\times & 2 \\
\hline
 & 1.792 \cdots\cdots\cdots\cdots \quad 1=a_{-3} \\
 & 0.792 \\
\times & 2 \\
\hline
 & 1.584 \cdots\cdots\cdots\cdots \quad 1=a_{-4}
\end{array}
$$

$$(0.724)_{10}=(0.1011)_2$$

可见，小数部分乘 2 取整的过程，不一定能使最后乘积为 0，因此转换值存在误差。通常在二进制小数的精度已达到预定的要求时，运算便可结束。

将一个带有整数和小数的十进制数转换成二进制数时，必须将整数部分和小数部分分别按除 2 取余法和乘 2 取整法进行转换，然后再将两者的转换结果合并起来即可。

同理，若将十进制数转换成任意 R 进制数$(N)_R$，则整数部分转换采用除 R 取余法；小数部分转换采用乘 R 取整法。

2. 二进制数与八进制数、十六进制数之间的相互转换

八进制数和十六进制数的基数分别为 $8=2^3$，$16=2^4$，所以三位二进制数恰好相当一位八进制数，四位二进制数相当一位十六进制数，它们之间的相互转换是很方便的。

二进制数转换成八进制数的方法是从小数点开始，分别向左、向右，将二进制数按每三位一组分组（不足三位的补 0），然后写出每一组等值的八进制数。

例如，求（01101111010.1011）2 的等值八进制数：

二进制	001	101	111	010	.	101	100
八进制	1	5	7	2	.	5	4

所以 $(01101111010.1011)_2=(1572.54)_8$

二进制数转换成十六进制数的方法和二进制数与八进制数的转换相似，从小数点开始分别向左、向右将二进制数按每四位一组分组（不足四位补 0），然后写出每一组等值的十六进制数。例如，将（1101101011.101）转换为十六进制数：

00 11	01 10	10 11	.	10 10
3	6	B	.	A

所以 $(1101101011.101)_2=(36B.A)_{16}$

八进制数、十六进制数转换为二进制数的方法可以采用与前面相反的步骤，即只要按原来顺序将每一位八进制数（或十六进制数）用相应的三位（或四位）二进制数代替即可。

例如，分别求出(375.46)8、(678.A5)16 的等值二进制数分别为：

(375.46)8＝(011111101.100110)2，(678.A5)16＝(011001111000.10100101)2

第三节 单片机的应用领域

单片机已经渗透到我们生活的各个领域，几乎很难找到哪个领域没有单片机的踪迹。导弹的导航装置，飞机上各种仪表的控制，计算机的网络通信与数据传输，工业自动化过程的实时控制和数据处理，广泛使用的各种智能IC卡，民用豪华轿车的安全保障系统，录像机、摄像机、全自动洗衣机的控制，以及程控玩具、电子宠物等，这些都离不开单片机。更不用说自动控制领域的机器人、智能仪表、医疗器械了。因此，单片机的学习、开发与应用将造就一批计算机应用与智能化控制的科学家、工程师。

单片机的应用大致可分如下几个范围：

1. 在智能仪器仪表上的应用

单片机具有体积小、功耗低、控制功能强、扩展灵活、微型化和使用方便等优点，广泛应用于仪器仪表中，结合不同类型的传感器，可实现诸如电压、功率、频率、湿度、温度、流量、速度、厚度、角度、长度、硬度、元素、压力等物理量的测量。采用单片机控制使得仪器仪表数字化、智能化、微型化，且功能比起采用电子或数字电路更加强大。例如，精密的测量设备，如功率计，示波器，各种分析仪等。

2. 在工业控制中的应用

用单片机可以构成形式多样的控制系统、数据采集系统。例如，工厂流水线的智能化管理，电梯智能化控制、各种报警系统，与计算机联网构成二级控制系统等。

3. 在家用电器中的应用

现在的家用电器基本上都采用了单片机控制，从电饭煲、洗衣机、电冰箱、空调机、彩电、其他音响视频器材、再到电子秤量设备，五花八门，无所不在。

4. 在计算机网络和通信领域中的应用

现代的单片机普遍具备通信接口，可以很方便地与计算机进行数据通信，为在计算机网络和通信设备间的应用提供了极好的物质条件，现在的通信设备基本上都实现了单片机智能控制，从手机，电话机、小型程控交换机、楼宇自动通信呼叫系统、列车无线通信，再到日常工作中随处可见的移动电话，集群移动通信，无线电对讲机等。

5. 单片机在医用设备领域中的应用

单片机在医用设备中的用途亦相当广泛，例如，医用呼吸机，各种分析仪，监护仪，超声诊断设备及病床呼叫系统等。

6. 在各种大型电器中的模块化应用

某些专用单片机设计用于实现特定功能，从而在各种电路中进行模块化应用，而不要求使用人员了解其内部结构。如音乐集成单片机，看似简单的功能，微缩在电子芯片中（有别于磁带机的原理），就需要复杂的类似于计算机的原理。音乐信号以数字的形式存于存储器中（类似于 ROM），由微控制器读出，转化为模拟音乐电信号（类似于声卡）。在大型电路中，这种模块化应用极大地缩小了体积，简化了电路，降低了损坏、错误率，也方便于更换。

MCS-51 单片机的硬件结构

MCS-51 系列单片机已有十多种产品，可分为两大系列：51 子系列和 52 子系列。51 子系列主要有 8031、8051、8751 三种机型。它们的指令系统与芯片引脚完全兼容，它们的差别仅在于片内有无 ROM 或 EPROM。

52 子系列主要有 8032、8052、8752 三种机型。52 子系列与 51 子系列的不同之处在于：片内数据存储器增至 256B；片内程序存储器增至 8KB（8032 无）；有 3 个 16 位定时器/计数器，6 个中断源。其他性能均与 51 子系列相同。本章将主要针对 8051 单片机的结构作介绍。

第一节　MCS-51 单片机的内部结构

一、MCS-51 单片机的基本组成

MCS-51 单片机是在一块芯片中集成了 CPU，RAM、ROM、定时器/计数器和多种功能的 I/O 线等一台计算机所需要的基本功能部件。MCS-51 单片机内包含下列几个部件。

（1）8 位 CPU。

（2）片内带振荡器，振荡频率 f_{ox} 范围为 1.2～12MHz；可有时钟输出。

（3）128B 的片内数据存储器。

（4）4KB 的片内程序存储器（8031 无）。

（5）程序存储器的寻址范围为 64KB。

（6）片外数据存储器的寻址范围为 64KB。

（7）21 个字节专用寄存器。

（8）4 个 8 位并行 I/O 接口：P0、P1、P2、P3。

（9）一个全双工串行 I/O 接口，可多机通信。

（10）两个 16 位定时器/计数器。

（11）中断系统有 5 个中断源，可编程为两个优先级。

（12）111 条指令，含乘法指令和除法指令。

（13）有强的位寻址、位处理能力。

（14）片内采用总线结构。

（15）用单一＋5V 电源。

MCS-51 单片机内部结构图如图 2-1 所示。各功能部件由内部总线连接在一起。图中 4KB（4096）的 ROM 存储器部分用 EPROM 替换就成为 8751；图中去掉 ROM 部分就成为 8031 的结构图。

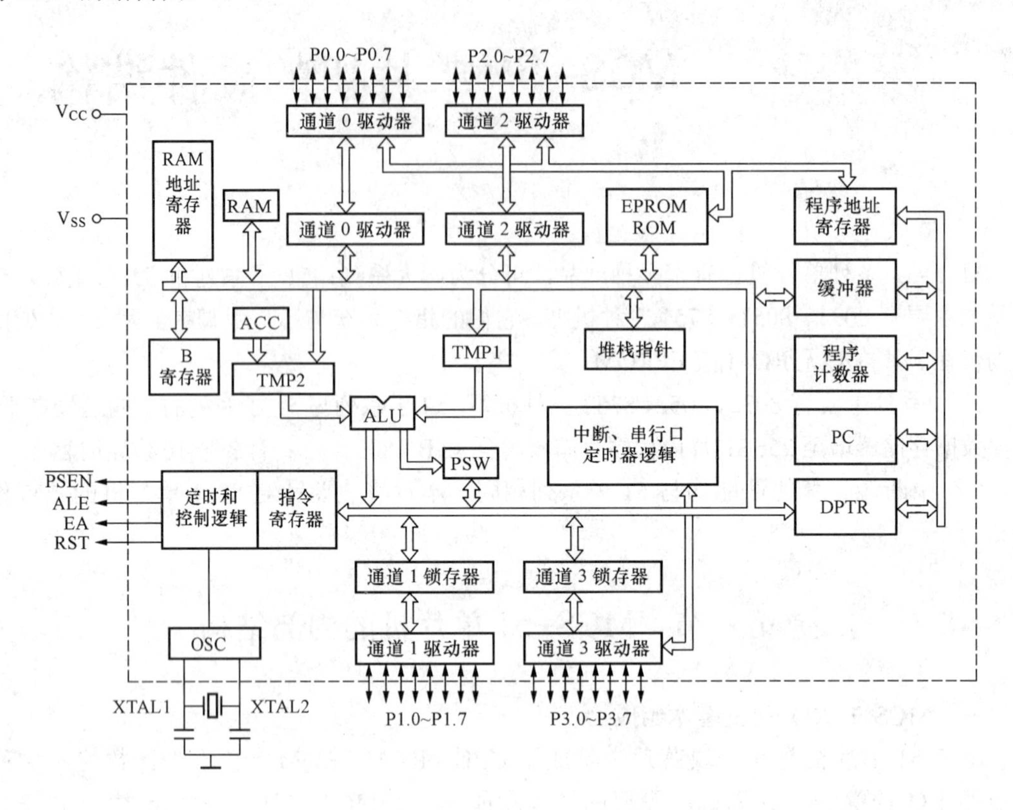

图 2-1　MCS-51 单片机内部结构图

二、CPU

CPU 是单片机的核心部件，它由运算器和控制器等部件组成。

1. 运算器

运算器主要由 8 位的算术逻辑运算单元 ALU、两个 8 位的暂存器 TMP1 和 TMP2、8 位累加器 ACC、寄存器 B 和程序状态字寄存器 PSW 组成。

（1）ALU：可对 4 位、8 位、16 位数据进行操作和处理。如加、减、乘、除、增量、减量、十进制数调整、比较、逻辑与、或、异或、求补、循环移位等操作。

（2）ACC（Accumulator，累加器）：这是使用最频繁的寄存器，它本身没有运算功能，只是配合 ALU 完成算术和逻辑运算。在算术和逻辑运算中，参与运算的两个操作数必须有一个是在 A 累加器中，运算结果也存放在 A 累加器中。

（3）寄存器 B：8 位寄存器，在乘和除法运算中用来存放一个操作数和部分的运算结果。在不作乘除用时，可作为一般通用寄存器来使用。

（4）PSW：程序状态字寄存器，8 位寄存器，用来提供当前指令操作结果引起的状态变化信息特征，以供程序查询和判断用。这些标志位有无进位、半进位、溢出等信息，各状态位的含义如下：

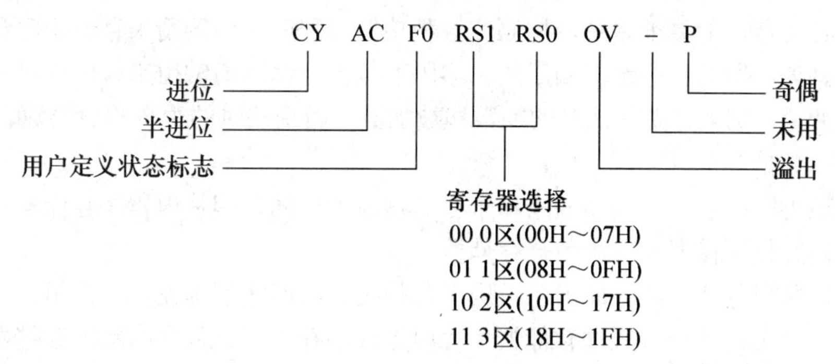

2. 控制器

控制器包括指令寄存器、指令译码器和定时控制逻辑电路等。这部分是整个CPU的控制中枢。控制过程是取指→译码→控制。

（1）指令寄存器和指令译码器。从存储器中取出指令→指令寄存器→指令译码器翻译成控制信号，再通过定时控制电路，在规定的时刻向有关部件发出相应的控制信号，如寄存器传送、存储器读写、加或减算术操作、逻辑运算等命令，其动作的依据就是该时刻执行的指令。

（2）时钟和定时电路。CPU的操作需要精确的定时，这是用一个晶体振荡器产生稳定的时钟脉冲来控制的。单片机内部已集成了振荡器电路，只需要外接一个石英晶体和两个频率微调电容就可工作。其频率范围为1.2～12MHz。

1）振荡周期：定时信号振荡器频率的倒数，用P表示。如6MHz时为1/6μs，12MHz时为1/12μs。

2）时钟周期：对振荡周期二分频，它是振荡周期的两倍。又称状态周期，用S表示。

3）机器周期：一个机器周期含6个时钟周期，分别用S1～S6表示。含12个振荡周期，分别用S1P1、S1P2、…、S6P2表示。

4）指令周期：完成一条指令所需要的时间。

一个指令周期一般含1～4个机器周期。大部分指令是单字节单周期指令，少数是单字节双周期、双字节双周期指令，只有乘法和除法指令占用4个机器周期。

图2-2所示是单片机各种周期的关系图。

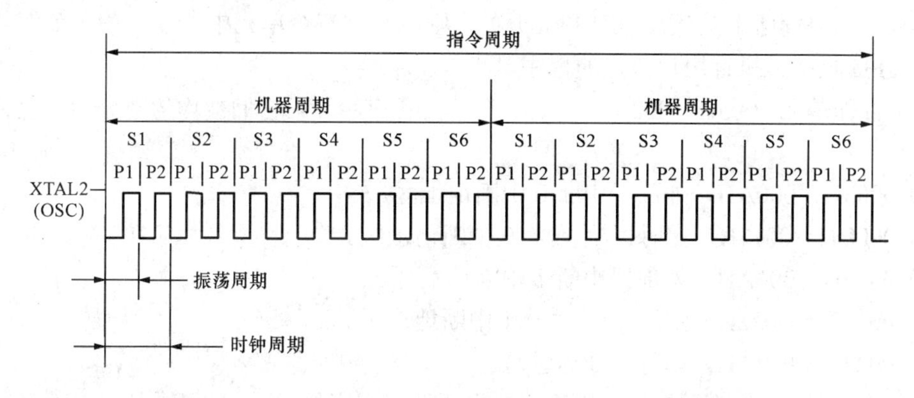

图2-2 单片机各种周期的相互关系

三、存储器

MCS-51 存储器结构与常见的微型计算机的配置方式不同，它把程序存储器和数据存储器分开，各有自己的寻址系统，控制信号和功能，程序存储器用来存放程序和始终要保留的常数，例如，所编程序经汇编后的机器码。数据存储器通常用来存放程序运行中所需要的常数或变量。例如，做加法时的加数和被加数、做乘法时的乘数和被乘数、模/数转换时实时记录的数据等。

从物理地址空间看，MCS-51 有 4 个存储器地址空间，即片内程序存储器、片外程序存储器、片内数据存储器和片外数据存储器。

MCS-51 系列各芯片的存储器在结构上有些区别，但区别不大，从应用设计的角度可分为如下几种情况：片内有程序存储器和片内无程序存储器、片内有数据存储器且存储单元够用和片内有数据存储器但存储单元不够用。

1. 程序存储器

一个微处理器能够聪明地执行某种任务，除了它们强大的硬件外，还需要它们运行的软件，其实微处理器并不聪明，它们只是完全按照人们预先编写的程序而执行之。那么设计人员编写的程序就存放在微处理器的程序存储器中，俗称只读程序存储器（ROM）。程序相当于给微处理器处理问题的一系列命令。其实程序和数据一样，都是由机器码组成的代码串。只是程序代码存放于程序存储器中。

MCS-51 具有 64KB 程序存储器寻址空间，它是用于存放用户程序、数据和表格等信息。对于内部无 ROM 的 8031 单片机，它的程序存储器必须外接，空间地址为 64KB，此时单片机的 $\overline{EA}$ 端必须接地。强制 CPU 从外部程序存储器读取程序。对于内部有 ROM 的 8051 等单片机，正常运行时，$\overline{EA}$ 则需接高电平，使 CPU 先从内部的程序存储中读取程序，当 PC 值超过内部 ROM 的容量时，会自动转向外部的程序存储器读取程序。

对 8051/8751 而言，外部程序存储器地址空间为 1000H～FFFFH。对这类单片机，若把 $\overline{EA}$ 接低电平，可用于调试程序，即把要调试的程序放在与内部 ROM 空间重叠的外部程序存储器内，进行调试和修改。调试好后再分两段存储，再将 $\overline{EA}$ 接高电平，就可运行整个程序。

8051 片内有 4kB 的程序存储单元，其地址为 0000H～0FFFH，单片机启动复位后，程序计数器的内容为 0000H，所以系统将从 0000H 单元开始执行程序。但在程序存储中有些特殊的单元，这在使用中应加以注意。

（1）特殊单元 0000H～0002H，系统复位后，PC 为 0000H，单片机从 0000H 单元开始执行程序，如果程序不是从 0000H 单元开始，则应在这三个单元中存放一条无条件转移指令，让 CPU 直接去执行用户指定的程序。

（2）特殊单元 0003H～002AH，这 40 个单元各有用途，它们被均匀地分为五段，它们的定义如下：

1）0003H～000AH，外部器中断 0 中断地址区。

2）000BH～0012H，定时器/计数器 0 中断地址区。

3）0013H～001AH，外部器中断 1 中断地址区。

4）001BH～0022H，定时器/计数器 1 中断地址区。

5）0023H～002AH，串行中断地址区。

可见以上的 40 个单元是专门用于存放中断处理程序的地址单元，中断响应后，按中断的类型，自动转到各自的中断区去执行程序。因此以上地址单元不能用于存放程序的其他内容，只能存放中断服务程序。但是通常情况下，每段只有 8 个地址单元是不能存下完整的中断服务程序的，因而一般也在中断响应的地址区安放一条无条件转移指令，指向程序存储器的其他真正存放中断服务程序的空间去执行，这样中断响应后，CPU 读到这条转移指令，便转向其他地方去继续执行中断服务程序。

2. 数据存储器

数据存储器也称为随机存取数据存储器。MCS-51 单片机的数据存储器在物理上和逻辑上都分为两个地址空间，一个是内部数据存储区和一个外部数据存储区。MCS-51 内部 RAM 有 128 或 256 个字节的用户数据存储（不同的型号有分别），它们是用于存放执行的中间结果和过程数据的。MCS-51 的数据存储器均可读写，部分单元还可以位寻址。访问内部数据存储器用 MOV 指令，另一个为外部数据存储器，访问外部数据存储器用 MOVX 指令。

8051 内部 RAM 共有 256 个单元，这 256 个单元共分为两部分。其一是地址从 00H～7FH 单元（共 128 个字节）为用户数据 RAM。从 80H～FFH 地址单元（也是 128 个字节）为特殊寄存器（SFR）单元。图 2-3 清楚地表示出了它们的结构分布。

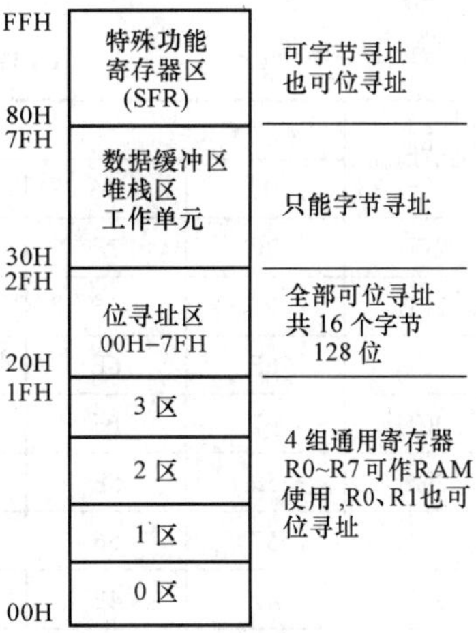

地址	区域	说明
FFH～80H	特殊功能寄存器区(SFR)	可字节寻址也可位寻址
7FH～30H	数据缓冲区 堆栈区 工作单元	只能字节寻址
2FH～20H	位寻址区 00H–7FH	全部可位寻址 共 16 个字节 128 位
1FH～00H	3 区 2 区 1 区 0 区	4 组通用寄存器 R0~R7 可作RAM使用 ,R0、R1也可位寻址

图 2-3　8051 内部 RAM 分布

在 00H～1FH 共 32 个单元中被均匀地分为四块，每块包含 8 个 8 位寄存器，均以 R0～R7 来命名，我们常称这些寄存器为通用寄存器。这四块中的寄存器都称为 R0～R7，那么在程序中怎么区分和使用它们呢？我们可以通过程序状态字寄存器（Program Status Word，PSW）来管理它们，CPU 只要定义这个寄存的 PSW 的第 3 和第 4 位（RS0 和 RS1），即可选中这四组通用寄存器。不设定为第 0 区，也叫默认值，这个特点使 MCS-51 具有快速现场保护功能。特别注意的是，如果不加设定，在同一段程序中 R0～R7 只能用一次，若用两次程序会出错。对应的编码关系如图 2-4 所示。表 2-1 给出了这些通用寄存器在 RAM 中的具体地址。

PSW.4（RS1）	PSW.3（RS0）	工作寄存器区
0	0	0 区 00H～07H
0	1	1 区 08H～1FH
1	0	2 区 10H～17H
1	1	3 区 18H～1FH

图 2-4　程序状态与工作寄存器

如果用户程序不需要 4 个工作寄存器区，则不用的工作寄存器单元可以作一般的 RAM 使用。

表 2-1　通用寄存器和 RAM 地址对照表

0　区		1　区		2　区		3　区	
地　址	寄存器	地　址	寄存器	地　址	寄存器	地　址	寄存器
00H	R0	08H	R0	10H	R0	18H	R0
01H	R1	09H	R1	11H	R1	19H	R1
02H	R2	0AH	R2	12H	R2	1AH	R2
03H	R3	0BH	R3	13H	R3	1BH	R3
04H	R4	0CH	R4	14H	R4	1CH	R4
05H	R5	0DH	R5	15H	R5	1DH	R5
06H	R6	0EH	R6	16H	R6	1EH	R6
07H	R7	0FH	R7	17H	R7	1FH	R7

内部 RAM 的 20H～2FH 单元为位寻址区，既可作为一般单元用字节寻址，也可对它们的位进行寻址。位寻址区共有 16 个字节，128 个位，位地址为 00H～7FH。位地址分配如表 2-2 所示，CPU 能直接寻址这些位，执行例如置“1”、清“0”、求“反”、转移、传送和逻辑等操作。我们常称 MCS-51 具有布尔处理功能，布尔处理的存储空间指的就是这些位寻址区。表 2-2 给出了 RAM 20H～2FH 单元的位寻址区的地址映像。

表 2-2　　RAM 20H～2FH 单元的位寻址区的地址映像

字节地址	位地址							
	D7	D6	D5	D4	D3	D2	D1	D0
2FH	7F	7E	7D	7C	7B	7A	79	78
2EH	77	76	75	74	73	72	71	70
2DH	6F	6E	6D	6C	6B	6A	69	68
2CH	67	66	65	64	63	62	61	60
2BH	5F	5E	5D	5C	5B	5A	59	58
2AH	57	56	55	54	53	52	51	50
29H	4F	4E	4D	4C	4B	4A	49	48
28H	47	46	45	44	43	42	41	40
27H	3F	3E	3D	3C	3B3	3A	39	38
26H	37	36	35	34	33	32	31	30
25H	2F	2E	2D	2C	2B	2A	29	28
24H	27	26	25	24	23	22	21	20
23H	1F	1E	1D	1C	1B	1A	19	18
22H	17	16	15	14	13	12	11	10
21H	0F	0E	0D	0C	0B	0A	09	08
20H	07	06	05	04	03	02	01	00

3. 特殊功能寄存器

特殊功能寄存器（SFR）也称为专用寄存器，特殊功能寄存器反映了 MCS-51 单片机的运行状态。很多功能也是通过特殊功能寄存器来定义和控制程序的执行的。

MCS-51 有 21 个特殊功能寄存器，它们被离散地分布在内部 RAM 的 80H～FFH 地址中，这些寄存的功能已作了专门的规定，用户不能修改其结构。表 2-3 是特殊功能寄存器分布一览表，我们将对其主要的寄存器做一些简单的介绍。

表 2-3　　特殊功能寄存器

标识符	名称	地址
* ACC	累加器	E0H
* B	B 寄存器	F0H
* PSW	程序状态字	D0H
SP	堆栈指针	81H
DPTR	数据指针（包括 DP_H 和 DP_L）	83H 和 82H
* P0	口 0	80H

续表

标　识　符	名　　称	地　址
* P1	口 1	90H
* P2	口 2	A0H
* P3	口 3	B0H
* IP	中断优先级控制	B8H
* IE	允许中断控制	A8H
TMOD	定时器/计数器方式控制	89H
TCON	定时器/计数器控制	88H
+T2CON	定时器/计数器 2 控制	C8H
TH0	定时器/计数器 0（高位字节）	8CH
TL0	定时器/计数器 0（低位字节）	8AH
TH1	定时器/计数器 1（高位字节）	8DH
TL1	定时器/计数器 1（低位字节）	8BH
+TH2	定时器/计数器 2（高位字节）	CDH
+TL2	定时器/计数器 2（低位字节）	CCH
+RLDH	定时器/计数器 2 自动再装载	CBH
+RLDL	定时器/计数器 2 自动再装载	CAH
*SCON	串行控制	98H
SBUF	串行数据缓冲器	99H
PCON	电源控制	87H

（1）程序计数器 PC（Program Counter）。程序计数器在物理上是独立的，它不属于特殊内部数据存储器块中。PC 是一个 16 位的计数器，用于存放一条要执行的指令地址，寻址范围为 64KB，PC 有自动加 1 功能，即完成了一条指令的执行后，其内容自动加 1。PC 本身并没有地址，因而不可寻址，用户无法对它进行读写，但是可以通过转移、调用、返回等指令改变其内容，以控制程序按我们的要求去执行。

（2）累加器 ACC。累加器 A 是一个最常用的专用寄存器，大部分单操作指令的一个操作数取自累加器，很多双操作数指令中的一个操作数也取自累加器。加、减、乘、除法运算的指令，运算结果都存放于累加器 A 或 AB 累加器对中。大部分的数据操作都会通过累加器 A 进行，它像一个交通要道，在程序比较复杂的运算中，累加器成了制约软件效率的“瓶颈”，它的功能较多，地位也十分重要。以至于后来发展的单片机，有的集成了多累加器结构，或者使用寄存器阵列来代替累加器，即赋予更多寄存器以累加器的功能，目的是解决累加器的“交通堵塞”问题，以提高单片机的软件效率。

（3）寄存器 B。在乘除法指令中，乘法指令中的两个操作数分别取自累加器 A 和寄存器 B，其结果存放于 AB 寄存器对中。除法指令中，被除数取自累加器 A，除数取自寄存器 B，结果商存放于累加器 A，余数存放于寄存器 B 中。

（4）程序状态字（PSW）。程序状态字是一个 8 位寄存器，用于存放程序运行的状态信息，这个寄存器的一些位可由软件设置，有些位则是由硬件运行时自动设置的。寄存器的各位定义如下，其中 PSW.1 是保留位，未使用。表 2-4 是它的功能说明，并对各个位的定义介绍如下：

1）PSW.7（CY），进位标志位，此位有两个功能，一是在执行某些算数运算时，存放进位标志，可被硬件或软件置位或清零；二是在位操作中作累加位使用。

2）PSW.6（AC），辅助进位标志位，当进行加、减运算时当有低 4 位向高 4 位进位或借位时，AC 置位，否则被清零。AC 辅助进位位也常用于十进制调整。

3）PSW.5（F0），用户标志位，供用户设置的标志位。

4）PSW.4、PSW.3（RS1 和 RS0），寄存器组选择位。

5）PSW.2（OV），溢出标志。带符号加减运算中，超出了累加器 A 所能表示的符号数有效范围（－128～＋127）时，即产生溢出，OV＝1，表明运算结果错误。如果 OV＝0，表明运算结果正确。

执行加法指令 ADD 时，当第 7 位向第 8 位进位，而位 8 不向 CY 进位时，OV＝1。或者位 7 不向位 8 进位，而位 8 向 CY 进位时，同样 OV＝1，否则清零。

溢出标志常用于 ADD 和 SUBB 指令对带符号数作加减运算时，OV＝1 表示加减运算的结果超出了目的寄存器 A 所能表示的带符号数（2 的补码）的范围（－128～＋127）。

在 MCS-51 中，无符号数乘法指令 MUL 的执行结果也会影响溢出标志。若置于累加器 A 和寄存器 B 的两个数的乘积超过 255 时，OV＝1，否则 OV＝0。此积的高 8 位放在 B 内，低 8 位放在 A 内。因此，OV＝0 意味着只要从 A 中取得乘积即可，否则要从 B A 寄存器对中取得乘积。

除法指令 DIV 也会影响溢出标志。当除数为 0 时，OV＝1，否则 OV＝0。

6）PSW.0（P），奇偶校验位。声明累加器 A 的奇偶性，每个指令周期都由硬件来置位或清零，若值为 1 的位数为奇数，则 P 置位，否则清零。

表 2-4　　程序状态字（PSW）

位序	PSW.7	PSW.6	PSW.5	PSW.4	PSW.3	PSW.2	PSW.1	PSW.0
位标志	CY	AC	F0	RS1	RS0	OV	—	P

（5）数据指针（DPTR）。数据指针为 16 位寄存器，编程时，既可以按 16 位寄存器来使用，也可以按两个 8 位寄存器来使用，即高位字节寄存器 DPH 和低位字节 DPL。

DPTR 主要是用来保存 16 位地址，当对 64KB 外部数据存储器寻址时，可作为间址寄存器使用，此时，使用如下两条指令：

```
MOVX    A, @DPTR
MOVX    @DPTR, A
```

在访问程序存储器时，DPTR 可用来作基址寄存器，采用基址＋变址寻址方式访问程序存储器，这条指令常用于读取程序存储器内的表格数据。

```
MOVC    A, @A+@DPTR
```

（6）堆栈指针 SP（Stack Pointer）。堆栈是一种数据结构，它是一个 8 位寄存器，它指示堆栈顶部在内部 RAM 中的位置。系统复位后，SP 的初始值为 07H，使得堆栈实际上是从 08H 开始的。但我们从 RAM 的结构分布中可知，08H～1FH 隶属 1～3 工作寄存器区，若编程时需要用到这些数据单元，必须对堆栈指针 SP 进行初始化，原则上设在任何一个区域均可，但一般设在 30H～1FH 之间较为适宜。

数据的写入堆栈我们称为入栈（PUSH，也称作插入运算或压入），从堆栈中取出数据称为出栈（POP，也称为删除运算或弹出），堆栈的最主要特征是“后进先出”规则，也即最先入栈的数据放在堆栈的最底部，而最后入栈的数据放在栈的顶部，因此，最后入栈的数据出栈时则是最先的。这和我们往一个箱里存放书本一样，需将最先放入箱底部的书取出，必须先取走最上层的书籍是一样道理。

那么堆栈有何用途呢？堆栈的设立是为了中断操作和子程序的调用而用于保存数据的，即常说的断点保护和现场保护。微处理器无论是在转入子程序和中断服务程序的执行，执行完后，还是要回到主程序中来，在转入子程序和中断服务程序前，必须先将现场的数据进行保存起来，否则返回时，CPU 并不知道原来的程序执行到了哪一步，原来的中间结果如何？所以在转入执行其他子程序前，先将需要保存的数据压入堆栈中保存。以备返回时，再复原当时的数据，供主程序继续执行。

转入中断服务程序或子程序时，需要保存的数据可能有若干个，都需要一一地保留。如果微处理器进行多重子程序或中断服务程序嵌套，那么需保存的数据就更多，这要求堆栈还需要有相当的容量。否则会造成堆栈溢出，丢失应备份的数据。轻者使运算和执行结果错误，重则使整个程序紊乱。

MCS-51 的堆栈是在 RAM 中开辟的，即堆栈要占据一定的 RAM 存储单元。同时 MCS-51 的堆栈可以由用户设置，SP 的初始值不同，堆栈的位置则不一定；不同的设计人员，使用的堆栈区则不同；不同的应用要求，堆栈要求的容量也有所不同。堆栈的操作只有两种，即进栈和出栈，但不管是向堆栈写入数据还是从堆栈中读出数据，都是对栈顶单元进行的，SP 就是即时指示出栈顶的位置（即地址）。在子程序调用和中断服务程序响应的开始和结束期间，CPU 都是根据 SP 指示的地址与相应的 RAM 存储单元交换数据。

堆栈的操作有两种方法：一是自动方式，即在中断服务程序响应或子程序调用时，返回地址自动进栈。当需要返回执行主程序时，返回的地址自动交给 PC，以保证程序从断点处继续执行，这种方式是不需要编程人员干预的；二是人工指令方式，使用专有的堆栈操作指令进行进出栈操作，也只有两条指令：进栈为 PUSH 指令，在中断服务程序或子程序调用时作为现场保护；出栈操作 POP 指令，用于子程序完成时，为主程序恢复现场。堆栈结构如图 2-5 所示。

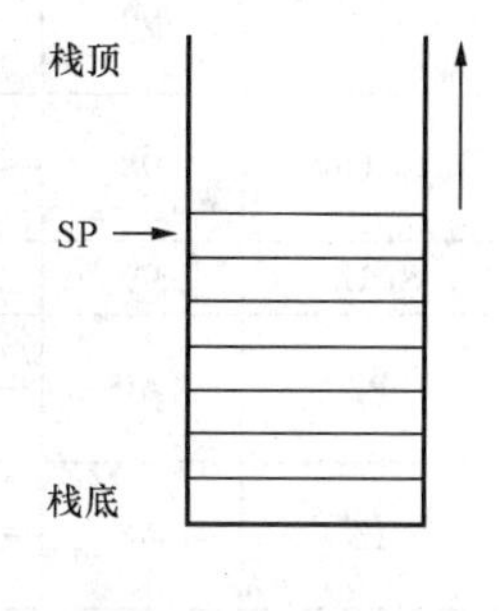

图 2-5　堆栈结构

（7）I/O 口专用寄存器（P0、P1、P2、P3）。I/O 口寄存器 P0、P1、P2 和 P3 分别是 MCS-51 单片机的四组 I/O 口锁存器。MCS-51 单片机并没有专门的 I/O 口操作指令，而是把 I/O 口也当作一般的寄存器来使用，数据传送都统一使用 MOV 指令来进行，这样的好处在于，四组 I/O 口还可以当作寄存器直接寻址方式参与其他操作。

（8）定时器/计数器（TL0、TH0、TL1 和 TH1）。MCS-51 系列中有两个 16 位定时器/计数器 T0 和 T1。它们各由两个独立的 8 位寄存器组成，共有四个独立的寄存器：TH0、TL0、TH1 和 TL1。可以对这四个寄存器寻址，但不能把 T0，T1 当作一个 16 位寄存器来寻址。

（9）定时器/计数器方式选择寄存器（TMOD）。TMOD 寄存器是一个专用寄存器，用于控制两个定时计数器的工作方式，TMOD 可以用字节传送指令设置其内容，但不能位寻址，各位的定义如表 2-5 所示。

表 2-5　　定时器/计数器工作方式控制寄存器 TMOD

位序	D7	D6	D5	D4	D3	D2	D1	D0
位标志	GATE	$C/\overline{T}$	M1	M0	GATE	$C/\overline{T}$	M1	M0
	定时器/计数器 1				定时器/计数器 0			

（10）串行数据缓冲器（SBUF）。串行数据缓冲器 SBUF 用来存放需发送和接收的数据，它由两个独立的寄存器组成，一个是发送缓冲器，另一个是接收缓冲器，要发送和接收的操作其实都是对串行数据缓冲器进行。

（11）其他控制寄存器。IP、IE、TCON、SCON 和 PCON 寄存器分别包含有中断系统、串行口和供电方式的控制和状态位，这些寄存器将在以后有关章节中叙述。表 2-6 给出了特殊功能寄存器的地址表。

表 2-6　　特殊功能寄存器地址表

SFR	字节地址	位地址							
		D0	D1	D2	D3	D4	D5	D6	D7
P0	80	P0.0	P0.1	P0.2	P0.3	P0.4	P0.5	P0.6	P0.7
		80	81	82	83	84	85	86	87
SP	81								
DPL	82								
DPH	83								
PCON	87								
TCON	88			IT0				TF0	
		88	89	8A	8B	8C	8D	8E	8F
TMOD	89								
TL0	8A								
TL1	8B								
TH0	8C								
TH1	8D								
P1	90	P1.0	P1.1	P1.2	P1.3	P1.4	P1.5	P1.6	P1.7
		90	91	92	93	94	95	96	97
SCON	98	RI	TI	RB8	TB8	REN	SM2	SM1	SM0
		98	99	9A	9B	9C	9D	9E	9F
SBUF	99								
P2	A0	P2.0	P2.1	P2.2	P2.3	P2.4	P2.5	P2.6	P2.7
		A0	A1	A2	A3	A4	A5	A6	A7
IE	A8	EX0	ET0	EX1	ET1	ES			EA
		A8	A9	AA	AB	AC			AF
P3	B0	P3.0	P3.1	P3.2	P3.3	P3.4	P3.5	P3.6	P3.7
		B0	B1	B2	B3	B4	B5	B6	B7
IP	B8	PX0	PT0	PX1	PT1	PS			
		B8	B9	BA	BB	BC			
PSW	D0	P	—	OV	RS0	RS1	F0	AC	C_Y
		D0	D1	D2	D3	D4	D5	D6	D7
ACC	E0								
		E0	E1	E2	E3	E4	E5	E6	E7
B	F0								
		F0	F1	F2	F3	F4	F5	F6	F7

四、总线

MCS-51 单片机属总线型结构，通过地址/数据总线可以与存储器（RAM、EPROM）、并行 I/O 接口芯片相连接。

在访问外部存储器时，P2 口输出高 8 位地址，P0 口输出低 8 位地址，由 ALE（地址锁存允许）信号将 P0 口（地址/数据总线）上的低 8 位锁存到外部地址锁存器中，从而为 P0 口接收数据做准备。

在访问外部程序存储器（即执行 MOVX）指令时，PSEN（外部程序存储器选通）信号有效，在访问外部数据存储器（即执行 MOVX）指令时，由 P3 口自动产生读/写（$\overline{RD}$ / $\overline{WR}$）信号，通过 P0 口对外部数据存储器单元进行读/写操作。

MCS-51 单片机所产生的地址、数据和控制信号与外部存储器、并行 I/O 接口芯片连接简单、方便。

五、I/O 端口

I/O 端口又称为 I/O 接口，也叫做 I/O 通道，I/O 端口是 MCS-51 单片机对外部实现控制和信息交换的必经之路，I/O 端口有串行和并行之分，串行 I/O 端口一次只能传送一位二进制信息，并行 I/O 端口一次能传送一组二进制信息。

1．并行 I/O 端口

MCS-51 单片机设有四个 8 位双向 I/O 端口（P0、P1、P2、P3），每一条 I/O 线都能独立地用作输入或输出。P0 口为三态双向口，能带 8 个 LSTTL（低功耗肖特基）电路。P1、P2、P3 口为准双向口（在用作输入线时，口锁存器必须先写入“1”，故称为准双向口），负载能力为 4 个 LSTTL 电路。

（1）P0 端口功能（P0.0～P0.7、32～39 脚）。图 2-6 所示是 P0 口的结构图。VT1、VT2 构成输出驱动器，与门、反向器以及多路模拟开关 MUX 构成输出控制电路，三态门组成输入缓冲器。

P0 口有两种功能，即地址/数据分时复用总线和 I/O 接口。

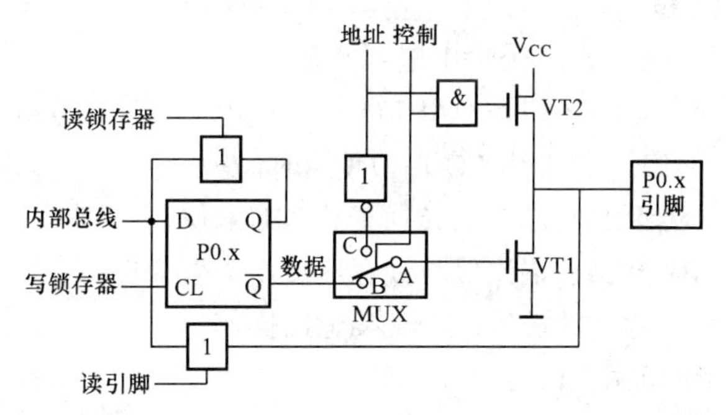

图 2-6　P0 口位结构

1）P0 口作地址/数据复用总线使用。当单片机系统有外接存储器时，P0 口用作地址/数据分时复用总线。当需要输出地址信息时，控制信号为“1”，CPU 控制多路开关 MUX 使 AC 相接，地址信息经过反向器 4 到达 P0 口引脚；当需要输出数据时，控制信号为“0”，CPU 控制多路开关 MUX 使 AB 相接，数据经过锁存器的 $\overline{Q}$ 端到达 P0 口引脚；当需要从 P0 口引脚输入数据时，控制信号仍为“0”，CPU 会自动先向锁存器写 1，使 $\overline{Q}$ 端为低电平，从而 VT1 截止，引脚上的输入信号经缓冲器 1 进入内部数据总线。

2）P0 口作通用 I/O 端口使用。当单片机系统没有外扩存储器时，P0 口可作为准双向 I/O 口使用，这时，控制信号为“0”，CPU 控制多路开关 MUX 使 AB 相接，数据经过锁存器的 $\overline{Q}$ 端到达 P0 口引脚，同时因与门输出为低电平，输出级 VT2 管处于截止状态，输出级为漏极开路电路，在驱动 NMOS 电路时应外接上拉电阻；作输入口用时，应先将锁存器写“1”，这时输出级两个场效应管均截止，可作高阻抗输入，通过三态输入缓冲器读取引脚信号，从而完成输入操作。

3）P0 口线上的“读—修改—写”功能。图 2-6 上面一个三态缓冲器是为了读取锁存器 Q 端的数据，Q 端与引脚的数据是一致的。结构上这样安排是为了满足：“读—修改—

写”指令的需要，这类指令的特点时：先读口锁存器，随之可能对读入的数据进行修改再写入到端口上。例如：ANL PO，A；ORL PO，A；XRL PO，A；…。

（2）P1口（P1.0～P1.7、1～8脚），准双向口。P1口作通用I/O端口使用，内含有上拉电阻。P1口的位结构如图2-7所示。输出数据时（即写数据到引脚），数据被写到P1口的锁存器，若写的数据为“1”，则锁存器的$\overline{Q}$端为低电平，VT截止，P1.x引脚为高电平；反之，若写的数据为“0”，则锁存器的$\overline{Q}$端为高电平，VT导通，P1.x引脚为低电平。因此在作输入时，必须先将“1”写入口锁存器，使场效应管截止。该口线由内部上拉电阻提拉成高电平，同时也能被外部输入源拉成低电平，即当外部输入“1”时该口线为高电平，而输入“0”时，该口线为低电平。P1口作输入时，可被任何TTL电路和MOS电路驱动，由于具有内部上拉电阻，也可以直接被集电极度开路和漏极开路电路驱动，不必外加上拉电阻。P1口可驱动4个LSTTL门电路。

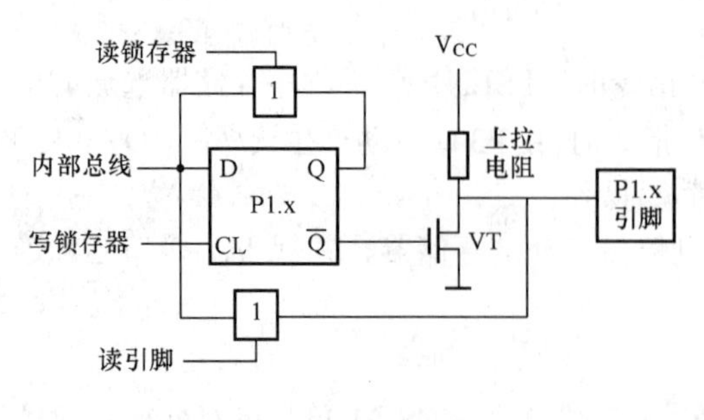

图2-7　P1口位结构

（3）P2口（P2.0～P2.7，21～28脚），准双向口。P2口的位结构如图2-8所示，引脚上拉电阻同P1口。在结构上，P2口比P1口多一个输出控制部分。

1）P2口作通用I/O端口使用。当P2口作通用I/O端口使用时，是一个准双向口，此时转换开关MUX使AB相接，输出级与锁存器接通，引脚可接I/O设备，其输入/输出操作与P1口完全相同。

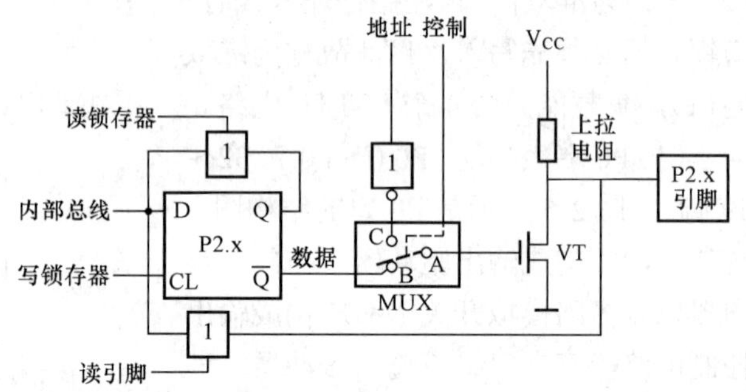

图2-8　P2口位结构

2）P2口作地址总线口使用。当系统中接有外部存储器时，P2口用于输出高8位地址A8～A15。这时在CPU的控制下，转换开关MUX使AC相接，接通内部地址总线。P2口的口线状态取决于片内输出的地址信息，这些地址信息来源于PCH、DPH等。在外接程序存储器的系统中，由于访问外部存储器的操作连续不断，P2口不断送出地址高8位。例如，在8031构成的系统中，P2口一般只作地址总线口使用，不再作I/O端口直接连外部设备。

在不接外部程序存储器而接有外部数据存储器的系统中，情况有所不同。若外接数据存储器容量为256B，则可使用MOVX　A，@Ri类指令由PO口送出8位地址，P2口上引脚的信号在整个访问外部数据存储器期间也不会改变，故P2口仍可作通用I/O端口使用。若外接存储器容量较大，则需用MOVX　A，@DPTR类指令，由PO口和P2口送出16位地址。在读写周期内，P2口引脚上将保持地址信息，但从结构可知，输出地址时，并不要求P2口锁存器锁存“1”，锁存器内容也不会在送地址信息时改变。故访问外部数据存储器周期结束后，P2口锁存器的内容又会重新出现在引脚上。这样，根据访问外部数据存储器的频繁程度，P2口仍可在一定限度内作一般I/O端口使用。P2口可驱动4个LSTTL门电路。

（4）P3口（P3.0～P3.7、10～17脚），双功能口。P3口是一个多用途的端口，也是一个准双向口，作为第一功能使用时，其功能同 P1 口。P3 口的位结构如图 2-9 所示。

当作第二功能使用时，每一位功能定义如表 2-7 所示。P3 口的第二功能实际上就是系统具有控制功能的控制线。此时相应的口线锁存器必须为“1”状态，与非门的输出由第二功能输出线的状态确定，从而 P3 口线的状态取决于第二功能输出线的电平。在 P3 口的引脚信号输入通道中有两个三态缓冲器，第二功能的输入信号取自第一个缓冲器的输出端，第二个缓冲器仍是第一功能的读引脚信号缓冲器。P3 口可驱动 4 个 LSTTL 门电路。

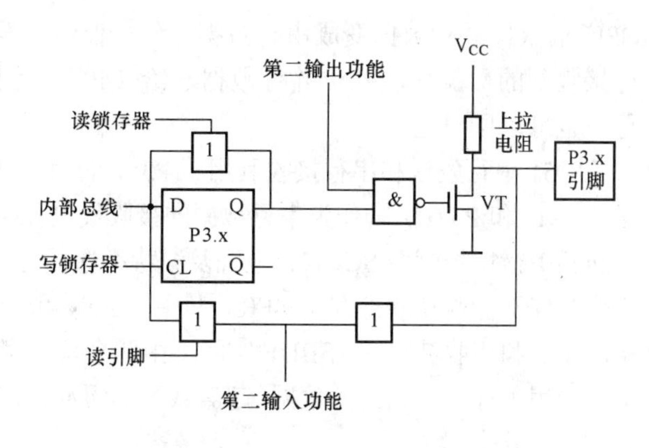

图 2-9　P2 口位结构

表 2-7　　　　　　　　P3 口的第二功能

端　口　功　能	第　二　功　能
P3.0	R_XD——串行输入（数据接收）口
P3.1	T_XD——串行输出（数据发送）口
P3.2	$\overline{INT0}$——外部中断 0 输入线
P3.3	$\overline{INT1}$——外部中断 1 输入线
P3.4	T0——定时器 0 外部输入
P3.5	T1——定时器 1 外部输入
P3.6	$\overline{WR}$——外部数据存储器写选通信号输出
P3.7	$\overline{RD}$——外部数据存储器读选通信号输入

每个 I/O 端口内部都有一个八位数据输出锁存器和一个八位数据输入缓冲器，4 个数据输出锁存器与端口号 P0、P1、P2 和 P3 同名，皆为特殊功能寄存器。因此，CPU 数据从并行 I/O 端口输出时可以得到锁存，数据输入时可以得到缓冲。

P1、P2、P3 口内部均有上拉电阻，当它们用作通用输入口（即读引脚状态）时，对应位的锁存器 Q 端必须先置为“1”；P0 口内部无上拉电阻，作为 I/O 口使用时，必须外接上拉电阻，读引脚时，对应的锁存器也必须先置“1”。当系统有外部存储器时，P0 一般分时用作地址/数据总线，P2 用作高 8 位地址总线，P3 口的 P3.7 和 P3.6 负责提供外部数据存储器的读、写信号；当系统没有外部存储器时，P0、P1、P2、P3 均可用作 I/O 口。

4 个并行 I/O 端口作为通用 I/O 口使用时，共有写端口、读端口和读引脚三种操作方式。写端口实际上就是输出数据，是将累加器 A 或其他寄存器中数据传送到端口锁存器中，然后由端口自动从端口引脚线上输出。读端口不是真正的从外部输入数据，而是将端口锁存器中输出数据读到 CPU 的累加器。读引脚才是真正的输入外部数据的操作，是从端口引脚线上读入外部的输入数据。端口的上述三种操作实际上是通过指令或程序来实现的，这些将在以后章节中详细介绍。

2. 串行 I/O 端口

8051 有一个全双工的可编程串行 I/O 端口。这个串行 I/O 端口既可以在程序控制下将

CPU 的八位并行数据变成串行数据一位一位地从发送数据线 T_XD 发送出去，也可以把串行接收到的数据变成八位并行数据送给 CPU，而且这种串行发送和串行接收可以单独进行，也可以同时进行。

8051 串行发送和串行接收利用了 P3 口的第二功能，即利用 P3.1 引脚作为串行数据的发送线 T_XD 和 P3.0 引脚作为串行数据的接收线 R_XD，如表 2-7 所示。串行 I/O 口的电路结构还包括串行口控制器 SCON、电源及波特率选择寄存器 PCON 和串行数据缓冲器 SBUF 等，它们都属于特殊功能寄存器 SFR。其中 PCON 和 SCON 用于设置串行口工作方式和确定数据的发送和接收波特率，SBUF 实际上由两个八位寄存器组成，一个用于存放欲发送的数据，另一个用于存放接收到的数据，起着数据的缓冲作用，这些将在后面的章节中详细加以介绍。

第二节　MCS-51 单片机的引脚功能

MCS-51 系列单片机中的 8031、8051 及 8751 均采用 40Pin 封装的双列直接 DIP 结构，图 2-10 是它们的引脚配置，40 个引脚中，正电源和地线两根，外置石英振荡器的时钟线两根，4 组 8 位共 32 个 I/O 口，中断口线与 P3 口线复用。现在我们对这些引脚的功能加以说明：

1. 引脚 20

接地引脚。

2. 引脚 40

正电源引脚，正常工作或对片内 EPROM 烧写程序时，接+5V 电源。

3. 引脚 19

时钟 XTAL1 引脚，片内振荡电路的输入端。

4. 引脚 18

时钟 XTAL2 引脚，片内振荡电路的输出端。

MCS-51 的时钟有两种方式，一种是片内时钟振荡方式，但需在 18 和 19 引脚外接石英晶体（2～12MHz）和振荡电容，振荡电容的值一般取 10～30pF。另外一种是外部时钟方式，即将 XTAL1 接地，外部时钟信号从 XTAL2 脚输入。MCS-51 系列单片机的时钟电路如图 2-11 所示。

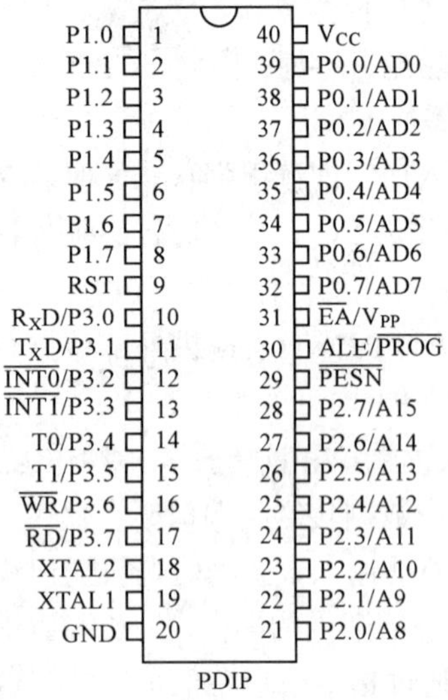

P1.0 1
P1.1 2
P1.2 3
P1.3 4
P1.4 5
P1.5 6
P1.6 7
P1.7 8
RST 9
RXD/P3.0 10
TXD/P3.1 11
INT0/P3.2 12
INT1/P3.3 13
T0/P3.4 14
T1/P3.5 15
WR/P3.6 16
RD/P3.7 17
XTAL2 18
XTAL1 19
GND 20
40 VCC
39 P0.0/AD0
38 P0.1/AD1
37 P0.2/AD2
36 P0.3/AD3
35 P0.4/AD4
34 P0.5/AD5
33 P0.6/AD6
32 P0.7/AD7
31 EA/VPP
30 ALE/PROG
29 PESN
28 P2.7/A15
27 P2.6/A14
26 P2.5/A13
25 P2.4/A12
24 P2.3/A11
23 P2.2/A10
22 P2.1/A9
21 P2.0/A8
PDIP

图 2-10　MSC-51 单片机 DIP 结构

AT89S51
XTAL2
XTAL1
GND
(a)
AT89S51
XTAL2
外部时钟源
XTAL1
GND
(b)

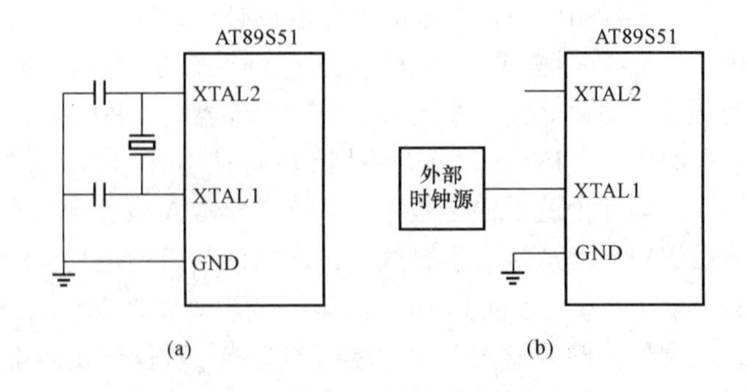

图 2-11　MCS-51 系列单片机的时钟电路

（a）内部时钟方式；（b）外部时钟方式

5. 输入/输出（I/O）引脚

引脚 39～引脚 32 为 P0.0～P0.7 输入/输出引脚，引脚 1～引脚 8 为 P1.0～P1.7 输入/输出引脚，引脚 21～引脚 28 为 P2.0～P2.7 输入/输出引脚，引脚 10～引脚 17 为 P3.0～P3.7 输入/输出引脚，这些输入/输出引脚的功能在上节中已经详细讲解过了，在此不再说明。

6. 引脚 9

RESET 复位信号输入端。大规模集成电路在上电时一般都需要进行一次复位操作，以便使芯片内的一些部件处于一个确定的初始状态，复位是一种很重要的操作。器件本身一般不具有自动上电复位能力，需要借助外部复位电路提供的复位信号才能进行复位操作。

MCS-51 单片机的第 9 引脚（RST）为复位引脚，系统上电后，时钟电路开始工作，只要 RST 引脚上出现大于两个机器周期时间的高电平即可引起单片机执行复位操作。有两种方法可以使 MCS-51 单片机复位，即在 RST 引脚加上大于两个机器周期时间的高电平或 WDT 计数溢出。单片机复位后，PC=0000H，CPU 从程序存储器的 0000H 开始取指执行。复位后单片机内部各 SFR 的值如表 2-8 所示。单片机的外部复位电路有上电自动复位和按键手动复位两种。

表 2-8　　复位后单片机内部各 SFR 的值

0F8H									0FFH
0F0H	B 00000000								0F7H
0E8H									0EFH
0E0H	ACC 00000000								0E7H
0D8H									0DFH
0D0H	PSW 00000000								0D7H
0C8H									0CFH
0C0H									0C7H
0B8H	IP xx000000								0BFH
0B0H	P3 11111111								0B7H
0A8H	IE 0x000000								0AFH
0A0H	P2 11111111		AUXR1 xxxxxxx0				WDTRST xxxxxxxx		0A7H
98H	SCON 00000000	SBUF xxxxxxxx							9FH
90H	P1 11111111								97H
88H	TCON 00000000	TMOD 00000000	TL0 00000000	TH0 00000000	TL1 00000000	TH1 00000000	AUXR xxx00xx0		8FH
80H	P0 11111111	SP 00000111	DP0L 00000000	DP0H 00000000	DP1L 00000000	DP1H 00000000		PCON 0xxx0000	87H

（1）上电复位电路。最简单的上电复位电路由电容和电阻串联构成，如图 2-12 所示。上电瞬间，由于电容两端电压不能突变，RST 引脚电压端 VR 为 V_{CC}，随着对电容的充电，RST 引脚的电压呈指数规律下降，到 t_1 时刻，VR 降为 3.6V，随着对电容充电的进行，VR 最后将接近 0V。RST 引脚的电压变化如图 2-13 所示。为了确保单片机复位，t_1 必须大于两个机器周期的时间，机器周期取决于单片机系统采用的晶振频率，图 2-12 中，R 不能取得太小，典型值为 8.2kΩ；t_1 与 RC 电路的时间常数有关，由晶振频率和 R 可以算出 C 的取值。

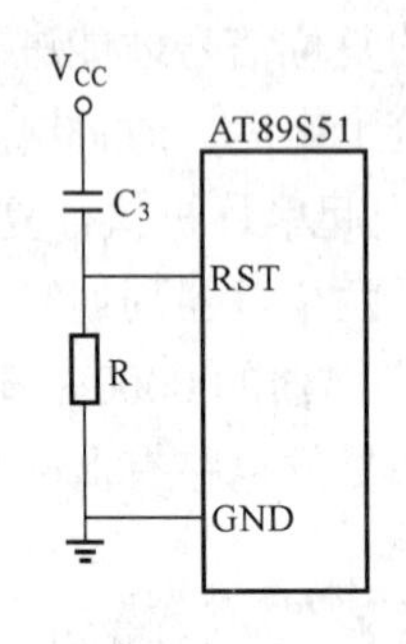

图 2-12　复位电路

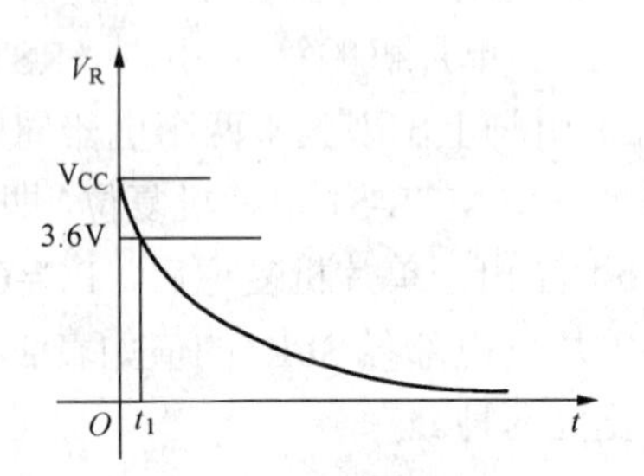

图 2-13　RST 引脚的电压变化图

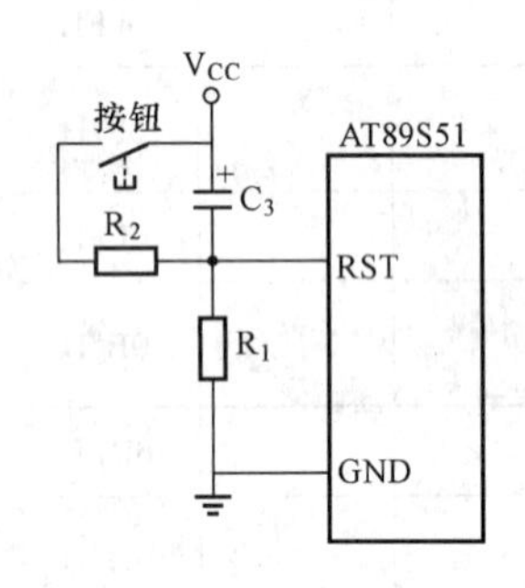

图 2-14　上电和按键组合

（2）上电复位和按键复位组合电路。图 2-14 所示为上电复位和按键复位组合电路，R_2 的阻值一般很小，只有几十欧姆，当按下复位按键后，电容迅速通过 R_2 放电，放电结束时的 V_R 为 $(R_1V_{CC})/(R_1+R_2)$，由于 R_1 远大于 R_2，V_R 非常接近 V_{CC}，使 RST 引脚为高电平，松开复位按键后，过程与上电复位相同。

7. 引脚 30：ALE/$\overline{\text{PRDG}}$

当访问外部程序器时，ALE（地址锁存）的输出用于锁存地址的低位字节。而访问内部程序存储器时，ALE 端将有一个 1/6 时钟频率的正脉冲信号，这个信号可以用于识别单片机是否工作，也可以当作一个时钟向外输出。还有一个特点是，当访问外部程序存储器时，ALE 会跳过一个脉冲。如果单片机是 EPROM，在编程其间，$\overline{\text{PRDG}}$ 将用于输入编程脉冲。

8. 引脚 29：$\overline{\text{PESN}}$

当访问外部程序存储器时，此引脚输出负脉冲选通信号，PC 的 16 位地址数据将出现在 P0 和 P2 口上，外部程序存储器则把指令数据放到 P0 口上，由 CPU 读入并执行。

9. 引脚 31：EA/V_{PP}

程序存储器的内外部选通线，8051 和 8751 单片机，内置有 4KB 的程序存储器，当 EA 为高电平并且程序地址小于 4KB 时，读取内部程序存储器指令数据，而超过 4KB 地址则读取外部指令数据。如 EA 为低电平，则不管地址大小，一律读取外部程序存储器指令。显然，对内部无程序存储器的 8031，EA 端必须接地。

第三节　MCS-51 单片机的指令时序

前面在讲控制器时简略地提到了指令时序的一些基本概念，在本节，我们将详细讲解 MCS-51 单片机的指令时序。

一、MCS-51 的指令时序

MCS-51 指令系统中，按它们的长度可分为单字节指令、双字节指令和三字节指令。执行这些指令需要的时间是不同的，也就是它们所需的机器周期是不同的，有下面几种形式：

（1）单字节指令单机器周期。

（2）单字节指令双机器周期。

（3）双字节指令单机器周期。

（4）双字节指令双机器周期。

（5）三字节指令双机器周期。

（6）单字节指令四机器周期（如单字节的乘除法指令）。

图 2-15 所示是单周期和双周期指令及执行时序，图中的 ALE 脉冲是为了锁存地址的选通信号，显然，每出现一次该信号单片机即进行一次读指令操作。从时序图中可看出，该信号是振荡周期 6 分频后得到的，在一个机器周期中，ALE 信号两次有效，第一次在 S1P2 和 S2P1 期间，第二次在 S4P2 和 S5P1 期间。

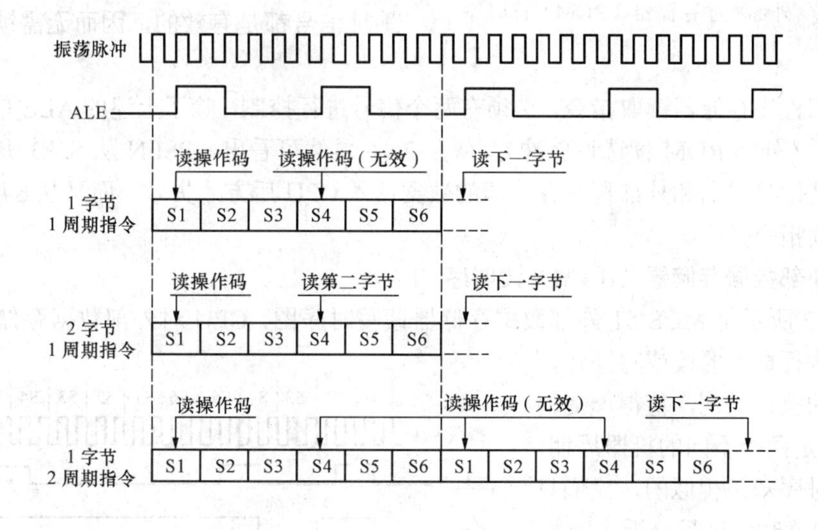

图 2-15 MCS-51 单片机指令时序图

1. 单字节单周期指令

单字节单周期指令只进行一次读指令操作，当第二个 ALE 信号有效时，PC 并不加 1，那么读出的还是原指令，属于一次无效的读操作。

2. 双字节单周期指令

这类指令两次的 ALE 信号都是有效的，只是第一个 ALE 信号有效时读的是操作码，第二个 ALE 信号有效时读的是操作数。

3. 单字节双周期指令

两个机器周期需进行四次读指令操作，但只有一次读操作是有效的，后三次的读操作均为无效操作。单字节双周期指令有一种特殊的情况，像 MOVX 这类指令，执行这类指令时，先在 ROM 中读取指令，然后对外部数据存储器进行读或写操作，头一个机器周期的第一次读指令的操作码为有效，而第二次读指令操作则为无效的。在第二个指令周期时，则访问外部数据存储器，这时，ALE 信号对其操作无影响，即不会再有读指令操作动作。

图 2-15 中，我们只描述了指令的读取状态，而没有画出指令执行时序，因为每条指令都包含了具体的操作数，而操作数类型种类繁多，这里不便列出，有兴趣的读者可参阅有关书籍。

二、外部程序存储器（ROM）读时序

图 2-16 所示是 MCS-51 外部程序存储器读时序图，从图中可看出，P0 口提供低 8 位地址，P2 口提供高 8 位地址，S2 结束前，P0 口上的低 8 位地址是有效的，之后出现在 P0 口上的就不再是低 8 位的地址信号，而是指令数据信号，当然地址信号与指令数据信号之间有一段缓冲的过渡时间，这就要求，在 S2 其间必须把低 8 位的地址信号锁存起来，这时是用 ALE 选通脉冲去控制锁存器把低 8 位地址予以锁存，而 P2 口只输出地址信号，而没有指令数据信号，整个机器周期地址信号都是有效的，因而无需锁存这一地址信号。

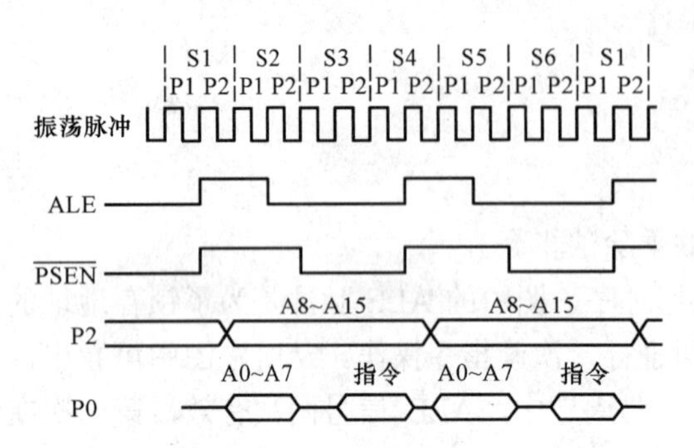

图 2-16　外部程序存储器（ROM）读时序

从外部程序存储器读取指令，必须有两个信号进行控制，除了上述的 ALE 信号，还有一个 PSEN（外部 ROM 读选通脉冲），从图 2-16 显然可看出，PSEN 从 S3P1 开始有效，直到将地址信号送出和外部程序存储器的数据读入 CPU 后方才失效。而又从 S4P2 开始执行第二个读指令操作。

三、外部数据存储器（RAM）读时序

图 2-17 所示是 MCS-51 外部数据存储器读写时序图，CPU 对外部数据存储的访问是对 RAM 进行数据的读或写操作，属于指令的执行周期，值得一提的是，读或写是两个不同的机器周期，但他们的时序却是相似的，我们只对 RAM 的读时序进行分析。

上一个机器周期是取指令阶段，是从 ROM 中读取指令数据，接着的下一个周期才开始读取外部数据存储器 RAM 中的内容。

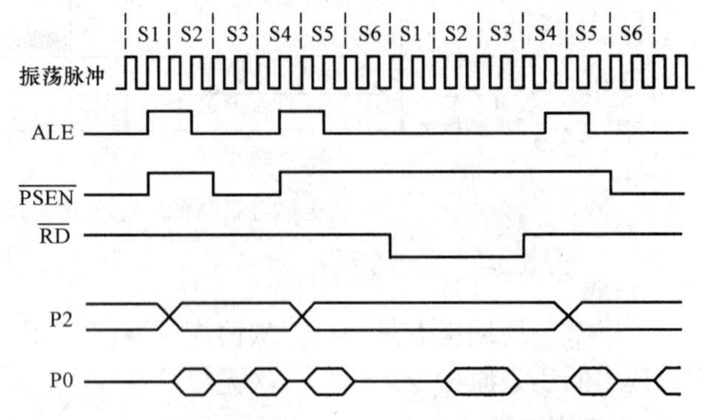

图 2-17　外部数据存储器（RAM）读时序

在 S4 结束后，先把需读取 RAM 中的地址放到总线上，包括 P0 口上的低 8 位地址 A0～A7 和 P2 口上的高 8 位地址 A8～A15。当 RD 选通脉冲有效时，将 RAM 的数据通过 P0 数据总线读进 CPU。第二个机器周期的 ALE 信号仍然出现，进行一次外部 ROM 的读操作，但是这一次的读操作属于无效操作。

对外部 RAM 进行写操作时，CPU 输出的则是 WR（写选通信号），将数据通过 P0 数据总线写入外部存储中。

四、最小系统

前面三节对单片机的内部结构、外部管脚和指令时序进行了详细的介绍，最后，我们以一个传统的单片机最小系统来综合介绍本章所学习的内容。

一个最小的单片机微机系统由三片集成块组成，它们是 CPU（8031）、8 位 3 态 D 锁存器 74LS373、ROM 或 RAM。当然有了这三件单片机还是不能工作，还要加上一个时钟电路和复位电路，由这些基本电路组成一个完整的最小系统，如图 2-18 所示，该电路可提供 P1 口、P3 口作为用户的输入/输出口（I/O），在图 2-18 中，最多可接 16 个指示灯，作为一个实用彩灯控制器产品。

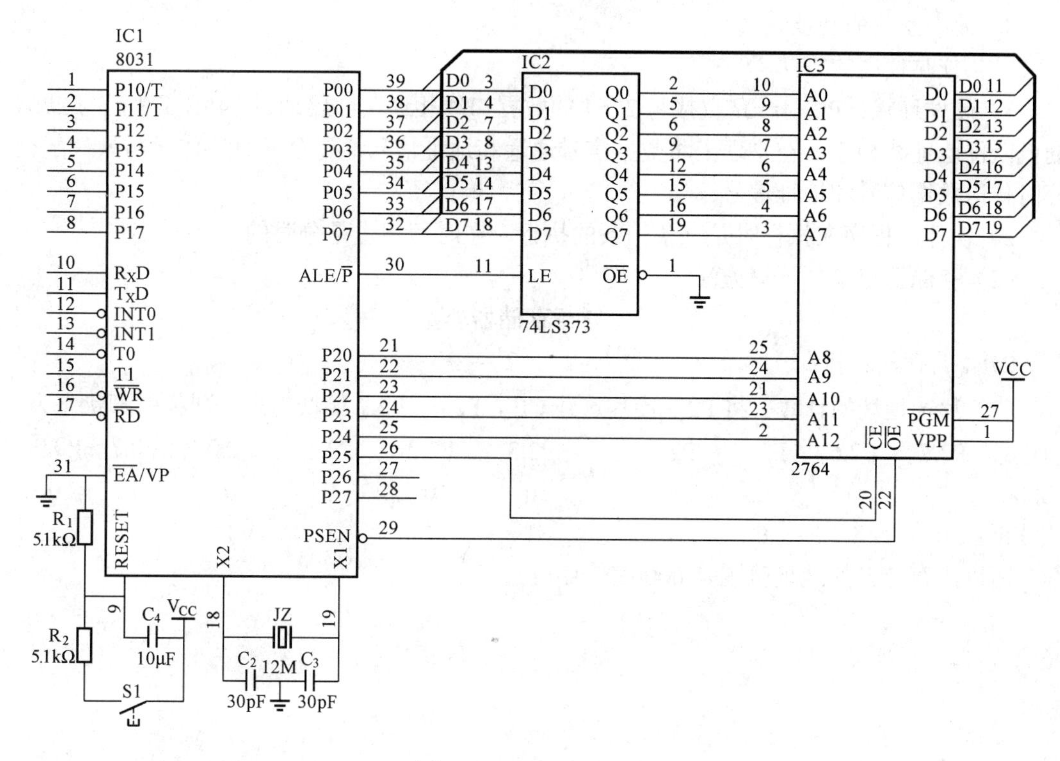

图 2-18　8031 最小系统

1. 8 位 3 态 D 锁存器 74LS373 的使用方法

一般的集成块生产厂家都提供全套集成块的使用说明书，说明书中主要包括该集成块的特点、逻辑图和引脚功能图、特性和电参数、工作原理和典型应用。下面是 74LS373 的使用方法，图 2-19 所示为说明书中提供的引脚图和功能表。

74LS373

引脚 / 状态	LE	Dn	Qn
L	H	H	H
L	H	L	L
L	L	L	L
L	L	H	H
H	×	×	Z

(a)　　(b)

图 2-19　74LS373 引脚图和功能表

（a）引脚图；（b）功能图

引脚图中 Dn 为输入端；Qn 为输出端；$\overline{OE}$、LE 为控制端，该片如何工作由功能表决定，表中 L 为低电平、H 为高电平，Z 为高阻抗（相当开路），×为任意电平，一般将$\overline{OE}$接低电平，LE 接 ALE 就能正常工作。

2. 2764 的使用

2764 是一块 8KB 的 EPROM 程序存储器，有 28 个引脚，分成地址线、数据线、控制线，有关这方面知识请查阅此芯片的详细资料。

3. 最小系统的功能说明

（1）分时使用的方法。

1）硬件连接：P0 口一路直接与 2764 的数据口线相连，一路通过 74LS 373 后与 2764 的低八位地址线相连。在物理上将数据信号通道和地址信号通道分开。工作时与软件配合分时传送数据信号和地址信号。

2）软件：程序在执行时是一条一条的执行，在时间上也是分时的。

（2）存储器容量的计算方法。

$$2^{\text{地址线根数}}=\text{存储器容量}$$

2764 的存储容量： $2^{13}=2^{10}\times 2^{3}=8K$

（3）片选地址的计算。将 P2.5 接片选线$\overline{CE}$，P2.6、P2.7 接低电平，则各引脚状态为：

	P2.7	P2.6	P2.5	P2.4	P2.3	P2.2	P2.1	P2.0	P0.7～P0.0	
0000	0	0	0	0	0	0	0	0	0	0
1FFF	0	0	0	1	1	1	1	1	1	1

所以，存储器的地址范围是 0000H～1FFFH。

单片机软件编程环境

第一节　Keil 软件的使用

一、Keil 软件的介绍

单片机开发中除必要的硬件外，同样离不开软件，我们写的汇编语言源程序要变成可以执行的机器码有两种方法，一种是手工汇编，另一种是机器汇编。目前已很少使用手工汇编的方法了。机器汇编是通过汇编软件将源程序变为机器码，用于 MCS-51 单片机的汇编软件是早期的 A51，随着单片机开发技术的不断发展，从普遍使用汇编语言到逐渐使用高级语言开发，单片机的开发软件也在不断发展，Keil 软件是目前最流行的开发 MCS-51 单片机的软件，这从近年来各仿真机厂纷纷宣布支持 Keil 即可看出。

Keil C51 是美国 Keil Software 公司出品的 51 系列兼容单片机 C 语言软件开发的系统，它提供了包括 C 编译器、宏汇编、连接器、库管理和一个功能强大的仿真调试器等在内的完整开发方案，通过一个集成开发环境（μVision）将这些部分组合在一起。运行 Keil 软件需要 Pentium 或以上的 CPU，16MB 或更多的 RAM、20MB 以上的空闲的硬盘空间，Win98、NT、Win2000、WinXP 等操作系统。与汇编语言相比，C 语言在功能上、结构性、可读性、可维护性上有明显的优势，因而易学易用。用过汇编语言后再使用 C 语言来开发，体会更加深刻。

Keil C51 软件提供丰富的库函数和功能强大的集成开发调试工具，全 Windows 界面。另外重要的一点是，只要看一下编译后生成的汇编代码，就能体会到 Keil C51 生成的目标代码效率非常之高，多数语句生成的汇编代码很紧凑，容易理解。在开发大型软件时更能体现高级语言的优势。

这个工具套件是为专业软件开发人员设计的，但任何层次的编程人员都可以使用，并获得 80C51 单片机的绝大部分应用。

Keil Software 提供了一流的 80C51 系列开发套件，下面描述每个套件及其功能。

1. PK51 专业开发套件

PK51 专业开发套件提供了所有工具，适合专业开发人员建立和调试 80C51 系列微控制器的复杂嵌入式应用程序。专业开发套件可针对 80C51 及其所有派生系列进行配置使用。

2. DK51 开发套件

DK51 开发套件是 PK51 的精简版，它不包括 RTX51 Tiny 实时操作系统。开发套件可针对 80C51 及其所派生系列进行配置使用。

3. CA51 编译器套件

如果开发者只需要一个 C 编译器而不需要调试系统，则 CA51 编译器套件就是最好的选择。CA51 编译器套件只包含 μVision2 IDE 集成开发环境，CA51 不提供 μVision2 调试器的功能。这个套件包括了要建立嵌入式应用的所有工具软件，可针对 80C51 及其所有派生系列进行配置使用。

4. A51 汇编器套件

A51 汇编器套件包括一个汇编器和创建嵌入式应用所需要的所有工具。它可针对 80C51 及其所有派生系列进行配置使用。

5. RTX51 实时操作系统（FR51）

RTX51 实时操作系统是 80C51 系列微控制器的一个实时内核。RTX51 Full 提供 RTX51 Tiny 的所有功能和一些扩展功能，并且包括 CAN 通信协议接口子程序。

二、Keil 软件的调试及运行

已经安装了 Keil c 软件电脑的桌面上会有本软件的图标。用鼠标左键双击该图标便可进入 Keil c 的工作界面，如图 3-1 所示。该界面与 Word 界面相类似，上边是菜单栏，接着是快捷按钮栏等。这里我们用到的部分菜单或快捷按钮的中文含义已标注在图 3-1 上；用到的功能只是创建一个项目或打开一个已有的项目，创建或打开一个源程序文本等，最后把它编译成我们需要的十六进制文件。

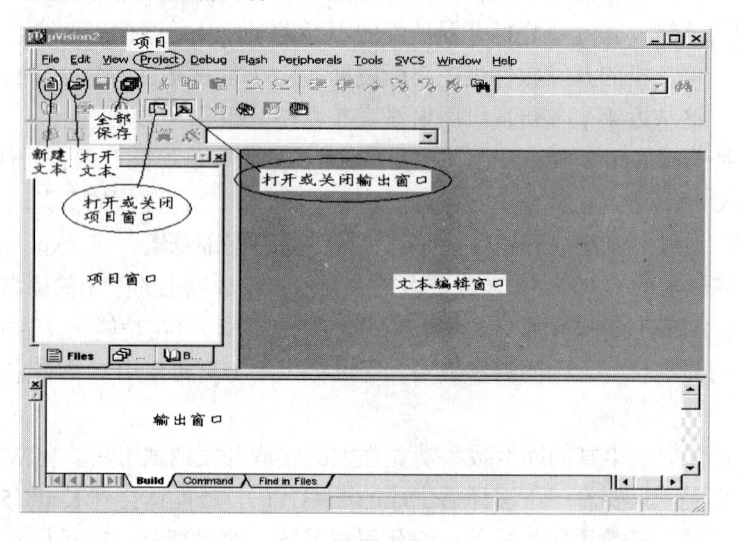

图 3-1　Keil c 工作界面

1. 新建项目

在 Keil c 工作界面上用鼠标左键点下拉菜单“Project”，在图 3-2 所示弹出的菜单上点“New Project”；桌面弹出如图 3-3 所示的“Creat New Project”创建新项目对话框。在对话中的“保存在”右侧的文本框中选择要保存项目文件的路径，或新建一个目录，如“PJ1”；在“文件名”右侧的文本框中输入项目的文件名，如“led_light”；如图 3-4 所示，然后单击“保存”按钮。接着在出现的“Select Device for Target　‘Target 1’”对话框中直接按“确定”按钮。这样就完成了项目的创建，此时在 Keil c 工作界面左侧中间的“项目窗口”中可以见到有一个项目“Target 1”存在，如图 3-5 所示。

如果要打开一个已有的项目，则在图 3-2 中单击“Open Project”，就会弹出一个与“Creat New Project”创建新项目类似的对话框“Select Project file”选择项目文件，类似地选择文件存放的路径，找到要打开的文件，最后单击“打开”按钮即可。

2. 新建或打开文件

在图 3-2 中单击“新建文本”按钮，在中间右边框内就会出现“Text1”文本窗口。接着就可以在该窗口内输入源程序，并将该文件按程序设计的语言不同“Save as”另存为“Text1.c”（C 语言）或“Text1.asm”（汇编语言）文件。如果已经用其他编辑软件建好了一个 C 语言或汇编语言程序文件，那么就可以在图 3-2 中直接单击“打开文本”按钮，找到需要的文件后单击“打开”按钮即可。

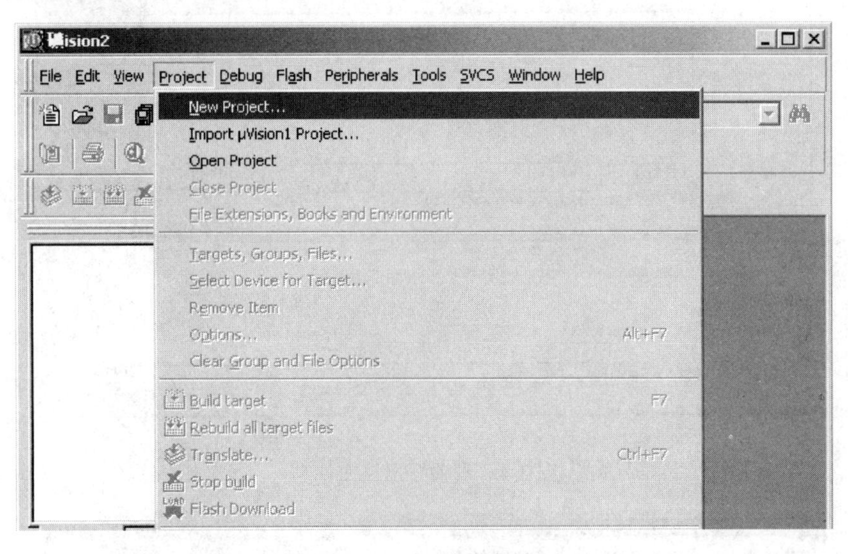

图 3-2 创建项目

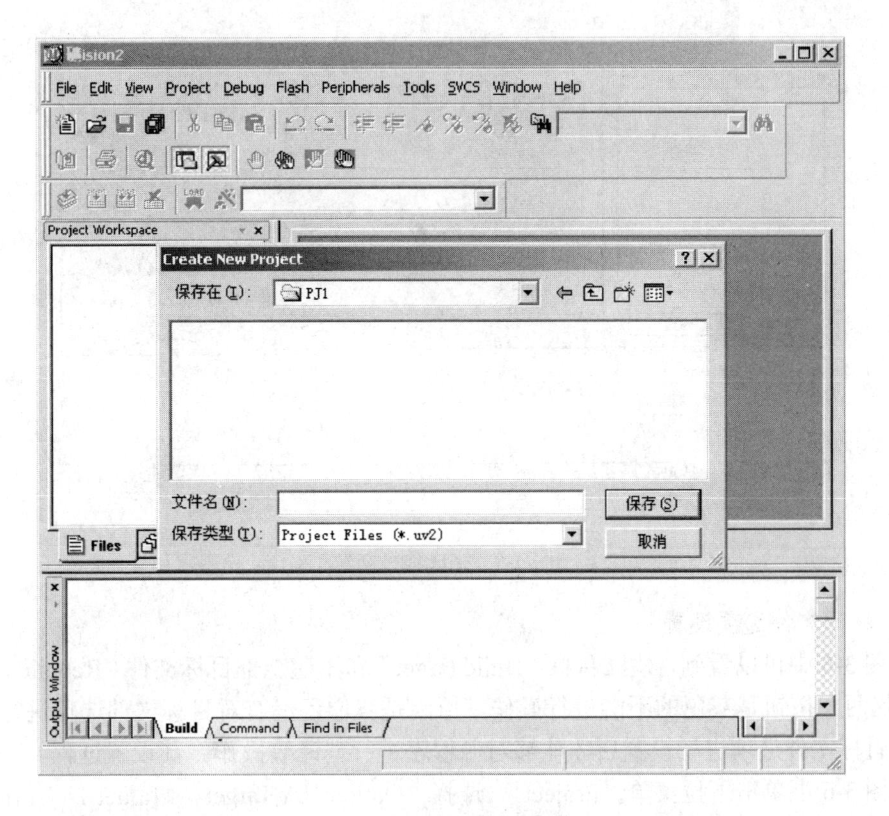

图 3-3 设置项目文件名

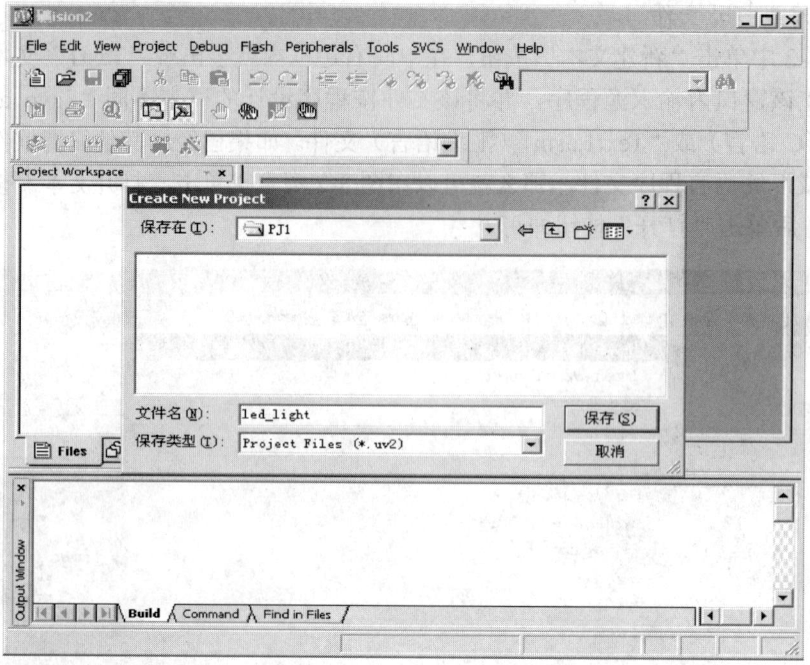

图 3-4　设置好项目文件名

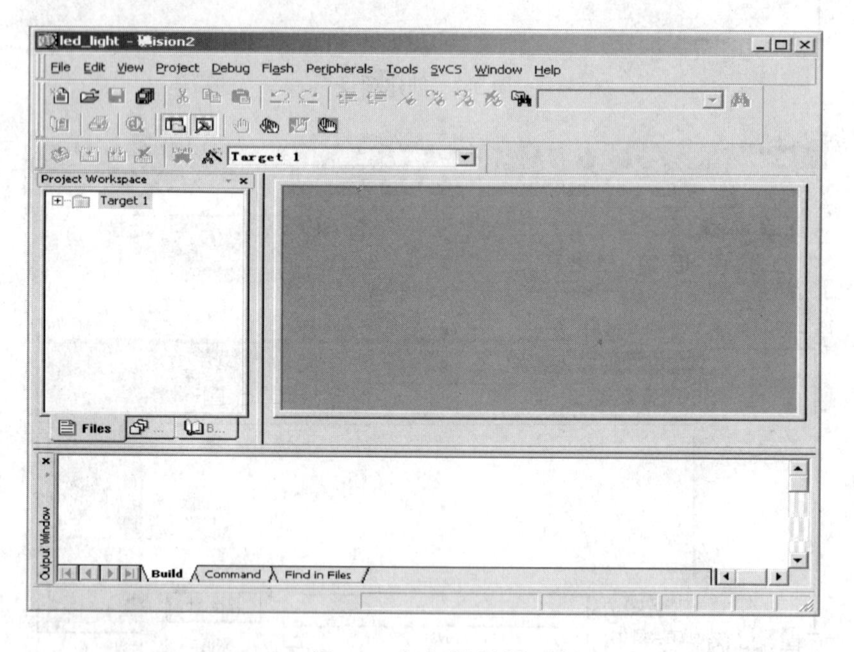

图 3-5　完成项目创建

3. 目标文件选项设置

从图 3-6 中可以看到，建立目标“Build target”和重建全部目标文件“Rebuild all target files”这两个按钮是灰色的不能进行操作，原因是我们还没有对目标文件选项进行设置。只有对目标文件选项进行设置后才能够对源程序进行编译等操作。其设置过程如下：

在图 3-6 上单击下拉菜单“Project”，选择“Options for Target　‘Target 1’”。在弹出的对话框中选中“Output”标签页，选中页中的“Output”选项，如图 3-7 所示。即在“Creat

HEX file”前的复选框内打“√”；在“HEX”后的文本框中选择“HEX-80”；在“Browse Information”前的复选框内打“√”。设置完后单击“确定”按钮，返回到图 3-8 所示的界面。此时我们可以见到两个快捷按钮建立目标“Build target”和重建全部目标文件“Rebuild all target files”的颜色都变深了，此时，目标文件选项设置完成。

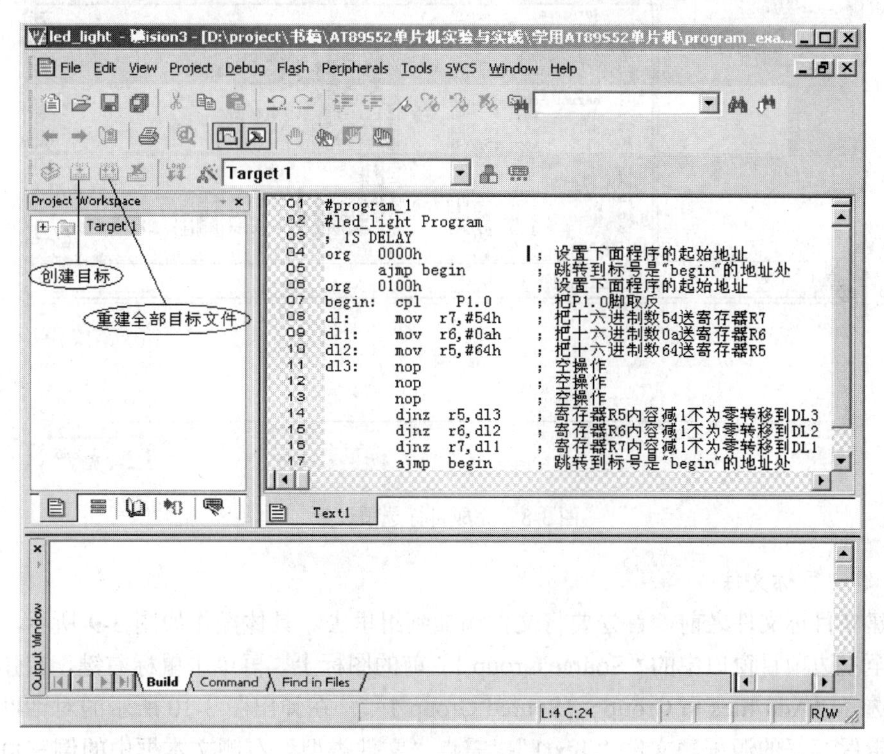

图 3-6　新建或打开文件

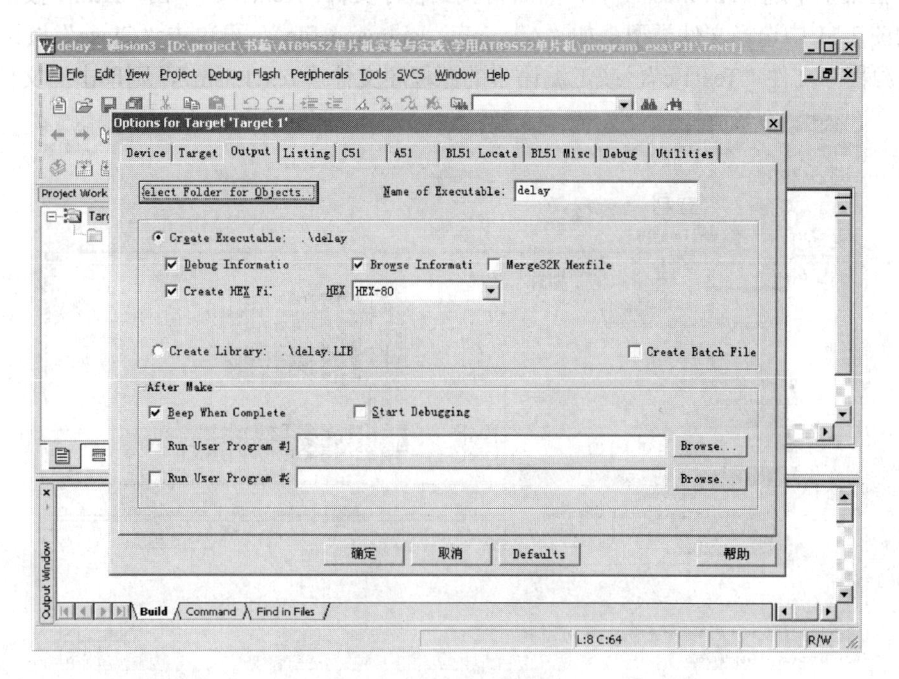

图 3-7　目标选项设置

图 3-8　完成目标选项设置

4. 建立目标文件

在建立目标文件之前，首先要将文件添加到组里去。具体操作如图 3-9 所示，将鼠标箭头移至左边项目窗口中的“Source Group 1”前的图标上，再单击鼠标右键，在弹出的菜单项中选择“Add files to Group　‘Source Group 1’”。在弹出图 3-10 所示的对话框中选择刚才编辑保存好的源程序文件“Text1”；需点“文件类型”右侧文本框中的倒三角，在弹出的下拉菜单中选“All files(*.*)”，然后再找到程序文件“Text1”。单击“Add”按钮，再在弹出的图 3-11 中选择文件类型，如“Assembly language file”；再单击“Close”按钮。若是 C 语言源程序文件“Text1.c”，或汇编语言的源程序文件“Text1.asm”，则单击“文件类型”

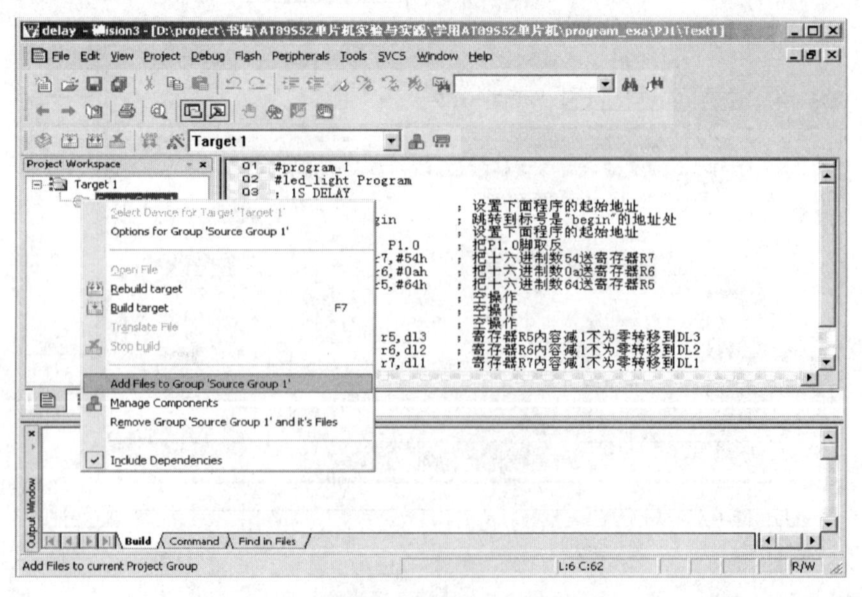

图 3-9　添加文件

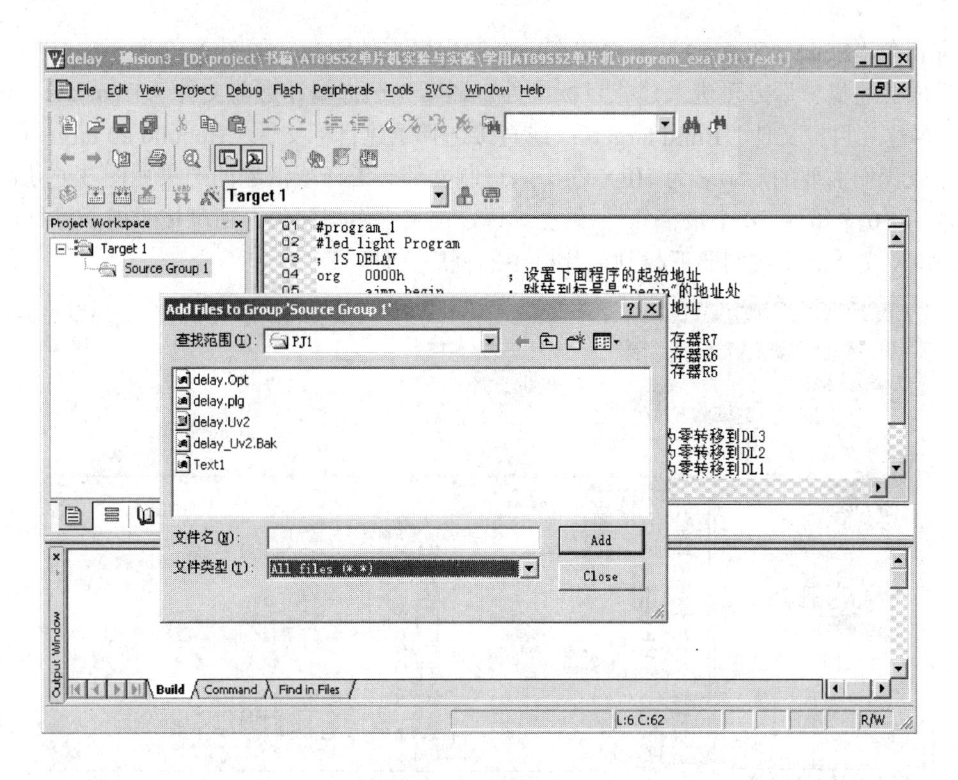

图 3-10　选择添加的文件

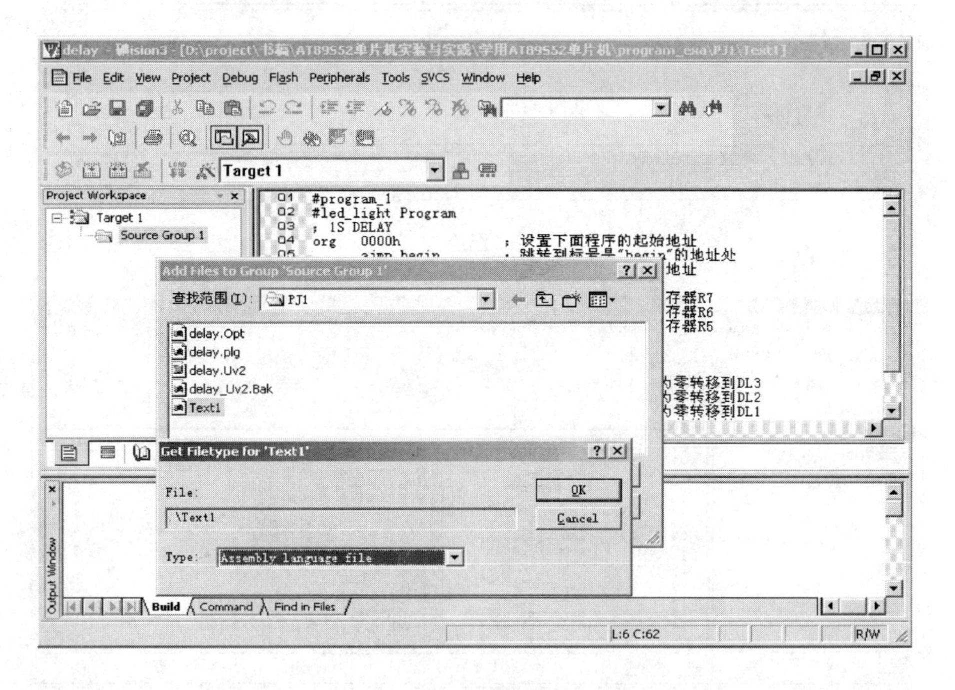

图 3-11　选择添加的文件类型

右侧文本框中的倒三角，在弹出的下拉菜单中选“c source file”或“asm source file”，然后再找到程序文件“Text1.c”或“Text1.asm”。单击“Add”按钮，再单击“Close”按钮。此时按钮建立目标“Build target”前的编译当前文件“Translate current file”按钮的颜色也变深了。而在中间左边项目窗口中的“Source Group 1”前多了一个“+”号。单击“+”号，可以看到在“Source Group 1”下面就有一个源程序文件图标，如图 3-12 所示。

完成上述操作后方可进入建立目标文件。通常先选择编译当前文件“Translate current file”，再建立目标文件“Build target”；或直接选择重建目标文件“Rebuild all target files”，即可生成我们需要的后缀名为 HEX 的十六进制文件。编译或汇编的结果如图 3-13 所示，上面提示“0 个错误、0 个报警”。如果在编译、连接中出现错误，则可按照提示进行检查。这个. HEX 文件就是我们要下载到单片机中的程序文件。

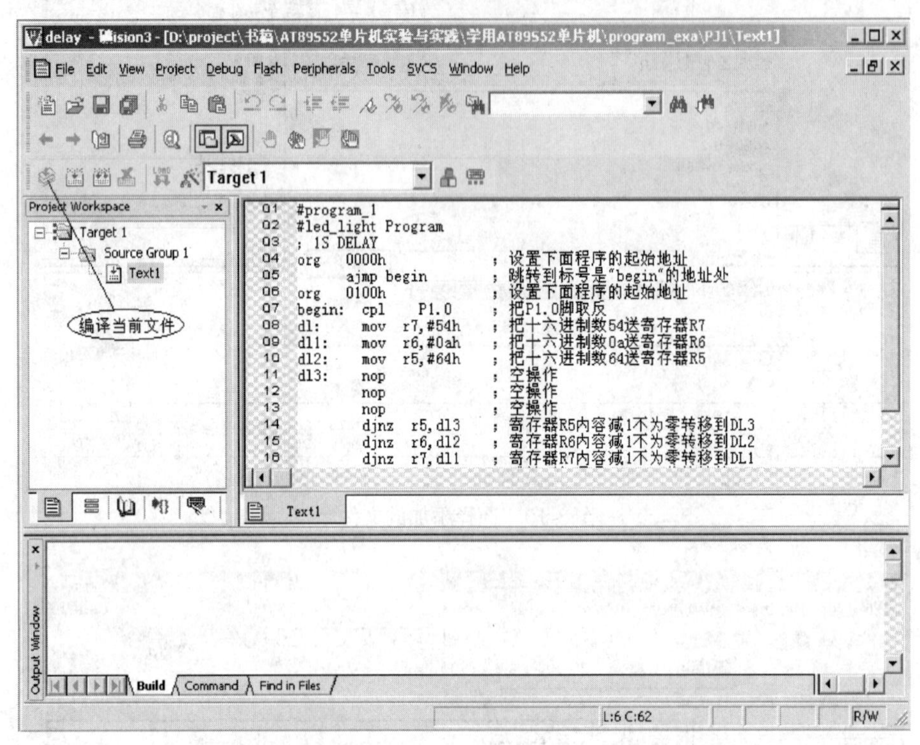

图 3-12　已添加文件

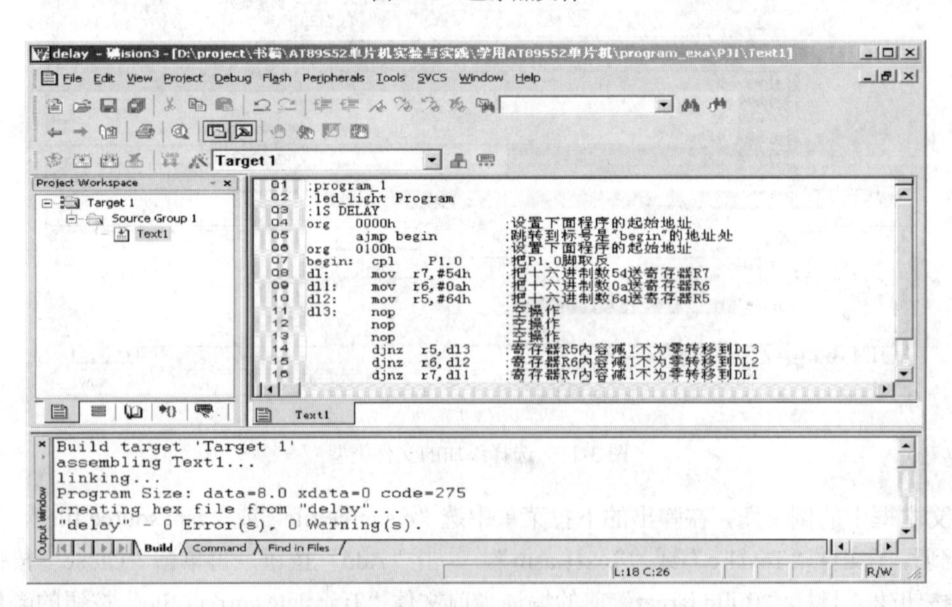

图 3-13　完成编译或汇编

第二节 伟福软件的使用

一、伟福软件的介绍

伟福仿真器系统由仿真主机＋仿真头、MULT1A 用户板、实验板、开关电源等组成。本系统的特点主要有以下几个方面。

1. 主机＋仿真头的组合

通过更换不同型号的仿真头即可对各种不同类型的单片机进行仿真，是一种灵活的多 CPU 仿真系统。采用主机＋仿真头组合的方式，更换仿真头，可以对各种 CPU 进行仿真。本仿真器主机型号为 E2000/S，仿真头型号为 POD8X5X（可仿真 51 系列 8X5X 单片机）。

2. 双平台

具有 DOS 版本和 Windows 版本，后者功能强大，中/英文界面任选，用户源程序的大小不再有任何限制，支持 ASM、C、PLM 语言混合编程，具有项目管理功能，为用户的资源共享、课题重组提供了强有力的手段。支持点屏显示，用鼠标左键点一下源程序中的某一变量，即可显示该变量的数值。有丰富的窗口显示方式，可多方位、动态地显示仿真的各种过程，使用极为便利。此操作系统一经推出，立即被广大用户所喜爱。

3. 双工作模式

（1）软件模拟仿真（不要仿真器也能模拟仿真）。

（2）硬件仿真。

4. 不占用户资源

不受使用条件限制，支持地址、数据、外部信号、事件断点、支持实时断点计数、软件运行时间统计。

5. 集成环境

编辑、编译、下载、调试全部集中在一个环境下。同时具有多种仿真器，把多类 CPU 仿真全部集成在一个环境下。可仿真 51 系列，196 系列，PIC 系列，飞利浦公司的 552、LPC764、DALLAS320，华邦 438 等 51 增强型 CPU。为了跟上形势，现在很多工程师需要面对和掌握不同的项目管理器、编辑器、编译器。他们由不同的厂家开发，相互不兼容，使用不同的界面，学习使用都很吃力。伟福 Windows 调试软件为您提供了一个全集成环境，统一的界面，包含一个项目管理器，一个功能强大的编辑器，汇编 Make、Build 和调试工具并提供上千个与第三方编译器的函数接口。由于风格统一，节省了使用者的精力和时间。

6. 强大的逻辑分析仪综合调试功能

逻辑分析仪由交互式软件菜单窗口对系统硬件的逻辑或时序进行同步实时采样，并实时在线调试分析，采集深度 32K（E2000/L），最高时基采样频率达 20MHz，40 路波形，可精确实时反映用户程序运行时的历史时间。系统在使用逻辑分析仪时，除普通的单步运行、键盘断点运行、全速硬件断点运行外，还可实现各种条件组合断点，如数据、地址、外部控制信号、CPU 内部控制信号、程序区间断点等。由于逻辑仪可以直接对程序的执行结果进行分析，极大地便利了程序的调试。随着科学技术的发展，单片机通信方面的运用越来越多，在通信功能的调试时，如果通信不正常，查找原因是非常耗时和低效的，很难搞清楚问题到底在什么地方，可能是波特率不对，也可能是硬件信道有问题。有了逻辑仪，情况则完全不一样，用它可以分别或者同时对发送方、接收方的输入或者输出波形进行记录、存储、对比、测量等各种直观的分析，可以将实际输出通信报文的波形与源程序相比较，可立即发现问题所在，从而极大地方便了调试。

7. 强大的追踪器功能

追踪功能以总线周期为单位，实时记录仿真过程中 CPU 发生的总线事件，其触发条件方式同逻辑分析仪。追踪窗口在仿真停止时可收集显示追踪的 CPU 指令记忆信息，可以以总线反汇编码模式、源程序模式对应显示追踪结果。屏幕窗口显示波形图最多追踪记忆指令 32K 并通过仿真器的断点、单步、全速运行或各种条件组合断点来完成追踪功能。总线跟踪可以跟踪程序的运行轨迹和统计软件运行时间。

二、伟福软件的调试及运行

双击桌面上的 WAVE 图标或从开始→程序→WAVE FOR WINDOWS→WAVE 进入本开发环境，其界面及主要功能如图 3-14 所示。

图 3-14　WAVE 集成环境

1. 仿真器设置

仿真器设置如图 3-15 所示，在实验开始时要先根据需要设置好仿真器类型、仿真头类型以及 CPU 类型，并注意是否“使用伟福软件模拟器”，若使用硬件仿真，请注意去掉“使用伟福软件模拟器”前的选择。

2. 文件菜单

文件菜单如图 3-16 所示，可在此菜单下进行包括新建、打开、保存等文件操作。

（1）文件|打开文件。打开用户程序，进行编辑。如果文件已经在项目中，可以在项目窗口中双击相应文件名打开文件。

（2）文件|保存文件。保存用户程序。用户在修改程序后，如果进行编译，则在编译前，系统会自动将修改过的文件存盘。

（3）文件|新建文件。建立一个新的用户程序，在存盘的时候，系统会要求用户输入文件名。

（4）文件|另存为。将用户程序存成另外一个文件，原来的文件内容不会改变。

3. 项目菜单

项目菜单如图 3-17 所示，在此窗口下可将源文件编译成目标文件。

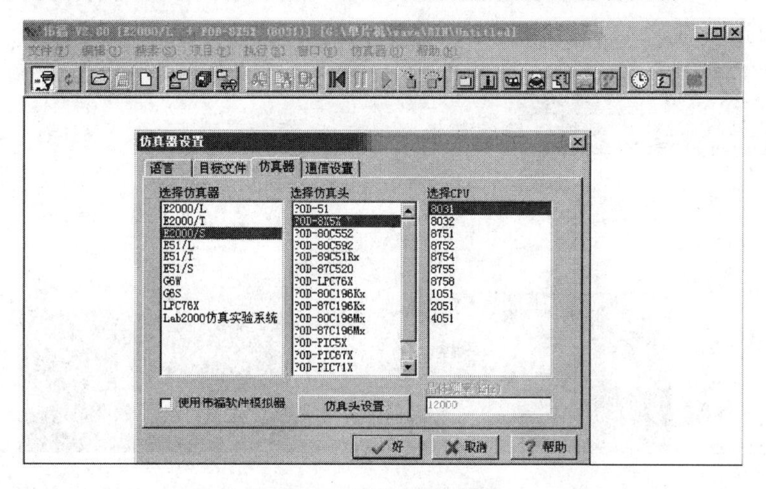

图 3-15　仿真器设置

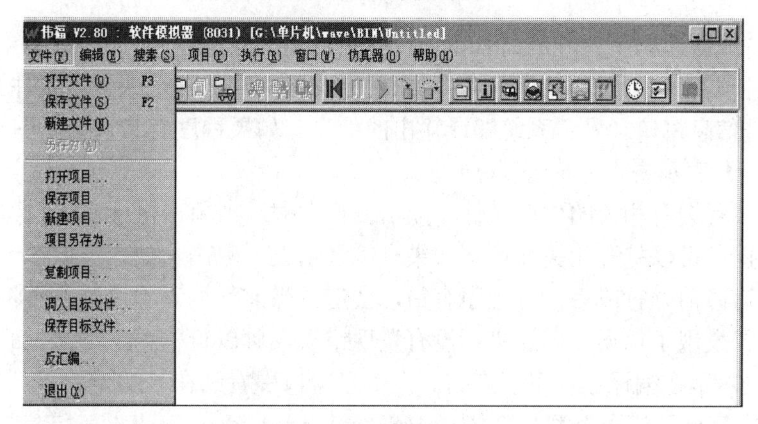

图 3-16　文件窗口

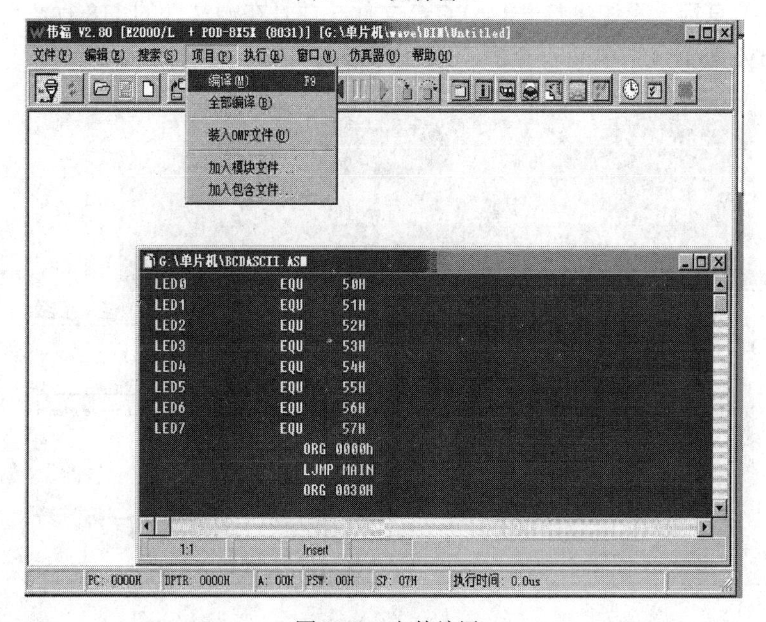

图 3-17　文件编译

4. 窗口菜单

窗口菜单如图 3-18 所示，在此菜单下，可以观察各种窗口信息，其中最常用到的是CPU 窗口和数据窗口。

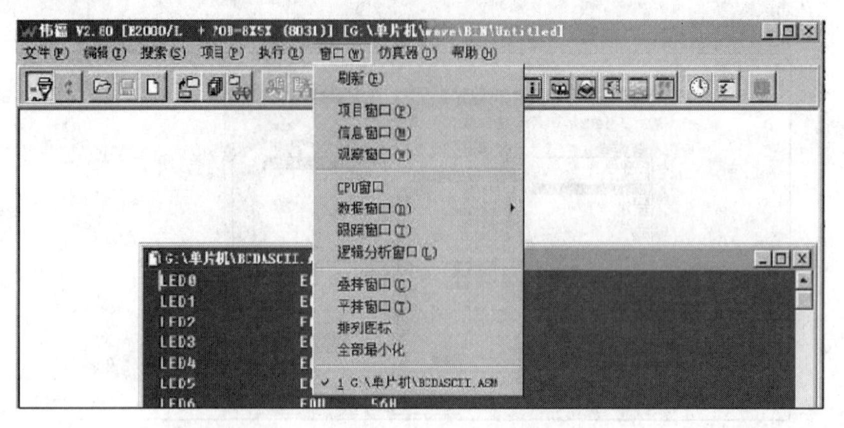

图 3-18　窗口菜单

（1）窗口|刷新。刷新打开的所有窗口，及窗口里的数据。

（2）窗口|项目窗口。打开项目窗口，以便在项目中加入模块或包含文件。

（3）窗口|信息窗口。显示系统编译输出的信息。如果程序有错，会以图标形式指出，表示错误；表示警告；表示通过。

在编译信息行会有相关的生成文件，双击鼠标左键，或单击鼠标右键在弹出菜单中选择“打开”功能，可以打开相关文件。如果有编译错误，双击左键，可以在源程序中指出错误所在行，有时前一行或后一行程序有错，会造成当前行编译不通过。而将错误定位在本行，所以如果发现了错误，但在本行没有发现错误，可以查本行上下几行的程序。

图 3-19 表示了在编译过程发现有错。在信息窗口中看到在 CALC.C 文件第 118 行有 202 号错误，文字显示错误类型是“‘DispVa’ undefined identifier”即：未定义 DispVa 标识符。双击此信息行，系统将打开 CALC.C 文件，并且在源文件的 118 行，指出有错，可以看到，DispVa 和 ls（）中间有空格，应为 DispVals（）。

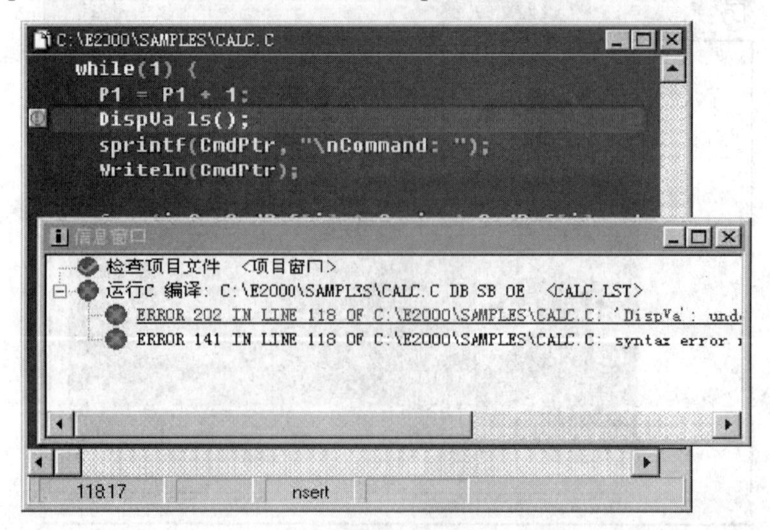

图 3-19　信息窗口

(4) CPU 窗口（见图 3-20）。通过 CPU 窗口可以看到编译正确的机器码及反汇编程序，可以让使用者更清楚地了解程序执行过程。CPU 窗口中还有 SFR 窗口和位窗口，可以了解程序执行过程中寄存器内容的变化。

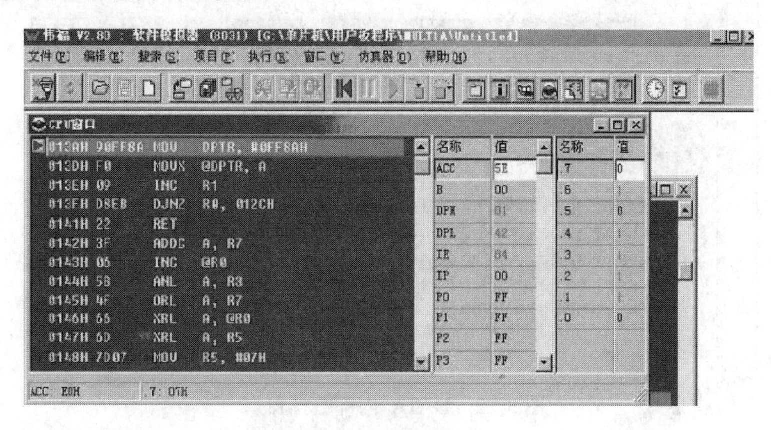

图 3-20 CPU 窗口

(5) 数据窗口。对于 51 系列 CPU（见图 3-21），数据窗口有：DATA 内部数据窗口（见图 3-22）；CODE 程序数据窗口（见图 3-23）；XDATA 外部数据窗口（见图 3-24）；PDATA 外部数据窗口（页方式，见图 3-25）。

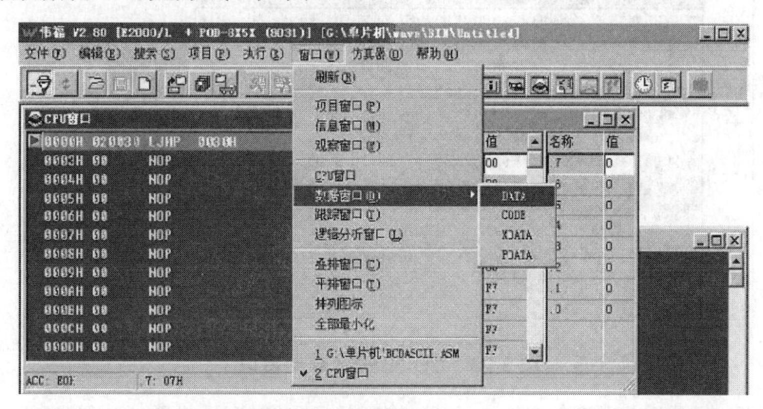

图 3-21 数据窗口

5. 执行菜单

执行菜单如图 3-26 所示，在此菜单下，可用全速、跟踪、断点等各种方式运行程序。

6. 外设（L）

当项目中有编辑好的程序文件时，菜单栏中会增加“外设”这一菜单栏，其内容如图 3-27 所示。

(1) 外设|端口。设置或观察当前端口的状态。

(2) 外设|定时器/计数器 0。定义或观察定时器/计数器 0，通过定义定时器/计数器的工作方式，自动生成相应的汇编或 C 语言。可以“复制/粘贴”到你的程序中，其内容如图 3-28 所示。

(3) 外设|定时器/计数器 1。定义或观察定时器/计数器 1，通过定义定时器/计数器的工作方式，自动生成相应的汇编或 C 语言。可以“复制/粘贴”到你的程序中，其内容如图 3-29 所示。

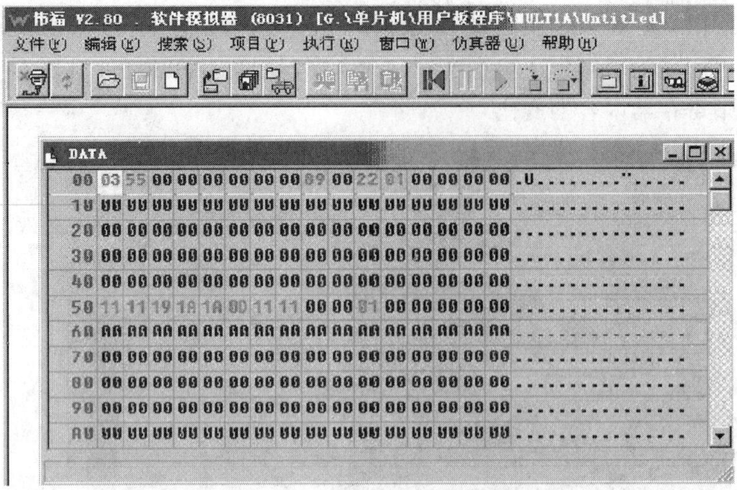

图 3-22　DATA 内部数据窗口

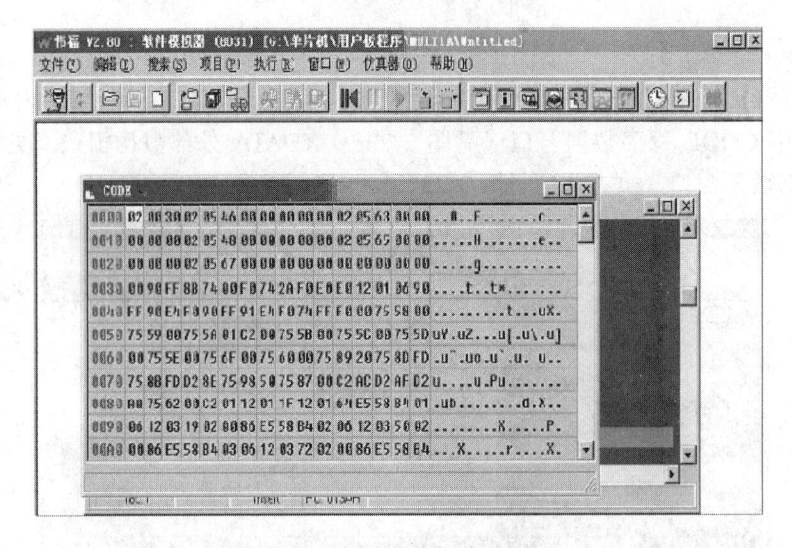

图 3-23　CODE 程序数据窗口

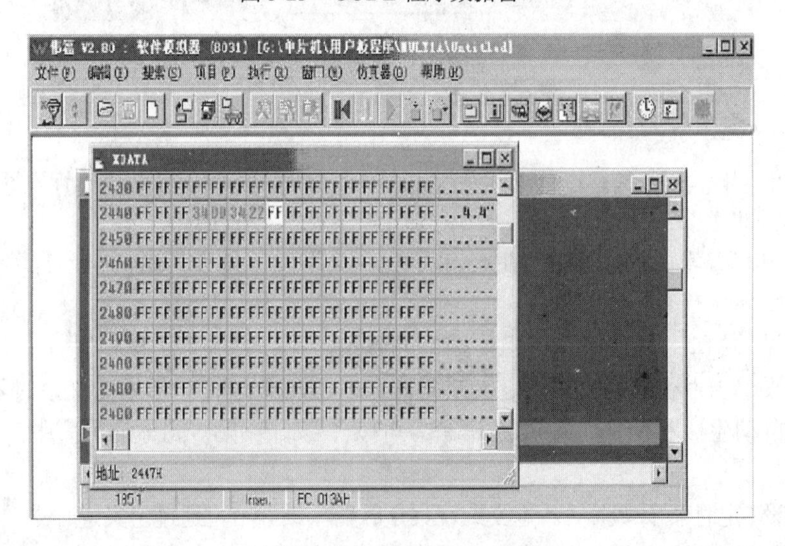

图 3-24　XDATA 外部数据窗口

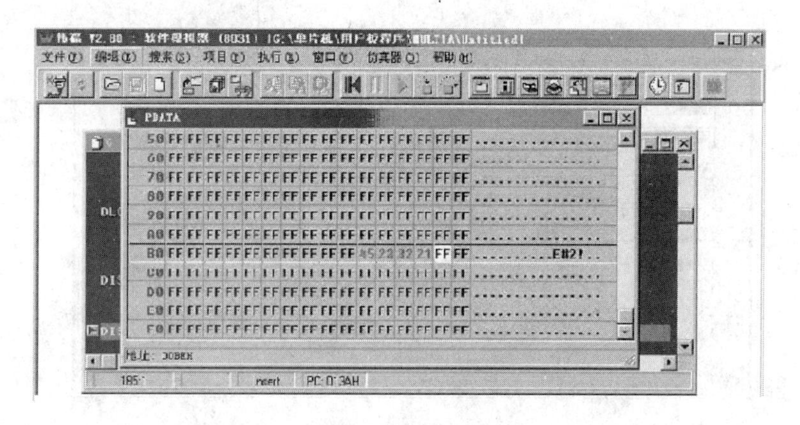

图 3-25 PDATA 外部数据窗口

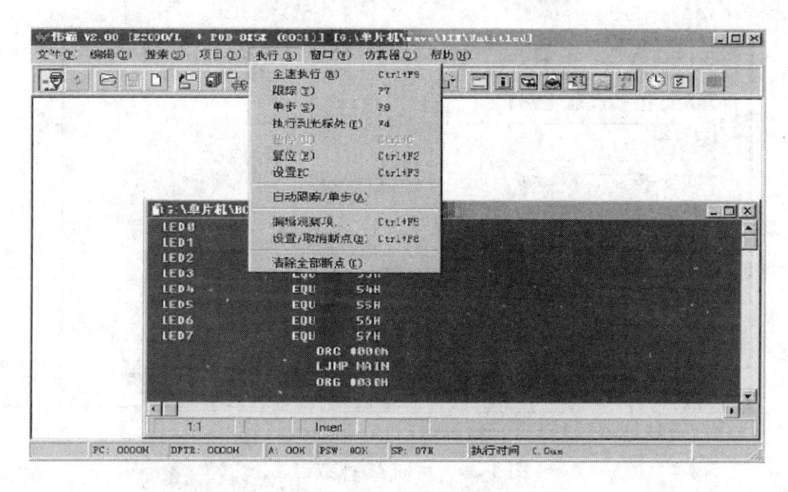

图 3-26 执行菜单

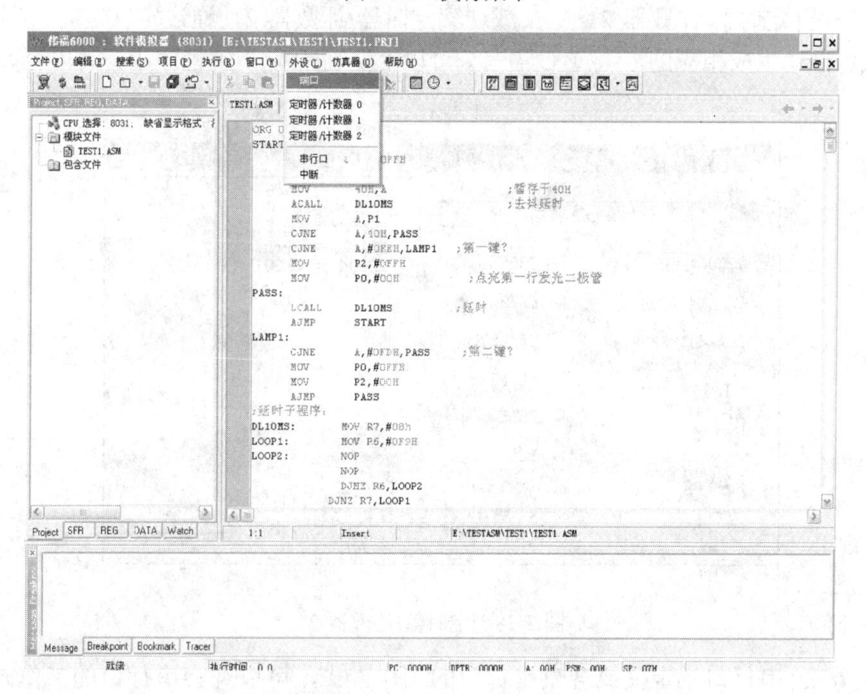

图 3-27 外设菜单栏

图 3-28　定时器/计数器 0

图 3-29　定时器/计数器 1

（4）外设|定时器/计数器 2。定义或观察定时器/计数器 2，通过定义定时器/计数器的工作方式，自动生成相应的汇编或 C 语言。可以“复制/粘贴”到程序中，其内容如图 3-30 所示。

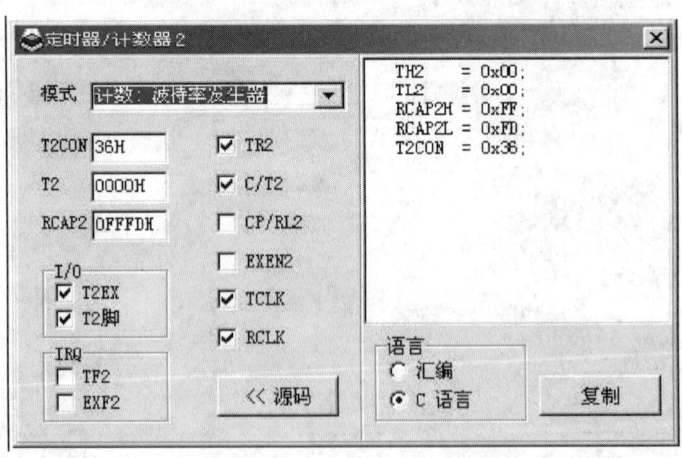

图 3-30　定时器/计数器 2

（5）外设|串行口。定义或观察串行口的工作方式，可以观察串行口的工作方式是否正确，也可以定义串行口的工作方式，自动生成串行口初始化程序。（串行口的波特率的时钟

为仿真器设置中“使用伟福软件模拟器”的晶体频率，见“仿真头设置”)，其结构如图 3-31所示。

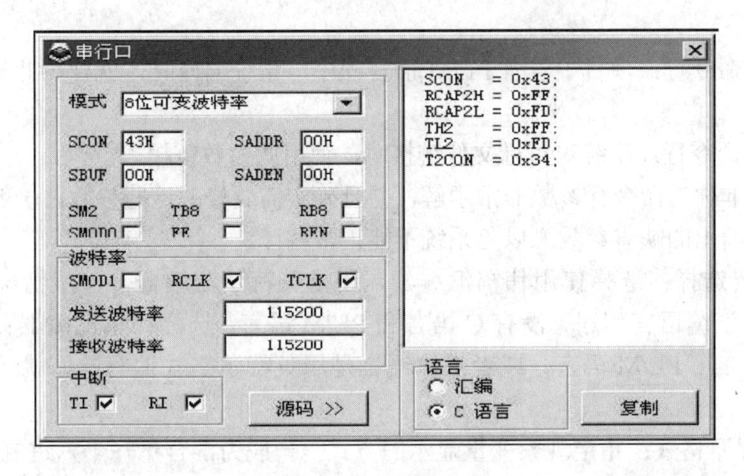

图 3-31　串行口设置

（6）外设 | 中断。管理或观察中断源，也可以辅助生成中断初始化程序。

7. 仿真器菜单

单击仿真器菜单，会弹出如图 3-32 所示的窗口。

（1）语言设置。设置项目编译语言的路径及命令行选项，其结构如图 3-32 所示。

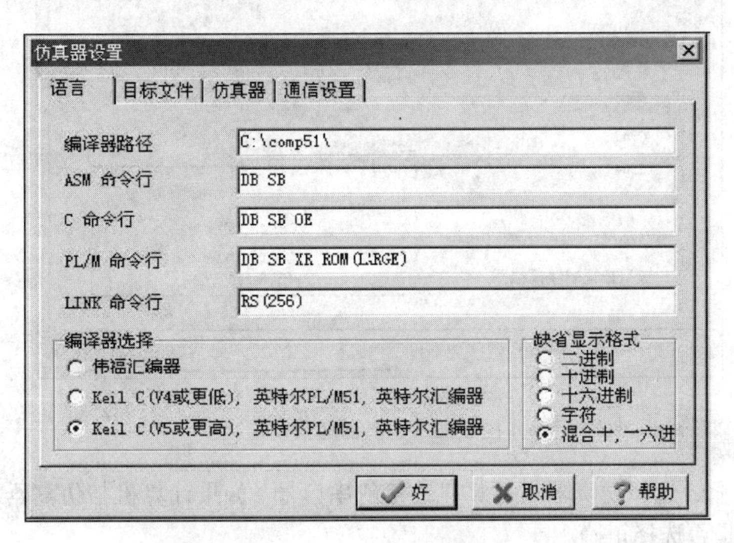

图 3-32　仿真器语言设置

1）编译器路径：指明本系统汇编器，编译器所在位置，统一缺省 51 系列编译器在 C：\MP51\文件夹下，缺省 96 系列编译器在 C：\COMP96\文件夹下。若系统使用的编译器为第三方软件，应从其他途径获得。

2）ASM 命令行：若使用英特尔汇编器，则需要加上所需的命令行参数。若使用伟福汇编器，则需要选择是否使用伟福预定义的符号。在伟福汇编器中已经把 51/96 使用的一些常用符号，寄存器名定义为相应的值。如果使用伟福汇编器，就可以直接使用这些符号。如果已经自己定义了这些符号，又想使用伟福汇编器，就将“使用伟福预定义符号”前面的选择去掉。

3）C 命令行：项目中若有 C 语言程序，系统进行编译时，使用此行参数对 C 程序进行编译。

4）PL/M 命令行：项目中若有 PL/M 语言程序，系统编译时，就使用此行参数对程序进行编译。

5）LINK 命令行：系统对目标文件链接时，使用此参数链接。

注意：除非你对命令行参数非常了解，并且确实需要修改这些参数，一般情况下，不需要修改系统给出的缺省参数。以免系统不能正常编译。

6）编译器选择：选择使用伟福汇编器，还是英特尔汇编器。一般情况下，如果用户项目中都是汇编语言程序，没有 C 语言和 PL/M 语言，选择伟福汇编器；如果用户项目中含有 C 语言，PL/M 语言，或者汇编语言是用英特尔格式编写的，就选择英特尔汇编器。

7）缺省显示格式：指定观察变量显示的方式，一般为混合十—十六进制。

（2）通信设置。仿真器与计算机通信设置，包括通信端口选择、速率选择、字间距选择，以及串行口的测试功能。如果选择了“使用伟福软件仿真”，则不需要设置通信端口，其设置如图 3-33 所示。

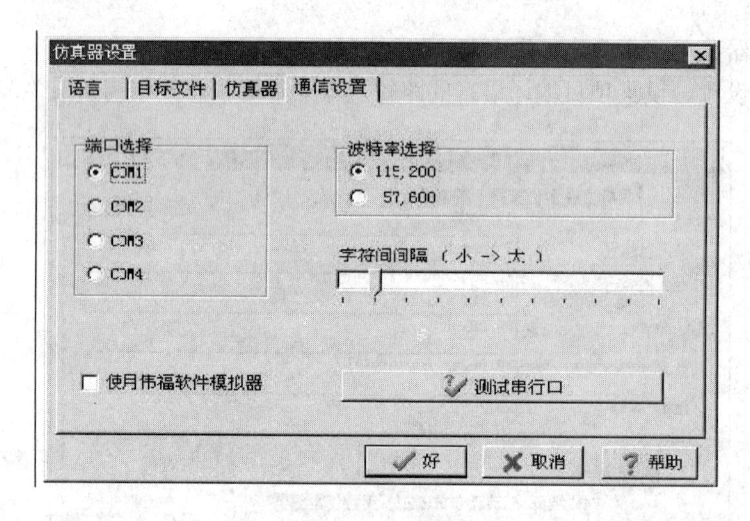

图 3-33　仿真器通信设置

1）端口选择：选择仿真器与计算机连接的串口号。如果计算机与仿真器连接不上，请检查通信端口是否选择正确。

2）波特率选择：选择仿真器与计算机连接的速度。如果在高速率时通信不流畅，请降低通信速率。

3）字符间隔：选择通信时，字符与字符之间的间隙，如果在小间隔时，通信不是很流畅，请调到较大的间隔。

4）使用伟福软件模拟器：如果选择此项，可以在完全脱离硬件仿真器情况下，对软件进行模拟执行。如果使用硬件仿真器调试程序，请去掉“使用伟福软件模拟器”前的选择勾。

5）测试串行口：用来检测仿真器是否正确连接到计算机的串行口上。

第三节　伟福仿真软件使用实例

一、建立新程序

选择菜单文件 | 新建文件功能出现一个文件名为 NONAME1 的源程序窗口，在此窗口中输入以下程序：

```
ORG 0
MOV A,#0
MOV P1,#0
Loop:
INC P1
CALL Delay
SJMP LOOP
Delay:
MOV R2,#3
MOV R1,#0
MOV R2,#0
DLP:
DJNZ R0,DLP
DJNZ R1,DLP
DJNZ R2,DLP
RET
END
```

输入程序后的窗口如图 3-34 所示，接下来是将编辑好的文件存盘。

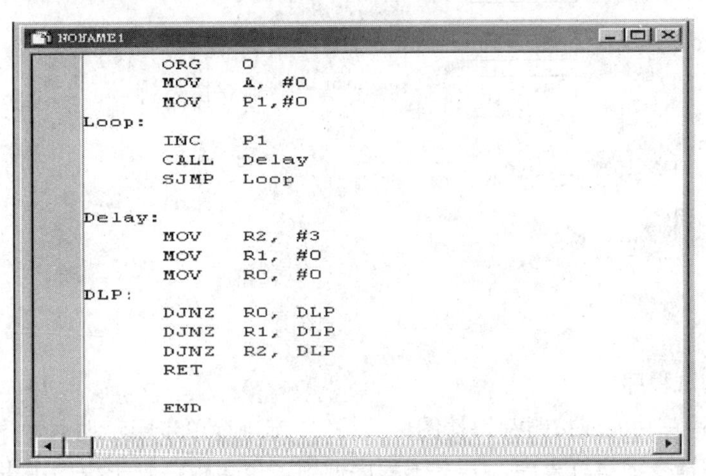

图 3-34　文件编辑

二、保存程序

选择菜单文件 | 保存文件或文件 | 另存为功能给出文件所要保存的位置，例如，C:\WAVE6000\ SAMPLES 文件夹，再给出文件名 MY1.ASM，保存文件。文件保存后，程序窗口上的文件名变成了 C:\WAVE6000\SAMPLES\MY1.ASM，文件保存如图 3-35 所示。

三、编译程序

选择菜单项目 | 编译功能或按编译快捷图标或 F9 键，对已经编辑好的目标文件进行

编译。

在编译过程中，如果有错可以在信息窗口中显示出来，双击错误信息，可以在源程序中定位所在行。纠正错误后，再次编译直到没有错误。在编译之前，软件会自动将项目和程序存盘。在编译没有错误后，就可调试程序了，编译过程如图 3-36 所示。

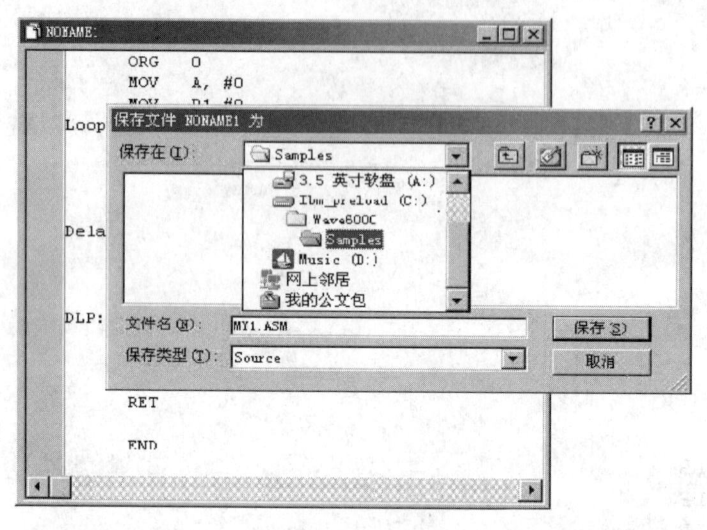

图 3-35　文件保存

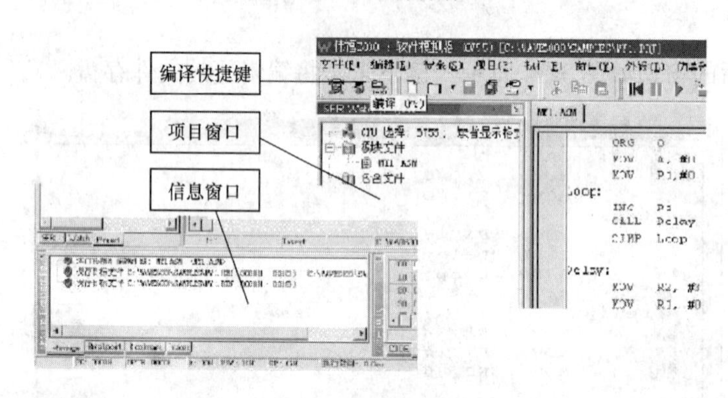

图 3-36　项目编译

四、单步调试程序

选择执行|跟踪功能或按跟踪快捷图标或按 F7 键进行单步跟踪调试程序，单步跟踪就是一条指令一条指令地执行程序，若有子程序调用，也会跟踪到子程序中去。可以观察程序每步执行的结果，“=>”所指的就是下次将要执行的程序指令。由于条件编译或高级语言优化的原因，不是所有的源程序都能产生机器指令。源程序窗口最左边的“∘”代表此行为有效程序，此行产生了可以执行的机器指令。

程序单步跟踪到“Delay”延时子程序中，在程序行的“R0”符号上单击就可以观察“R0”的值，观察一下“R0”的值，可以看到“R0”在逐渐减少。因为当前指令要执行 256 次才到下一步，整个延时子程序要单步执行 3x256x256 次才能完成，单步执行太慢了！没关系，我们有“执行到光标处”的功能，将光标移到程序想要暂停的地方，本例中为延时子程序返回后的“SJMP Loop”行。选择菜单执行|执行到光标处功能或 F4 键或弹出菜单

的“执行到光标处”功能。程序全速执行到光标所在行。如果下次不想单步调试“Delay”延时子程序里的内容，按 F8 键单步执行就可以全速执行子程序调用，而不会一步一步地跟踪子程序。如果程序太长，可以设置断点。将光标移到源程序窗口的左边灰色区，光标变成“手指圈”，单击左键设置断点，也可以用弹出菜单的“设置/取消断点”功能或用 Ctrl+F8 组合键设置断点。如果断点有效图标为“红圆绿钩”，无效断点的图标为“红圆黄叉”。断点设置好后，就可以用全速执行的功能，全速执行程序，当程序执行到断点时，会暂停下来，这时你可以观察程序中各变量的值，及各端口的状态，判断程序是否正确。单步执行过程如图 3-37 所示。

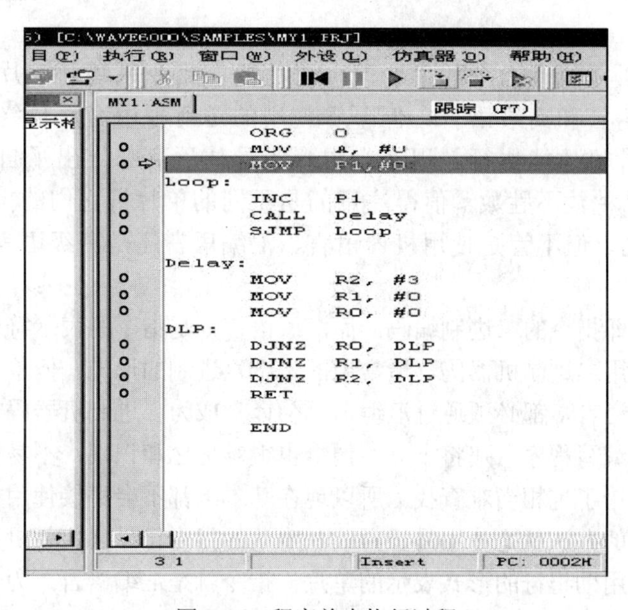

图 3-37　程序单步执行过程

五、连接硬件仿真

按照说明书，将仿真器通过串行电缆连接到计算机上，将仿真头接到仿真器，检查接线是否有误，确信没有接错后，接上电源，打开仿真器的电源开关。

在“仿真器”和“通信设置”栏的下方有“使用伟福软件模拟器”的选择项。将其前面框内的勾去掉。在通信设置中选择正确的串行口，按“好”按钮确认。如果仿真器和仿真头设置正确，并且硬件连接没有错误，就会出现“硬件仿真”的对话框，并显示仿真器、仿真头的型号及仿真器的序列号，表明仿真器初始化正确。如果仿真器初始化过程中有错，软件就会再次出现仿真器设置对话框，这时应检查仿真器、仿真器的选择是否有错，硬件接线是否有错，检查纠正错误后，再次确认，直至显示硬件仿真确认对话框。我们现在用硬件仿真方式来调试这个程序，因为程序是对 P1 端口加 1 操作，我们可以打开外设的端口来观察 P1 口。方法是选择主菜单外设|端口功能打开端口窗口。重新编译程序，全速执行程序，因为有断点，程序会暂停在断点处。我们观察端口窗口的 P1 口值，会发生变化。再次全速执行，观察 P1 口的变化。同时也可以用电压表去测量仿真头的 P1 管脚，可以看到 P1 管脚也随之发生变化。

MCS-51 单片机指令系统

一个单片机所需执行指令的集合即为单片机的指令系统。单片机使用的语言有机器语言、汇编语言和高级语言，但不管使用的是何种语言，最终还是要“翻译”成为机器码，单片机才能执行。现在有很多半导体厂商都推出了自己的单片机，单片机种类繁多，品种数不胜数，值得注意的是不同的单片机它们的指令系统不一定相同，或不完全相同。但不管是使用机器语言、汇编语言还是高级语言都是使用指令编写程序的。

所谓机器语言即指令的二进制编码，而汇编语言则是指令的表示符号。在指令的表达式上也不会直接使用二进制机器码，最常用的是十六进制的形式。但单片机并不能直接执行汇编语言和高级语言，都必须通过汇编器“翻译”成为二进制机器码方能执行，但如果直接使用二进制来编写程序，那将十分不便，也很难记忆和识别，不易编写、难于辨读，极易出错，同时出错了也相当难查找。所以现在基本上都不会直接使用机器语言来编写单片机的程序。最好的办法就是使用易于阅读和辨认的指令符号来代替机器码，我们常称这些符号为助记符，用助记符的形式表示的单片机指令就是汇编语言，为便于记忆和阅读，助记符号通常都使用易于理解的英文单词和拼音字母来表示。

每种单片机都有自己独特的指令系统，那么指令系统是开发和生产厂商定义的，如要使用其单片机，用户就必须理解和遵循这些指令标准，要掌握某种（类）单片机，指令系统的学习是必须的。

第一节　寻　址　方　式

指令的表示方法又称为指令格式，它有机器码、汇编语言和高级语言等多种表示形式；如何找到操作数所在地址的方法称为寻址方式。本节将首先介绍 MCS-51 单片机汇编语言的指令格式和寻址方式。

一、指令的格式

指令的指令格式即表示方法。一条指令通常由两部分组成：操作码和操作数。操作码规定指令执行什么操作；而操作数是操作的对象。操作数可以是一个具体的数据，也可以是存放数据的地址或寄存器。指令的基本格式如下：

操作码	操作数（地址、寄存器或立即数）

MCS-51 机器语言指令根据其指令编码长短的不同可以分为单字节指令、双字节指令和三字节指令三种格式。

1. 单字节指令

单字节指令格式由 8 位二进制编码表示。有两种形式：

（1）8 位全表示操作码。例如，空操作指令 NOP，其机器码为：

0	0	0	0	0	0	0	0

（2）8 位编码中包含操作码和寄存器编码。例如：

```
MOV  A,Rn
```

这条指令的功能是把寄存器 Rn（n=0，1，2，3，4，5，6，7）中的内容送到累加器 A 中去。其机器码为：

1　1　1　0　1	←Rn
操作码	寄存器编码

假设 n=0，则寄存器编码为 Rn=000（参见指令表），则指令 MOV A，R0 的机器码为 E8H，其中操作 11101 表示执行把寄存器中的数据传送到 A 中去的操作。000 为 R0 寄存器编码。

2. 双字节指令

双字节指令格式中，指令的编码由两个字节组成，该指令存放在存储器时需占用两个存储器单元。例如：

```
MOV  A,#DATA
```

这条指令的功能是将立即数 DATA 送到累加器 A 中去。假设立即数 DATA=85H，则其机器码为：

第一字节	0	1	1	1	0	1	0	操作码
第二字节	1	0	0	0	0	1	0	操作数（立即数 85H）

3. 三字节指令

三字节指令格式中第一个字节为操作码，其后两个字节为操作数。例如：

```
MOV  direct,#DATA
```

这条指令是指立即数 DATA 送到地址为 direct 的单元中去。假设 direct=78H，DATA=80H，则 MOV 78H，#80H 指令的机器码为：

第一字节	0	1	1	1	0	1	0	操作码
第二字节	0	1	1	1	1	0	0	第一操作数（目的地址）
第三字节	1	0	0	0	0	0	0	第二操作数（立即数）

用二进制编码表示的机器语言指令由于不便阅读理解和记忆，因此在微机控制系统中采用汇编语言（用助记符和专门的语言规则表示指令的功能和特征）指令来编写程序。

一条汇编语言指令中最多包含四个区段，如下所示：

［标号：］操作码助记符［目的操作数］［源操作数］［；注释］

例如，把立即数 F0H 送累加器的指令为：

```
START :   MOV   A,#0F0H   ; 立即数F0H→A
```

标号区段是由用户定义的符号组成，必须用英文大写字母开始。标号区段可缺省。若一条指令中有标号区段，标号代表该指令第一个字节所存放的存储器单元的地址，故标号又称为符号地址，在汇编时，把该地址赋值给标号。

操作码区段是指令要操作的数据信息。根据指令的不同功能，操作数可以有三个、两个、一个或没有操作数。上例中操作数区段包含两个操作数A和#0F0H，它们之间由逗号分隔开。其中第二个操作数为立即数F0H，它是用十六进制数表示的以字母开头的数据，为区别于操作数区段出现的字符，故以字母开始的十六进制数据前面都要加0，把立即数F0H写成0F0H（这里H表示此数为十六进制数，若用二进制，则用B表示，十进制用D或省略）。

操作数表示参加操作的数的本身或操作数所在的地址。

注释区段可缺省，对程序功能无任何影响，只用来对指令或程序段作简要的说明，便于人们阅读，在调试程序时也会带来很多方便。

值得注意的是，汇编语言程序不能被计算机直接识别并执行，必须把它翻译成机器语言程序，这个中间过程叫做汇编。汇编有两种方式：机器汇编和手工汇编。机器汇编是用专门的汇编程序，在计算机上进行翻译；手工汇编是编程员把汇编语言指令通过查指令表逐条翻译成机器语言指令，现在主要使用机器汇编。

二、寻址方式

操作数是指令的重要组成部分，寻找、确定操作器存放地址的方法叫寻址方式。寻址方式与单片机的存储器结构有着密切的联系，它直接影响指令的长度和执行的速度。MCS-51单片机共有立即数寻址、直接寻址、寄存器寻址、寄存器间接寻址、基址寄存器加变址寄存器寻址、位寻址和相对寻址7种寻址方式。

1. 立即数寻址

立即数寻址方式是最常用的寻址方式，指令中包含的操作数为常数，紧跟在指令操作码之后，寻址空间为程序存储器，常数前加个“#”号，以便与地址相区别。如：

```
MOV A,#64H;64H→A,"#"为立即数指示符号
```

该指令的功能是把立即数64H送入累加器A，指令的机器码为7464H。

2. 直接寻址

直接寻址方式，操作数通过一个地址来指定，即由指令直接给出存放操作数的地址。直接寻址方式的寻址空间为内部RAM（00H～7FH）和SFR，如：

```
MOV A, 62H
```

该指令的功能是把内部RAM 62H单元的内容送入A中。采用直接寻址的指令为双字节指令，第一个字节为操作码，第二个字节是内部RAM或SFR的地址，如上面的指代码为E562H。对于SFR，为了增加程序的可读性，更多的是用符号来代替直接地址，如：

```
MOV A, P0
```

该指令的功能是把P0（地址为80H）的内容送给A，它与下面的指令功能完全一样：

```
MOV A , 80H
```

直接寻址是访问 SFR 的惟一方法。

需要说明的是直接寻址方式中的地址可能是 8 位的地址（用于对字节数据进行寻址），也可能是位地址，用于对可寻址的位进行寻址，如：

```
SETB 00H
```

设执行该指令前内部 RAM 20H 的内容为 28H，执行完该指令后，内部 RAM 20H 的最低位被置 1，即内部 RAM 20H 的内容为 29H。

3. 寄存器寻址

寄存器寻址是对由指令选定的工作寄存器 Rn（n＝0～7）进行读/写，ACC、B、DPTR 以及 CY 等也可以作为寻址对象。在这种寻址方式中，寄存器中的内容就是操作数。在指令的机器码中用 3 位二进制数指定所读写的寄存器，这种寻址方式为单字节指令，代码效率很高。如：

```
MOV A , R2
```

设指令执行前 A＝10H，R2＝39H；指令执行后，A 的内容为 39H，指令的机器码为二进制数 0EAH。

4. 寄存器间接寻址

寄存器间接寻址方式是以寄存器中的内容作为操作数的地址。能够作为间接寻址的寄存器有：R0、R1、DPTR 和 SP。寄存器间接寻址方式用于访问内部和外部数据存储器。

```
MOV A , @R0
```

设指令执行前 R0＝30，内部 RAM 30H 的内容为 16H；该指令执行完后，A 的内容为 16H。

R0 和 R1 寻址的空间为内部 128 字节（00H～7FH）和外部数据存储器最低 256 字节（00H～0FFH）；DPTR 可寻址外部 64KB 数据存储器空间（0000H～0FFFFH）。访问外部 RAM 时，用 MOVX 指令，访问内部 RAM 时，用 MOV 指令。如：

```
MOVX A , @DPTR
```

设指令执行前 DPTR＝2000H，外部数据存储器 2000H 单元的内容为 32H，则执行该指令后，A 的内容为 32H。

在堆栈操作中用 SP 作间接寻址寄存器，执行 PUSH 指令即压栈操作时，先把 SP 加 1，再把指令给出的操作数压入以 SP 的内容为地址的内部 RAM 中；执行 POP 指令即出栈操作时，先把以 SP 内容为地址的单元中的内容送到在指令指出的直接地址单元，然后，再把 SP 减 1。

5. 基址寄存器加变址寄存器寻址（基址加变址寻址）

基址寄存器加变址寄存器间接寻址方式，用于访问程序存储器，它是以程序计数器 PC 或数据指针 DPTR 作为基址寄存器，以累加器 A 作为变址寄存器，这二者内容之和为操作数的地址。例如：

```
MOVC A, @A+PC
MOVC A, @A+DPTR
```

这种寻址方式特别适合用于查表。用 DPTR 作基址寄存器时，可访问 64KB 程序存储器中的任何单元；用PC作基址寄存器时，只能访问以当前PC值为起始地址，偏移量不超过256字节的单元。

6. 位寻址

在MCS-51单片机中，RAM中的20H～2FH字节单元对应的位地址为00H～7FH，特殊功能寄存器中的某些位也可进行位寻址，这些单元既可以采用字节方式访问它们，也可采用位寻址的方式访问它们。

7. 相对寻址

相对寻址方式以PC的当前值为基准，加上指令中给出的相对偏移量（rel）形成有效的转移地址。相对偏移量是一个带符号的8位二进制数，常以补码的形式出现。因此，程序的转移范围为：以PC的当前值为起始地址，相对偏移在－128～＋127个字节单元之间。例如：执行指令：

```
JC  rel
```

设执行指令前：rel＝75H，CY＝1，PC＝1000H。

JC rel指令是2字节指令，当程序取出指令的第2个字节后，PC的当前值已是原PC＋2即为1002H，由于CY＝1，所以，执行完该指令后，PC＝1077H，即程序将转到程序存储器空间的1077H处继续执行指令。

不同的寻址方式访问的存储器空间不同，不同寻址方式对应的寻址空间如表4-1所示。

表4-1　不同寻址方式对应的寻址空间

寻址方式	寻址空间
立即寻址	程序存储器
基址加变址寻址	程序存储器
相对寻址	程序存储器
直接寻址	内部RAM128字节（00H～7FH） 专用功能寄存器（SFR） 位地址空间（20H～2FH，SFR）
寄存器寻址	R0～R7 ACC、B、CY、DPTR、AB
寄存器间接寻址	内部128字节RAM（@R0、@R1、@SP） 外部64KB数据存储器

第二节　指令系统

MCS-51指令系统有42种助记符代表了33种操作功能，这是因为有的功能可以有几种助记符（例如，数据传送的助记符有MOV、MOVC和MOVX）。指令功能助记符与操作数各种可能的寻址方式相结合，共构成111种指令，可分为数据传送类指令（共29条）、算数运算类指令（共24条）、逻辑运算及移位类指令（共24条）、控制转移类指令（共17条）和布尔变量操作类指令（共17条）共5类。

一、数据传送类指令

数据传送指令共有29条，数据传送指令一般的操作是把源操作数传送到目的操作数，指令执行完成后，源操作数不变，目的操作数等于源操作数。如果要求在进行数据传送时，要求目的操作数不丢失，则必须采用交换型的数据传送指令，数据传送指令不影响标志 C、AC 和 OV，但可能会对奇偶标志 P 有影响。数据传送类指令格式为：

```
MOV (MOVX、MOVC) [目的操作数], [源操作数]
```

源操作数和目的操作数的寻址方式及传送路径如图 4-1 所示。

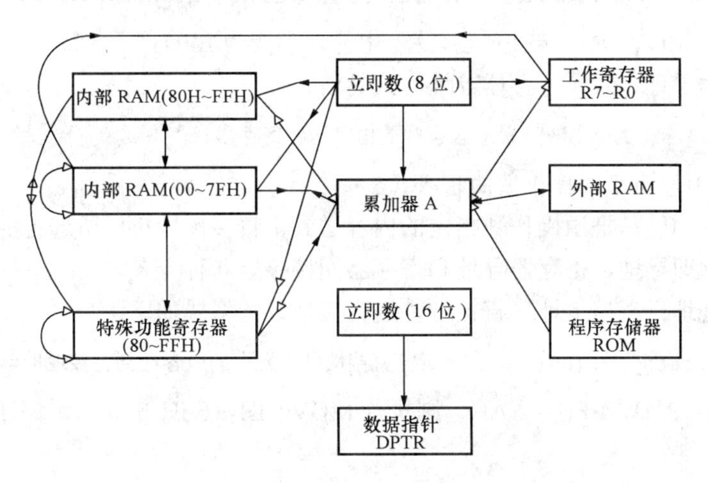

图 4-1　MCS-51 传送指令示意图

1. 以累加器 A 为目的操作数类指令（4 条）

这 4 条指令的作用是把源操作数指向的内容送到累加器 A，有直接寻址、立即数寻址、寄存器寻址和寄存器间接寻址 4 种方式。

（1）直接单元地址方式。直接单元地址方式是把直接单元地址中的内容送到累加器 A，其格式为：

```
MOV  A,data      ;(data)→(A)把直接地址 data 单元中的内容送给累加器 A
```

例如，40H＝39H，则执行 MOV　A，40H 之后，累加器 A 中的值为 39H。

（2）立即数送累加器 A。立即数送累加器 A 的格式如下：

```
MOV  A,#data     ;#data→(A)
```

假如存在指令 MOV　A，#35H，则在指令执行完成后，累加器 A 中的值变为 35H。

（3）寄存器送累加器 A。寄存器内容送累加器 A 的格式如下：

```
MOV  A,Rn       ;(Rn)→(A)  Rn 中的内容送到累加器 A 中
```

例如，R0=32H，则执行 MOV　A，R0 后累加器 A 中的值为 32H。

（4）寄存器间接寻址方式。寄存器间接寻址方式的格式如下：

```
MOV  A,@Ri      ;((Ri))→(A)  Ri 内容指向的地址单元中的内容送到累加器 A
```

例如，R0＝35H，35H＝46H，则执行 MOV　A, @R0 后，累加器 A 中的值变为 46H。

2. 以寄存器 Rn 为目的操作数的指令（3 条）

这 3 条指令的功能是把源操作数指定的内容送到所选定的工作寄存器 Rn 中，有直接寻址、立即寻址和寄存器寻址 3 种方式。

（1）直接寻址方式。直接寻址方式的格式如下：

```
MOV  Rn,data     ;(data)→(Rn) 直接寻址单元中的内容送到寄存器 Rn 中
```

例如，A6H＝AAH，则执行 MOV R1,A6H 后，R1 中的内容变为 AAH。

（2）立即数直接送寄存器。立即数直接送寄存器的格式如下：

```
MOV  Rn,#data    ;#data→(Rn) 将立即数直接送到寄存器 Rn 中
```

例如，执行 MOV R1，#EFH 后，R1 中的内容变为 EFH。

（3）寄存器寻址方式。寄存器寻址方式的格式如下：

```
MOV  Rn,A      ;(A)→(Rn) 累加器 A 中的内容送到寄存器 Rn 中
```

3. 以直接地址为目的操作数的指令（5 条）

这组指令的功能是把源操作数指定的内容送到由直接地址 data 所选定的片内 RAM 中。有直接寻址、立即寻址、寄存器寻址和寄存器间接寻址 4 种方式。

（1）直接地址送直接地址。直接地址送直接地址的格式如下：

```
MOV  data,data   ;(data)→(data) 直接地址单元中的内容送到直接地址单元
```

例如，54H＝21H，EFH＝AAH，则执行 MOV 54H，EFH 指令后，54H 中的内容变为 AAH。

（2）立即数送直接地址。立即数送直接地址的格式如下：

```
MOV  data,#data ;#data→(data) 立即数送到直接地址单元
```

（3）累加器 A 送直接地址。累加器 A 送直接地址的格式如下：

```
MOV  data,A      ;(A)→(data) 累加器 A 中的内容送到直接地址单元
```

（4）寄存器送直接地址。

寄存器送直接地址的格式如下：

```
MOV  data,Rn     ;(Rn)→(data) 寄存器 Rn 中的内容送到直接地址单元
```

（5）寄存器间接寻址。寄存器间接寻址的格式如下：

```
MOV  data,@Ri    ;((Ri))→(data) 寄存器 Ri 中的内容指定的地址单元中数据送到直接地址
                  单元
```

例如，45H=88H，R5=45H，32H=99H 则执行 MOV 32H，@R5 指令后，32H 中的内容将变为 88H。

4. 以间接地址为目的操作数的指令（3 条）

这组指令的功能是把源操作数指定的内容送到以 Ri 中的内容为地址的片内 RAM 中。有直接寻址、立即寻址和寄存器寻址 3 种方式。

（1）直接地址形式。直接地址形式的格式如下：

```
MOV  @Ri,data    ;(data)→((Ri)) 直接地址单元中的内容送到以 Ri 中的内容为地址的 RAM
                  单元
```

例如，88H=31H，R1=88H，53H=23H，则执行指令 MOV @R1，53H 之后，88H 中的内容变为 23H。

（2）立即数送间接地址，其格式如下：

```
MOV  @Ri,#data   ;#data→((Ri)) 立即数送到以 Ri 中的内容为地址的 RAM 单元
```

例如，88H＝31H，R1＝88H，则执行 MOV @R1，#53H 指令后，88H 中的值变为 31H。

（3）累加器送间接地址，其格式如下：

```
MOV  @Ri,A    ;(A)→((Ri)) 累加器A中的内容送到以Ri中的内容为地址的RAM单元
```

5. 查表指令（2 条）

这组指令的功能是对存放于程序存储器中的数据表格进行查找传送，使用变址寻址方式。

```
MOVC  A,@A+DPTR    ;((A))+(DPTR)→(A) 表格地址单元中的内容送到累加器A中
```

例如，DPTR＝8100H，A＝40H，执行下列指令 MOVC A，@A＋DPTR 结果为程序存储器中 8140H 单元的内容送入累加器 A。

```
MOVC  A,@A+PC      ;((PC))+1→(A),((A))+(PC)→(A) 表格地址单元中的内容送到累加器A中
```

例如，A＝39H，执行下列指令：

```
地址      指令
1000H:  MOVC  A,@A+PC
```

结果为程序存储器中 1040H 单元的内容送入 A。

第一条指令采用 DPTR 作为基址寄存器，查表时用来存放表的起始地址。它的功能是把 A 的内容加上 DPTR 的内容，作为一个有效地址，然后，把该有效地址中的数据送到 ACC 中。由于用户可以很方便地通过立即数寻址方式把一个 16 位地址送入 DPTR，因此，程序存储器空间 64KB 范围内的任何地方都可以用来存放被查的数据表。

第二条指令以 PC 作为基址寄存器，其功能是把存放该指令的 PC 值加 1，然后，再与 ACC 的值相加，得到一个有效地址，最后，再把该有效地址中的数据送到 A 中。由于需要计算当前 PC 到表头的距离，使用很不方便，故建议大家最好用第一条指令实现查表。

6. 累加器 A 与片外数据存储器 RAM 传送指令（4 条）

这 4 条指令的作用是累加器 A 与片外 RAM 间的数据传送。与外部数据存储器交换数据时，必须通过累加器 A，换句话说，从外部数据存储器读数据时，只能读到 A 中；往外部数据存储器写数据时，必须先把数据放到 A 中，然后，才能写到外部数据存储器。

（1）累加器内容送外部数据存储器。指令格式如下：

```
MOVX  @DPTR,A      ;(A)→((DPTR)) 累加器中的内容送到数据指针指向片外RAM地址中
```

执行该指令时，P3.6 引脚上输出 $\overline{WR}$ 有效信号，用作外部数据存储器的写选通信号。DPTR 所包含的 16 位地址住处由 P0 口（低 8 位）和 P2 口（高 8 位）输出，累加器的内容由 P0 口输出，P0 口作分时复用总线。

（2）外部数据存储器内容送累加器。

```
MOVX  A, @DPTR     ;((DPTR))→(A) 数据指针指向片外RAM地址中的内容送到累加器A中
```

执行这条指令时，P3.7 引脚上输出 $\overline{RD}$ 有效信号，用作外部数据存储器的读选通信号。DPTR 所包含的 16 位地址信息由 P0（低 8 位）和 P2 口（高 8 位）输出，选中单元的数据由 P0 输入到累加器，P0 口作分时复用的总线。

（3）利用寄存器 Ri 把片外 RAM 中内容送累加器。

```
MOVX  A, @Ri       ;((Ri))→(A) 寄存器Ri指向片外RAM地址中的内容送到累加器A中
```

(4) 利用寄存器Ri把累加器中内容送片外RAM中。

```
MOVX  @Ri,A        ;(A)→((Ri)) 累加器中的内容送到寄存器Ri指向片外RAM地址中
```

当用Ri作间址寄存器时，访问外部数据存储器的地址范围为0000H～00FFH；用DPTR作间址寄存器时，访问外部数据存储器的地址范围为0000H～0FFFFH，即64KB。

例如，将内部RAM 30H单元的内容送到外部RAM 1000H单元中。

```
MOV  A          , 30H          ;将30H单元内容送A
MOV  DPTR       , #1000H       ;将外部RAM单元的地址送给DPTR
MOVX  @DPTR     , A            ;将A中的内容送外部RAM由DPTR指定的单元
```

7. 堆栈操作类指令（2条）

这类指令的作用是把直接寻址单元的内容传送到堆栈指针SP所指的单元中，以及把SP所指单元的内容送到直接寻址单元中。这类指令有入栈操作指令和出栈操作指令。需要指出的是，单片机开机复位后，(SP)默认为07H，但一般都需要重新赋值，设置新的SP首址。入栈的第一个数据必须存放于SP+1所指存储单元，故实际的堆栈底为SP+1所指的存储单元。

(1) 入栈操作指令。指令格式如下：

```
PUSH  data  ;(SP)+1→(SP),(data)→(SP) 堆栈指针首先加 1,直接寻址单元中的数据送到
             堆栈指针SP所指的单元中
```

(2) 出栈操作指令。指令格式如下：

```
POP  data    ;(SP)→(data)(SP)-1→(SP), 堆栈指针SP所指的单元数据送到直接寻址单元
              中,堆栈指针SP再进行减1操作
```

8. 交换指令（5条）

这5条指令的功能是把累加器A中的内容与源操作数所指的数据相互交换，其指令格式如下：

```
XCH  A,Rn        ;(A)←→(Rn)累加器与工作寄存器Rn中的内容互换
XCH  A,@Ri       ;(A)←→((Ri))累加器与工作寄存器Ri所指的存储单元中的内容互换
XCH  A,data      ;(A)←→(data)累加器与直接地址单元中的内容互换
XCHD  A,@Ri      ;(A3-0)←→((Ri)3-0)累加器与工作寄存器Ri所指的存储单元中的内容低半字
                  节互换
SWAP  A          ;(A3-0)←→(A7-4)累加器中的内容高低半字节互换
```

例如，A=88H，R7=18H，执行下列指令：

```
XCH   A,R7 ;(A)←→(R7)
```

结果：A=18H，R7=88H。

9. 16位数据传送指令（1条）

这条指令的功能是把16位常数送入数据指针寄存器。指令格式如下：

```
MOV  DPTR,#data16  ;#dataH→(DPH),#dataL→(DPL)16位常数的高8位送到DPH,低8位
                    送到DPL
```

学习数据传送指令时要记住：内部RAM空间内可以随意传送数据，用MOV指令；内部RAM和外部RAM之间不能直接传送，要经过累加器A中转一下，访问外部RAM或端口用MOVX指令；读程序存储器用MOVC指令。

二、算术运算指令

算术运算指令共有 24 条，算术运算主要是执行加、减、乘、除四则运算。另外，MCS-51 指令系统中有相当一部分是进行加 1、减 1 操作，BCD 码的运算和调整，我们都归类为运算指令。虽然 MCS-51 单片机的算术逻辑单元 ALU 仅能对 8 位无符号整数进行运算，但利用进位标志 C，则可进行多字节无符号整数的运算。同时利用溢出标志，还可以对带符号数进行补码运算。需要指出的是，除加 1、减 1 指令外，这类指令大多数都会对 PSW（程序状态字）有影响，这在使用中应特别注意。

1. 加法指令（4 条）

这 4 条指令的作用是把立即数，直接地址、工作寄存器及间接地址内容与累加器 A 的内容相加，运算结果存在 A 中。这组加法指令的功能是把所指出的字节变量加到累加器 A 上，其结果放在累加器中。相加过程中如果 D7 有进位（C7=1），则进位 CY 置“1”，否则清“0”，如果 D3 有进位则辅助进位 AC 置“1”，否则清“0”；如果 D6 有进位而 D7 无进位，或者 D7 有进位 D6 无进位，则溢出标志 OV 置“1”，否则清“0”。源操作数有寄存器寻址，直接寻址，寄存器间接寻址和立即寻址等寻址方式。

加法指令的指令格式如下：

```
ADD  A,#data    ;(A)+#data→(A) 累加器A中的内容与立即数#data相加,结果存在A中
ADD  A,data     ;(A)+(data)→(A) 累加器A中的内容与直接地址单元中的内容相加,结果
                 存在A中
ADD  A,Rn       ;(A)+(Rn)→(A) 累加器A中的内容与工作寄存器Rn中的内容相加,结果存在A中
ADD  A,@Ri      ;(A)+((Ri))→(A) 累加器A中的内容与工作寄存器Ri所指向地址单元中
                 的内容相加,结果存在A中
```

例如：A=85H，R0=20H，20H=0AFH，执行指令

```
ADD  A,@R0
```

其运算过程为：

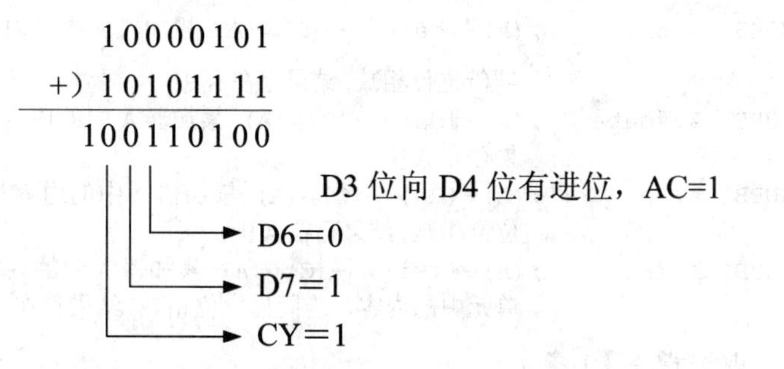

结果：(A)=34H；CY=1，AC=1；OV=1。

2. 带进位加法指令（4 条）

这 4 条指令除与加法指令功能相同外，在进行加法运算时还需考虑进位问题，指令格式如下：

```
ADDC  A,data    ;(A)+(data)+(C)→(A) 累加器A中的内容与直接地址单元的内容连同进位
                 位相加,结果存在A中
ADDC  A,#data   ;(A)+#data +(C)→(A) 累加器A中的内容与立即数连同进位位相加,结果
                 存在A中
ADDC  A,Rn      ;(A)+Rn+(C)→(A) 累加器A中的内容与工作寄存器Rn中的内容、连同进
                 位位相加,结果存在A中
```

```
ADDC  A,@Ri      ;(A)+((Ri))+(C)→(A) 累加器A中的内容与工作寄存器Ri指向地址单元
                  中的内容、连同进位位相加,结果存在A
```

例如：A=85H，20H=OFFH，CY=1，执行指令：

```
    ADDC  A,20H
```

运算过程为：

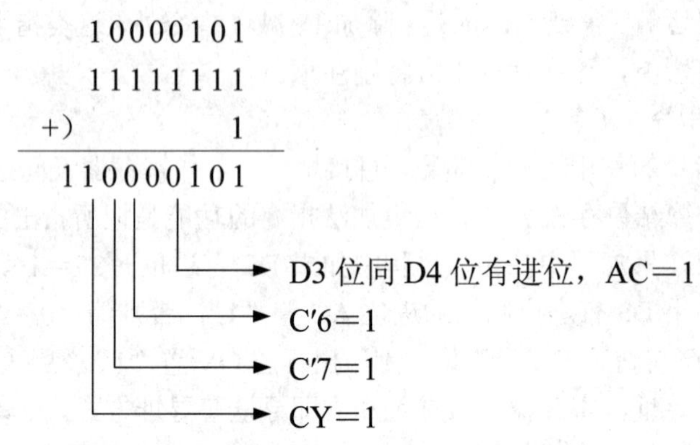

结果：(A)=85(H)；CY=1，AC=1，OV=0。

3. 带借位减法指令（4条）

这组指令包含立即数、直接地址、间接地址及工作寄存器与累加器A连同借位位C内容相减，结果送回累加器A中。

这里我们对借位位CY的状态作出说明，在进行减法运算中，CY=1表示有借位，CY=0则无借位。OV=1声明带符号数相减时，从一个正数减去一个负数结果为负数，或者从一个负数中减去一个正数结果为正数的错误情况。在进行减法运算前，如果不知道借位标志位C的状态，则应先对CY进行清零操作。

带借位减法指令格式如下：

```
SUBB  A,data     ;(A)-(data) - (C)→(A) 累加器A中的内容与直接地址单元中的内容、连
                  同借位位相减,结果存在A中
SUBB  A,#data    ;(A)-#data -(C)→(A) 累加器A中的内容与立即数、连同借位位相减,结
                  果存在A中
SUBB  A,Rn       ;(A)-(Rn) -(C)→(A) 累加器A中的内容与工作寄存器中的内容、连同借
                  位位相减,结果存在A中
SUBB  A,@Ri      ;(A)-((Ri)) -(C)→(A) 累加器A中的内容与工作寄存器Ri指向的地址
                  单元中的内容、连同借位位相减,结果存在A中
```

4. 乘法指令（1条）

该指令的作用是把累加器A和寄存器B中的8位无符号数相乘，所得到的结果是16位乘积，这个结果的低8位存在累加器A，而高8位存在寄存器B中。如果OV=1，说明乘积大于FFH，否则OV=0，但进位标志位CY总是等于0。指令格式如下：

```
MUL  AB          ;(A)×(B)→(A)和(B) 累加器A中的内容与寄存器B中的内容相乘,结果存在
                  A、B中
```

例如：A=50H，B=0A0H，执行指令：

```
MUL  AB
```

结果：B=32H，A=00H（即积为 3200H）。CY=0，OV=1。

5. 除法指令（1 条）

该指令的作用是把累加器 A 中的 8 位无符号整数除以寄存器 B 中的 8 位无符号整数，所得到的商存在累加器 A，而余数存在寄存器 B 中。除法运算总是使 OV 和进位标志位 CY 等于 0。如果 OV=1，表明寄存器 B 中的内容为 00H，那么执行结果为不确定值，表示除法有溢出。指令格式如下：

```
DIV  AB          ;(A)÷(B)→(A)和(B) 累加器A中的内容除以寄存器B中的内容,所得到的商存
                  在累加器A,而余数存在寄存器B中
```

例如：(A)=0FBH，(B)=12H，执行指令。

```
DIV  AB
```

结果：(A)=0DH，(B)=11H，CY=0，OV=0。

6. 加 1 指令（5 条）

加 1 指令的指令格式如下：

```
INC  A        ;(A)+1→(A) 累加器A中的内容加1,结果存在A中
INC  data     ;(data)+1→(data) 直接地址单元中的内容加1,结果送回原地址单元中
INC  @Ri      ;((Ri))+1→((Ri)) 寄存器的内容指向的地址单元中的内容加1,结果送回原地
               址单元中
INC  Rn       ;(Rn)+1→(Rn)寄存器Rn的内容加1,结果送回原地址单元中
INC  DPTR     ;(DPTR)+1→(DPTR)数据指针的内容加1,结果送回数据指针中
```

前 4 条指令是 8 位数加 1 指令，用于使源地址所规定的 RAM 单元中内容加 1。在执行这个加 1 指令时仍按照 8 位带符号数相加，但与加法指令不同，只有第一条指令能对奇偶标志位 P 产生影响，其余 3 条指令执行时均不会对任何标志位产生影响。第 5 条指令的功能是对 DPTR 中内容加 1，是惟一的一条 16 位算术运算指令。

在 INC data 这条指令中，如果直接地址是 I/O，其功能是先读入 I/O 锁存器的内容，然后在 CPU 进行加 1 操作，再输出到 I/O 上，这就是“读—修改—写”操作。

7. 减 1 指令（4 条）

这组指令的作用是把所指的寄存器内容减 1，结果送回原寄存器，若原寄存器的内容为 00H，减 1 后即为 FFH，运算结果不影响任何标志位，这组指令共有直接、寄存器、寄存器间址等寻址方式，当直接地址是 I/O 口锁存器时，“读—修改—写”操作与加 1 指令类似。指令格式如下：

```
DEC  A        ;(A)-1→(A)累加器A中的内容减1,结果送回累加器A中
DEC  data     ;(data)-1→(data)直接地址单元中的内容减1,结果送回直接地址单元中
DEC  @Ri      ;((Ri))-1→((Ri))寄存器Ri指向的地址单元中的内容减1,结果送回原地址
               单元中
DEC  Rn       ;(Rn)-1→(Rn)寄存器Rn中的内容减1,结果送回寄存器Rn中
```

例如：A=0FH，R7=19H，30H=00H，R1=40H，40H=0FFH，执行指令

```
DEC  A        ; A←(A)-1
DEC  R7       ; R7←(R7)-1
DEC  30H      ; 30H←(30H)-1
DEC  @R1      ; (R7)←((R7))-1
```

结果：(A)=0EH，(R7)=18H；(30H)=0FFH；(40H)=0FFH，不影响标志。

8. 十进制调整指令（1条）

该指令对累加器参与的 BCD 码加法运算所获得的 8 位结果（在累加器中）进行十进制调整，使累加器中的内容调整为二位 BCD 码数。指令格式如下：

```
DA     A ；若 AC=1 或 A(D3～D0)＞9,则 (A)+06H → A;若 C=1 或 A(D7～D4)>9  ,则
          (A)+60H  → A
```

例如：A＝56H，R5＝67H，执行指令：

```
ADD  A，R5
DA
```

结果：(A)＝23H，CY＝1。

三、逻辑运算及移位指令

逻辑运算和移位指令共有 25 条，有与、或、异或、求反、左右移位、清 0 等逻辑操作，有直接、寄存器和寄存器间址等寻址方式。这类指令一般不影响程序状态字（PSW）标志。当目的操作数为 A 时，操作结果对 P 标志有影响。

1. 循环移位指令（4条）

这 4 条指令的作用是将累加器中的内容循环左或右移一位，后两条指令是连同进位位 CY 一起移位，其示意图如图 4-2～图 4-5 所示。

（1）循环左移指令，指令格式如下：

```
RL   A      ;累加器 A 中的内容左移一位
```

（2）循环右移指令，指令格式如下：

```
RR   A      ;累加器 A 中的内容右移一位
```

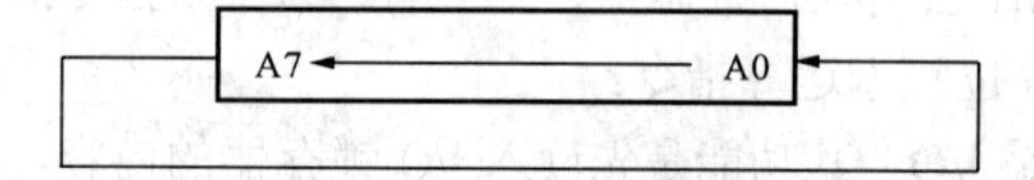

图 4-2 循环左移指令

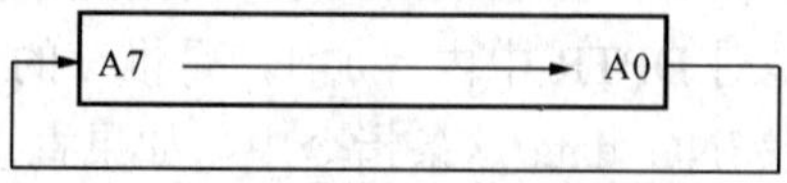

A7 A0

图 4-3 循环右移指令

（3）带进位位循环左移指令，指令格式如下：

```
RLC   A     ;累加器 A 中的内容连同进位位 CY 左移一位
```

（4）带进位位循环右移指令，指令格式如下：

```
RRC   A     ;累加器 A 中的内容连同进位位 CY 右移一位
```

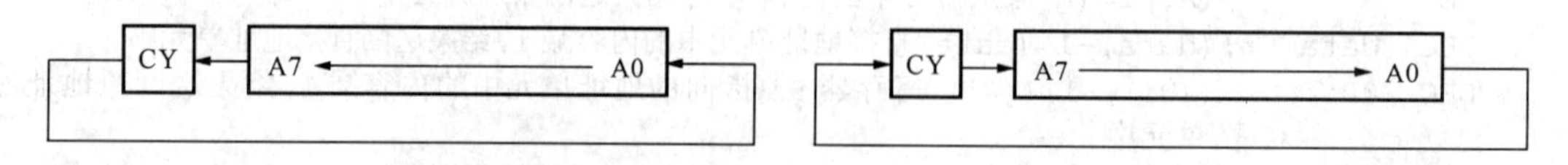

图 4-4 带进位位循环左移指令

图 4-5 带进位位循环右移指令

2. 累加器半字节交换指令（1条）

该指令是将累加器中的内容高低半字节互换，这在第一节中已有介绍。该指令格式如下：

```
SWAP   A  ； 累加器中的内容高低半字节互换
```

例如：A＝0C5H，执行指令

```
SWAP  A
```

结果：A＝5CH。

3. 求反指令（1条）

该指令是将累加器中的内容按位取反。指令格式如下：

```
CPL  A     ; 累加器中的内容按位取反
```

4. 清零指令（1条）

该指令是将累加器中的内容清0。指令格式如下：

```
CLR  A     ; 0→(A),累加器中的内容清0
```

5. 逻辑与操作指令（6条）

这组指令的作用是将两个单元中的内容执行逻辑与操作。如果直接地址是I/O地址，则为“读—修改—写”操作。指令格式如下：

```
ANL  A,data          ;累加器A中的内容和直接地址单元中的内容执行与逻辑操作。结果存在
                      寄存器A中
ANL  data,#data      ;直接地址单元中的内容和立即数执行与逻辑操作。结果存在直接地址单元中
ANL  A,#data         ;累加器A的内容和立即数执行与逻辑操作。结果存在累加器A中
ANL  A,Rn            ;累加器A的内容和寄存器Rn中的内容执行与逻辑操作。结果存在累加器A中
ANL  data,A          ;直接地址单元中的内容和累加器A的内容执行与逻辑操作。结果存在直
                      接地址单元中
ANL  A,@Ri           ;累加器A的内容和工作寄存器Ri指向的地址单元中的内容执行与逻辑
                      操作。结果存在累加器A中
```

例如：A＝71H，30H单元的内容为0AAH。

```
ANL    A,30H
```

结果：A＝40H，30H单元的内容不变仍为0AAH，P标志为1。

6. 逻辑或操作指令（6条）

这组指令的作用是将两个单元中的内容执行逻辑或操作。如果直接地址是I/O地址，则为“读—修改—写”操作。指令格式如下：

```
ORL  A,data          ;累加器A中的内容和直接地址单元中的内容执行逻辑或操作,结果存在
                      寄存器A中
ORL  data,#data      ;直接地址单元中的内容和立即数执行逻辑或操作,结果存在直接地址单
                      元中
ORL  A,#data         ;累加器A的内容和立即数执行逻辑或操作。结果存在累加器A中
ORL  A,Rn            ;累加器A的内容和寄存器Rn中的内容执行逻辑或操作,结果存在累加
                      器A中
ORL  data,A          ;直接地址单元中的内容和累加器A的内容执行逻辑或操作。结果存在直
                      接地址单元中
ORL  A,@Ri           ;累加器A的内容和工作寄存器Ri指向的地址单元中的内容执行逻辑或
                      操作。结果存在累加器A中
```

例如：设P1＝05H，A＝33H执行指令

```
ORL  P1, A
```

运算过程为：

```
     00000101
 ∨)  00110011
 ─────────────
     00110111
```

结果：P1=37H。

7. 逻辑异或操作指令（6 条）

这组指令的作用是将两个单元中的内容执行逻辑异或操作。如果直接地址是 I/O 地址，则为“读—修改—写”操作。指令格式如下：

```
XRL  A,data          ;累加器A中的内容和直接地址单元中的内容执行逻辑异或操作,结果存
                      在寄存器A中
XRL  data,#data      ;直接地址单元中的内容和立即数执行逻辑异或操作,结果存在直接地址
                      单元中
XRL  A,#data         ;累加器A的内容和立即数执行逻辑异或操作,结果存在累加器A中
XRL  A,Rn            ;累加器A的内容和寄存器Rn中的内容执行逻辑异或操作,结果存在累
                      加器A中
XRL  data,A          ;直接地址单元中的内容和累加器A的内容执行逻辑异或操作,结果存在
                      直接地址单元中
XRL  A,@Ri           ;累加器A的内容和工作寄存器Ri指向的地址单元中的内容执行逻辑异
                      或操作,结果存在累加器A中
```

例如：设 A＝90H，R3＝73H，执行指令：

```
XRL  A,  R3
```

运算过程为：

$$\begin{array}{r} 10010000 \\ \oplus)\ 01110011 \\ \hline 11100011 \end{array}$$

结果：A＝0E3H。

四、控制转移指令

控制转移指令用于控制程序的流向，所控制的范围即为程序存储器区间，MCS-51 系列单片机的控制转移指令相对丰富，有可对 64KB 程序空间地址单元进行访问的长调用、长转移指令，也有可对 2KB 字节进行访问的绝对调用和绝对转移指令，还有在一页范围内的相对转移及其他无条件转移指令，这些指令的执行一般都不会对标志位产生影响。

1. 无条件转移指令（4 条）

这组指令执行完后，程序就会无条件转移到指令所指向的地址上去。长转移指令访问的程序存储器空间为 16 位地址 64KB，绝对转移指令访问的程序存储器空间为 11 位地址 2KB 空间。指令格式如下：

```
LJMP  addr16       ;addr16→(PC),给程序计数器赋予新值(16位地址)
AJMP  addr11       ;(PC)+2→(PC),addr11→(PC10-PC0)程序计数器赋予新值(11位地
                    址),(PC15～PC11)不改变
SJMP  rel          ;(PC)+ 2 + rel→(PC)当前程序计数器先加上2再加上偏移量给程序
                    计数器赋予新值
JMP   @A+DPTR      ;(A)+ (DPTR)→(PC),累加器所指向地址单元的值加上数据指针的值
                    给程序计数器赋予新值
```

例如，KWR:　　AJMP　　addr11

如果设 addr11＝00100000000B，标号为 KWR 的地址为 1030H，则执行该条指令后，程序将转移到 1100H。

SJMP 是无条件转跳指令，执行时在 PC 加 2 后，把指令中补码形式的偏移量值加到

PC 上，并计算出转向目标地址。因此，转向的目标地址可以在这条指令前 128 字节到后 127 字节之间。该指令使用时很简单，程序执行到该指令时就跳转到标号 rel 处执行。

例如，KRD： SJMP rel;

如果 KRD 标号值为 0100H（即 SJMP 这条指令的机器码存放于 0100H 和 0101H 这两个单元中）；如需要跳转到的目标地址为 0123H，则指令的第二个字节（相对偏移量）应为：

rel＝0123H～0102H＝21H

例如，如果累加器 A 中存放待处理命令编号(0～7)，程序存储器中存放着标号为 PMTB 的转移表首址，则执行下面的程序，将根据 A 中命令编号转向相应的命令处理程序。

```
PM:     MOV     R1 ,A
        RL      A
        ADD     A,R1
        MOV     DPTR,#PMTB        ;转移表首址→DPTR
        JMP     @A+DPTR           ;据 A 值跳转到不同入口
PMTB:   LJMP    PM0               ;转向命令 0 处理入口
        LJMP    PM1               ;转向命令 1 处理入口
        LJMP    PM2               ;转向命令 2 处理入口
        LJMP    PM3               ;转向命令 3 处理入口
        LJMP    PM4               ;转向命令 4 处理入口
        LJMP    PM5               ;转向命令 5 处理入口
        LJMP    PM6               ;转向命令 6 处理入口
        LJMP    PM7               ;转向命令 7 处理入口
```

2. 条件转移指令（8 条）

程序可利用条件转移指令根据当前的条件进行判断，看是否满足某种特定的条件，从而控制程序的转向。指令格式如下：

```
JZ  rel                ;A=0,(PC)+ 2 + rel→(PC),累加器中的内容为 0,则转移到偏
                        移量所指向的地址,否则程序往下执行
JNZ  rel               ;A≠0,(PC)+ 2 + rel→(PC),累加器中的内容不为 0,则转移到
                        偏移量所指向的地址,否则程序往下执行
CJNE  A, data, rel     ;A≠(data),(PC)+ 3 + rel→(PC),累加器中的内容不等于直接
                        地址单元的内容,则转移到偏移量所指向的地址,否则程序往下执行
CJNE  A, #data, rel    ;A≠#data,(PC)+ 3 + rel→(PC),累加器中的内容不等于立即
                        数,则转移到偏移量所指向的地址,否则程序往下执行
CJNE  Rn, #data, rel   ;A≠#data,(PC)+ 3 + rel→(PC),工作寄存器 Rn 中的内容不等
                        于立即数,则转移到偏移量所指向的地址,否则程序往下执行
CJNE  @Ri, #data, rel  ;A≠#data,(PC)+ 3 + rel→(PC),工作寄存器 Ri 指向地址单元
                        中的内容不等于立即数,则转移到偏移量所指向的地址,否则程序
                        往下执行
DJNZ  Rn, rel          ;(Rn)-1→(Rn),(Rn)≠0,(PC)+ 2 + rel→(PC)工作寄存器 Rn
                        减 1 不等于 0,则转移到偏移量所指向的地址,否则程序往下执行
DJNZ  data, rel        ;(data)-1→(data),(data)≠0,(PC)+ 2 + rel→(PC)直接地
                        址单元中的内容减 1 不等于 0,则转移到偏移量所指向的地址,否
                        则程序往下执行
```

3. 子程序调用指令（4 条）

子程序是为了便于程序编写，减少那些需反复执行的程序占用多余的地址空间而引入的程序分支，从而有了主程序和子程序的概念，需要反复执行的一些程序，我们在编程时

一般都把它们编写成子程序，当需要用它们时，就用一个调用命令使程序按调用的地址去执行，这就需要子程序的调用指令和返回指令。

（1）调用指令，指令格式如下：

```
LCALL   addr16   ; (PC)+3 → PC
                 ; (SP)+1 → SP , (PC 0 ～ PC 7 )  → (SP)
                 ; (SP)+1 → SP , (PC 8 ～ PC 15 ) → (SP)
ACALL   addr11   ; (PC)+2 → PC
                 ; (SP)+1 → SP , (PC 0 ～ PC 7 )  → (SP)
                 ; (SP)+1 → SP , (PC 8 ～ PC I5 ) → (SP)
```

第一条指令（LCALL）称为长调用指令，它可寻址 64KB 程序存储器空间内的任何子程序，它是一条三字节指令，执行该指令时，首先 PC+3，然后，把当前 PC 值压入堆栈，最后，把指令中的 16 位地址 addrl6 送入程序计数器 PC，转入子程序执行。

第二条指令（ACALL）称为绝对调用指令，它是一条双字节指令。执行该指令时，首先 PC+2，然后，把当前 PC 值压入堆栈，最后，把指令中的 11 位地址 addr11 送程序计数器 PC 的低 11 位，即 PC10～PC0，PC 的高 5 位 PC11～PC15 不变，这样组成的程序计数器 PC 为程序转移目标地址，由于 PC 高 5 位不变，所调用的子程序的地址必须位于紧跟的下条指令开始的 2K 范围内。

例如：设（SP）=60H，标号地址 HERE 为 0123H，子程序 SUB 的入口地址为 0345H，执行指令：

```
HERE:  ACALL  SUB
```

结果：（SP）=62H，堆栈区内（61H）=25H，（62H）=01H，（PC）=0345H，指令的机器码为 71H，45H。

（2）返回指令。指令格式如下：

```
RET  ;子程序返回指令
```

此时（SP）→（PC15～PC8），（SP）－1→（SP），（SP）→（PC7～PC0），（SP）－1→（SP）。

```
RETI  ;中断返回指令
```

RETI 指令除具有 RET 的功能外，还具有恢复中断逻辑的功能，需注意的是，RETI 指令不能用 RET 代替。

4. 空操作指令（1 条）

该指令是将累加器中的内容清 0。指令格式如下：

```
NOP
```

这条指令除了使 PC 加 1，消耗一个机器周期外，没有执行任何操作。可用于短时间的延时。

五、布尔变量操作指令

布尔处理功能是 MCS-51 系列单片机的一个重要特征，这是出于实际应用需要而设置的。布尔变量也即开关变量，它是以位为单位进行操作的。

在物理结构上，MCS-51 单片机有一个布尔处理机，它以进位标志作为累加位，以内部 RAM 可寻址的 128 个为存储位。

既然有布尔处理机功能，所以也就有相应的布尔操作指令集，下面我们分别谈论。

1. 位传送指令（2 条）

位传送指令就是可寻址位与累加位 CY 之间的传送，指令有以下 2 条：

```
MOV  C,bit        ; bit→CY,某位数据送 CY
MOV  bit,C        ; CY→bit,CY 数据送某位
```

2. 位置位复位指令（4 条）

这些指令对 CY 及可寻址位进行置位或复位操作，共有以下 4 条指令：

```
CLR  C            ; 0→CY,清 CY
CLR  bit          ; 0→bit,清某一位
SETB  C           ; 1→CY,置位 CY
SETB  bit         ; 1→bit,置位某一位
```

3. 位运算指令（6 条）

位运算都是逻辑运算，有与、或、非三种指令，共有以下 6 条：

ANL C,bit   ; $(CY)\wedge(bit)\rightarrow CY$

ANL C,/bit   ; $(CY)\wedge(\overline{bit})Y$

ORL C,bit   ; $(CY)\vee(bit)\rightarrow CY$

ORL C,/bit   ; $(CY)\wedge(\overline{bit})\rightarrow CY$

CPL C   ; $(\overline{CY})\rightarrow CY$

CPL bit   ; $(\overline{bit})\rightarrow bit$

4. 位控制转移指令（5 条）

位控制转移指令是以位的状态作为实现程序转移的判断条件，共有如下 5 条：

```
JC  rel           ; (CY)=1 转移,(PC)+2+rel→PC,否则程序往下执行,(PC)+2→PC
JNC  rel          ; (CY)=0 转移,(PC)+2+rel→PC,否则程序往下执行,(PC)+2→PC
JB  bit, rel      ; 位状态为 1 转移
JNB  bit, rel     ; 位状态为 0 转移
JBC  bit, rel     ; 位状态为 1 转移,并使该位清"0"
```

后三条指令都是三字节指令，如果条件满足，（PC）＋3＋rel→PC；否则程序往下执行，（PC）＋3→PC。

第三节　伪指令及汇编实例

第二节介绍的 MCS-51 指令系统中每一条指令都是用意义明确的助记符来表示的。这是因为现代计算机一般都配备汇编语言，每一条语句就是一条指令，命令 CPU 执行一定的操作，完成规定的功能。但是用汇编语言编写的源程序，计算机不能直接执行。因为计算机只认识机器指令（二进制编码）。因此必须把汇编语言源程序通过汇编程序翻译成机器语言程序（称为目标程序），计算机才能执行，这个翻译过程称为汇编。汇编程序对用汇编语言写的源程序进行汇编时，还要提供一些汇编用的控制指令，例如，要指定程序或数据存放的起始地址；要给一些连续存放的数据确定单元等。但是，这些指令在汇编时并不产生目标代码，不影响程序的执行，所以称为伪指令。常用的有下列几种伪指令：

1. ORG（Origin，起点）伪指令

ORG 伪指令总是出现在每段源程序或数据块的开始。它指明此语句后面的程序或数据块的起始地址。其一般格式为：

```
ORG addr16
```

在汇编时由addr16确定此语句后面第一条指令（或第一个数据）的地址。该段源程序（或数据块）就连续存放在以后的地址内，直到遇到另一个ORG addr16语句为止。

例如：

```
ORG 1000H
START :   MOV A , #30H
```

上述ORG伪指令告诉汇编程序将指令MOV A，#30H的机器码存放在1000H开始的单元中。ORG指令可以多次出现在程序的任何地方，以规定不同程序段的起始位置，但所规定的地址应该从小到大，且不允许有重叠。

2. DB（Define Byte，定义字节）伪指令

一般格式：

```
[标号:]    DB  字节常数或字符或表达式
```

其中，标号区段可有可无，字节常数或字符是指一个字节数据，或用逗号分开的字节串，或用引号括起来的ASCII码字符串（一个ASCII字符相当于一个字节）。此伪指令的功能是把字节常数或字节串存入内存连续单元中。

例如：

```
ORG  9000H
DATA1:DB  73H,01H,90H
DATA2:DB  02H
```

伪指令ORG　9000H指定了标号DATA1的地址为9000H，伪指令DB指定了数据73H，01H，90H顺序地存放在从9000H开始的单元中，DATA2也是一个标号，它的地址与前一条伪指令DB连续，为9003H，因此数据02H存放在9003H单元中，如表4-2所示。

表4-2　　指令执行后的地址存放

存储器地址（H）	内容（H）	存储器地址（H）	内容（H）
9000	73	9002	90
9001	01	9003	02

3. DW（Define Word，定义一个字）伪指令

一般格式：

```
[标号:]     DW      字或字串
```

DW伪指令的功能与DB相似，其区别在于DB是定义一个字节，而DW是定义一个字（规定为两个字节，即16位二进制数），故DW主要用来定义地址。存放时一个字需两个单元。

4. EQU（Equate，等值）伪指令

一般格式：

```
标号 EQU  操作数
```

EQU伪指令的功能是将操作数赋值于标号，使两边的两个量等值。

例如：

```
AREA  EQU   1000H
```

即给标号 AREA 赋值为 1000H。

```
STK   EQU   AREA
```

即相当于 STK＝AREA。若 AREA 已赋值为 1000H，则 STK 也为 1000H。

使用 EQU 伪指令给一个标号赋值后这个标号在整个源程序中的值是固定的。也就是说，在一个源程序中，任何一个标号只能赋值一次。

5. END（汇编结束）伪指令

一般格式：

```
[标号:]       END       [地址或标号]
```

其中标号以及操作数字段的地址或标号不是必要的。

END 伪指令是一个结束标志。用来指示汇编语言源程序段在此结束。因此，在一个源程序中只允许出现一个 END 语句，并且它必须放在整个程序（包括伪指令）的最后面，是源程序模块的最后一个语句。如果 END 语句出现在中间，则汇编程序将不再汇编 END 后面的语句。

例如：

```
        ORG     8400H
        MOV     A,R2
        MOV     DPTR,#TBJ3
        MOVC    A,@A+DPTR
        JMP     @A+DPTR
TBJ3:   DW      PRG0
        DB      PRG1
        DB      PRG2
PRG0    EQU     8450H
PRG1    EQU     80H
PRG2    EQU     B0H
        END
```

上述程序中伪指令规定：程序存放在 8400H 开始的单元中，字节数据放在标号地址 TBJ3 开始的单元中，与程序区紧连着。标号 PRG0 赋值为 8450H，PRG1 赋值为 80H，PRG2 赋值为 B0H。

6. 数据地址赋值命令 DATA

指令格式：

```
Char_Name DATA expression
```

DATA 伪指令的功能与 EQU 有些相似，使用时要注意它们有以下差别：EQU 伪指令定义的符号必须先定义后使用，而 DATA 伪指令无此限制；用 EQU 伪指令可以把一个汇编符号赋给一个字符名称，而 DATA 伪指令则不能；DATA 伪指令可将一个表达式的值赋给一个字符变量，所定义的字符变量也可以出现在表达式中，而用 EQU 定义的字符，则不能这样使用。DATA 伪指令在程序中常用来定义数据地址。

7. 位地址符号定义伪指令 BIT

指令格式：

```
字符名称 BIT 位地址
```

BIT 伪指令的功能是为某一位地址指定一个新的字符名称。例如：

```
WARNNING BIT P1.2
```

在程序中可以用 WARNNING 来代替 P1.2，增加程序的可读性。

第四节 汇编语言程序设计

汇编语言程序由指令或语句组成，每条语句可分成 4 个部分，即标号、操作码、操作数和注释，结构如下：

[标号:] 操作码 [操作数] [;注释]

标号是语句的第一部分，代表了该语句的地址，它必须以字母开头，由 1～8 个字母和数字组成。指令助记符不能用作标号，标号后面必须跟有“:”。标号不是语句必要的组成部分，当不需要时可以省略。

操作码位于标号之后，是语句的第二部分，操作码即指令的助记符规定了语句的功能，是语句的核心部分，不能省略。

操作数位于操作码之后，是语句的第三部分。操作数既可以是数据，也可以是地址，但必须满足寻址方式的规定。有多个操作数时，操作数之间用“,”分开。指令中的常数前要加前缀“#”，常数可以是十进制常数、十六进制常数或二进制常数，十六进制常数以 H 结尾，二进制常数以 B 结尾。一般的指令都会有一个或多个操作数，NOP 指令没有操作数。

注释是语句的第四部分，以“;”开始，用于注释语句的功能等，为了增加程序的可读性，对程序进行注释是非常重要的。程序的可读性是评价程序质量的因素之一，这一点希望读者注意，养成为程序加注释的良好习惯。

一、程序设计步骤

用汇编语言设计一个程序大致上可分成以下 7 个步骤：

1. 分析题意

解决问题之前，首先要明确要解决的问题，虽然这是不言自明的道理，但有许多初学者往往在还没搞清问题时，就急于“调遣”指令来编写程序。

2. 确定算法

根据实际问题的要求和指令系统的特点，决定所采用的计算公式和计算方法。算法是进行程序设计的依据，它决定了程序的正确性和程序的质量。

3. 制定程序流程图

程序流程图能比较清楚、形象地表达程序运行的过程，能直观、清晰地体现程序的设计思路。当问题很复杂时，可以先把解决问题的程序分成各个模块，制定各个模块的程序流程图，流程图可以帮助程序员快速完成程序设计。

程序流程图就是用特定的图形符号配上一些文字说明来表示程序执行过程的图，换句话说，就是用图形和文字来表示程序的执行过程。在流程图中，用流程线即带有方向的线段表示程序的执行线路；用端点符号表示程序的开始和结束；用处理符号即矩形框表示处理功能；用判断符号即菱形框表示判断功能等。

4. 编写程序

编写程序就是用指令将程序流程图的设计思想表示出来，可以用任何文字编辑软件来编写源程序。

5. 源程序的汇编或编译

汇编语言源程序必须经过汇编程序转成机器语言才能执行，汇编语言源程序的扩展名为ASM，不同系列的单片机有不同的汇编程序，AT89S51单片机经过汇编后生成的机器语言或十六进制文件的扩展名为Hex。

6. 程序调试

汇编程序只能检查源程序中的语法错误，但不能排除程序中的算法错误，只有通过实际运行证明能满足实际要求的程序才能认为是正确的程序。单片机程序要在单片机系统中运行，由于单片机没有自开发的功能，经过汇编程序得到*.Hex 文件后，需要使用编程序器将*.Hex文件烧写到单片机内部的Flash或烧写到单片机系统外部扩展的程序存储器芯片中，观察程序的运行结果是否正确，如有错应返回到上述第4步，修改程序、重新汇编和烧写、运行程序，直至正确为止。有条件的用户也可以通过仿真器进行仿真调试、排除程序中的错误。

7. 程序优化

程序优化的目的在于缩短程序的长度，加快运算速度和增加程序的可阅读性。实现某一特定功能，不同的人会编出不同的程序，通过使用更合适的指令、更合适的程序结构或更合理的算法可以缩短程序的长度，加快程序的运算速度。另外，为程序多加点注释性说明可增加程序的可读性。程序优化也是程序设计中的很重要一步，只是很多人容易忽略这一点。

二、程序设计实例

【例4-1】 把内部数据存储器30H～37H单元的内容传送到外部数据存储器以1000H开始的连续单元中去。

解：30H～37H共计8个单元，需传送8次数据。以R7作为循环计数寄存器，实现的程序段如下：

```
ORG  0000H
MOV  R0 , #30H
MOV  DPTR , #1000H
MOV  R7 , #8
LOOP : MOV  A , @R0
MOVX @DPTR , A
INC  R0                ;指向下一个待传送的数据
INC  DPTR              ;指向下一个要存放数据的单元
DJNZ R7 ,  LOOP        ;R7不为0继续传送数据
END
```

【例4-2】 设a为一个8位无符号数，求多项式$y=a^2-6$的值。

解：设a存放在R2中，结果放入R6和R7中。

```
ORG  0000H
MOV  R3 , #6
MOV  A  , R2           ; A←a
MOV  B  , A
MUL  AB                ;结果放在B:A中
CLR  C
SUBB A , R3            ;低8位减6
MOV  R7 , A            ;R7←结果的低8位
```

```
MOV  A  , B
SUBB A , #00H        ;高 8 位减进位位
MOV  R6 , A
END
```

三、子程序设计

因实际需要，程序设计过程中常会出现功能相对独立的某段程序反复被执行的情况，为了减少源程序和代码的长度，增加程序的可阅读性，较好的办法是把这段被多次执行的程序写成公用程序段，该公用程序段具有相对独立的功能，被称为子程序，当需要时，调用子程序即可。使用子程序，可使整个程序的结构更清楚，阅读和理解更容易，而且，不必每次重复书写同样的指令，可以减少源程序和目标程序的长度。由于每次调用子程序时都要进行保护断点等操作，增加一点程序的执行时间，但一般来说，付出这点代价是值得的。调用子程序的程序被称为主程序，主程序和子程序是相对的，一个程序既可以是一个程序的子程序，同时又可以是另一个程序的主程序，即子程序也可以有自己的子程序，这种现象称为子程序嵌套。子程序调用可用图 4-6 表示。主程序用 ACALL 或 LCALL 指令调用子程序，执行调用指令时，相当于图中的 A 和 C 点，会把紧跟在调用指令后的指令地址，即图 4-6 中存放指令 B 和指令 D 的地址压入堆栈；执行子程序中的 RET 指令时，会把当前堆栈顶部两字节的内容弹回到 PC 中，使程序从断点处（图中的 B、D 点）继续向下执行。子程序第一条指令一般会有标号，该标号称为子程序名；子程序中至少会有一条 RET 指令，称为返回指令，当执行 RET 指令时，就返回到主程序，在汇编语言源程序中使用子程序时，要注意两个问题，即主程序和子程序间的参数传递和现场保护。

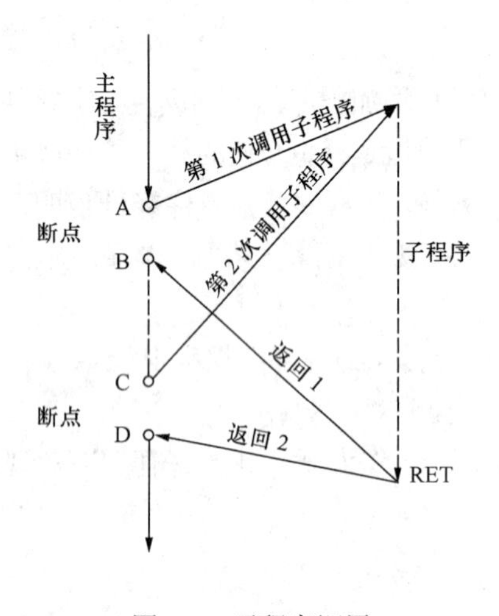

图 4-6 子程序调用

调用汇编语言子程序时，并不附带任何的参数，参数的传递要靠编程者自己安排。汇编语言中参数传递可采用以下两种方法：

（1）直接传递数据。当传递的数据较少时，可通过工作寄存器 R0～R7 或累加器或几个内存单元来传送。即主程序事先将待传递的数据放入 R0～R7 或累加器或几个内存单元中，在子程序使用即可。

（2）传送地址。当需要传递很多数据时，可以将数据块的地址放入寄存器 R0、R1 或 DPTR 中，在子程序中能间接寻址取出待传递的数据。

在进入子程序特别是进入中断服务子程序后，要注意现场保护问题。由于在子程序中会用到一些寄存器，子程序中执行会改变这些寄存器的值和 PSW 中的标志位，而这些寄存器的内容和标志位会影响主程序的运行，所以，程序中各寄存器的内容和标志位的状态都不应因调用子程序而改变，这就是现场保护问题，解决的方法是在进入子程序后，将在子程序中用到寄存器压入堆栈，而在执行 RET 指令前，再将保存在堆栈中的各寄存器的值弹回到原寄存器中，恢复原来的状态。由于堆栈是按照“先进后出”的原则工作的，从堆栈弹出数据时，应按相反的次序进行。在子程序中，压栈和出栈的次数一定相等，否则，

便不能从子程序正确返回到主程序。标准子程序的结构如下：

```
SUBROU : PUSH   ACC                  ;保护现场
PUSH PSW
PUSH B
PUSH R0
 ⋮                                   ;子程序体
POP  R0                              ;恢复现场
POP  B
POP  PSW
POP  ACC
RET                                  ;返回主程序指令
```

在实际的单片机应用系统中，会有大量的子程序，换句话说，单片机应用系统的程序由一个主程序和若干个子程序组成，在编写每个子程序之前，最好能注释子程序的功能、入口和出口参数。入口参数就是执行子程序要求的初始条件；出口参数即是子程序的执行结果。进入子程序后首先要进行现场保护，将子程序中用到的寄存器暂时保存到堆栈中；在退出子程序前，要恢复现场。对于每个具体的子程序是否需要现场保护，以及需要保护哪些寄存器应视具体情况而定，特别是当子程序的运行结果要通过某个寄存器带回主程序时，则在子程序中不需要保护。

【例 4-3】 编制程序，求表达式 $1^2+2^2+3^2+4^2+5^2+6^2+7^2+8^2+9^2+10^2$ 的值。

解： 设表达式的和存入内部 RAM 的 30H 与 31H 单元（30H 为高 8 位，31H 为低 8 位）。

```
ORG    0000H
MOV    30H, #00H                     ;和单元清 0
MOV    31H, #00H
MOV    R7 , #10                      ;置循环初值
MOV    R2 , #1                       ;初始数
SUM: MOV    A , R2                   ;设置入口参数
ACALL SQR                            ;调用求平方和子程序
ADD    A , 31H                       ;求和
MOV    31H , A
MOV    A , B
ADDC   A , 30H
MOV    30H , A
INC    R2                            ;修改入口参数
DJNZ  R7 , SUM
WAIT : SJMP  WAIT
;;;;;;;;;;;;;;;;;;;;;;;;;;;;;;;;;;;;;;;;
;;子程序名: SQR
;;子程序功能:求 1 字节无符号数的平方
;;入口参数: 1 字节无符号数存放于 ACC 中
;;出口参数: 16 位的平方数位于 B:A 中,其中 B 中为高 8 位
;;;;;;;;;;;;;;;;;;;;;;;;;;;;;;;;;;;;;;;;
SQR : MOV B , A                      ;子程序
MUL AB
RET                                  ;子程序返回语句
END                                  ;全部程序结束
```

【例 4-4】 延时是单片机系统最常见的一种操作，设系统采用的晶振频率为 12MHz 试

编制 50ms 延时子程序。

解：由于使用的晶振频率为 12MHz，则每个机器周期为 1μs。

```
DEL50MS: MOV  R7, #200       ; 1μs
DEL1   : MOV  R6, #123       ; 1μs
NOP                          ; 1μs
DEL2   : DJNZ R6, DEL2       ; 2*123=246
DJNZ R7, DEL1                ;(1+1+246)*200=50000μs=50ms
RET                          ; 2μs
```

子程序 DEL50ms 的实际精确执行时间应是：1μs＋50000μs＋2μs＝50.003ms。

MCS-51 单片机的内部资源

单片机的内部资源主要包括：中断系统、定时器/计数器以及串行口，掌握单片机内部资源是使用单片机的基础，本章将对单片机的内部资源做详细介绍。

第一节 中 断 系 统

对初学者来说，中断这个概念比较抽象，其实单片机的处理系统与人的一般思维有着许多异曲同工之处，我们举个很贴切的例子，在日常生活和工作中有很多类似的情况。假如你正在吃饭，这时候电话铃响了，你必须放下手中的饭碗，然后与对方通电话，而此时恰好有客人到访，你先停下通电话，与客人说几句话，叫客人稍候，然后回头继续通完电话，再与客人谈话。谈话完毕，送走客人，你继续吃饭。

这就是日常生活和工作中的中断现象，类似的情况还有很多，从吃饭到接电话是第一次中断，通电话的过程中因有客人到访，这是第二次中断，即在中断的过程中又出现第二次中断，这就是我们常说的中断嵌套。处理完第二个中断任务后，回头处理第一个中断，第一个中断完成后，再继续你原先的主要工作。

为什么会出现这样的中断呢？道理很简单，人在一种特定的时间内，可能会面对着两、三件甚至更多的任务，但一个人又不可能在同一时间去完成多样任务，因此你只能采取分析任务的轻重缓急，采用中断的方法穿插去完成它们。对于单片机中的中央处理器也是如此，单片机中 CPU 只有一个，但在同一时间内可能会面临着处理很多任务的情况，如运行主程序、数据的输入和输出，定时和计数时间已到要处理、可能还有一些外部的更重要的中断请求（如超温、超压）要先处理。此时也得像人的思维一样停下某一样（或几样）工作先去完成一些紧急任务的中断方法。

一、中断的概念

1. 中断相关概念

主程序执行过程中，允许外部或内部事件通过硬件打断程序的执行，使其转向为处理外部或内部事件的中断服务程序中去；完成中断服务程序后，CPU 继续原来被打断的程序，这样的过程称为中断响应过程。中断的组成如图 5-1 所示。

在中断系统中，通常将 CPU 正常情况下运行的程序称为主程序，把引起中断的设备或事件称为中断源。由中断源向 CPU 所发出的请求中断信号称为中断请求信号。CPU 接受中断申请的信号称为终端服务程序（也称中断处理程序）。现行程序中断的地方称为断点，为中断服务对象服务完毕后返回原来的程序称为中断返回，整个过程称为中断。

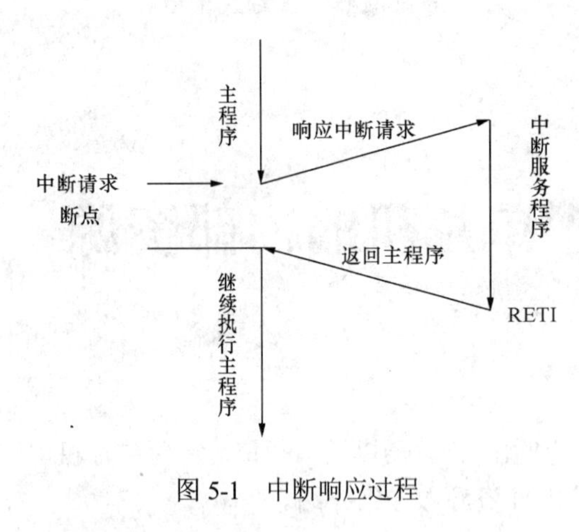

图 5-1　中断响应过程

由于 CPU 执行完中断处理程序后仍要返回主程序，因此在执行中断处理程序之前，要将主程序中断处的地址（程序计数器 PC 的当前值，及如图 5-1 所示的断点）保存起来，又称为“保护断点”。又由于 CPU 执行中断处理程序时可能要使用主程序中使用过的累加器及其他寄存器甚至一些标志位，因此在为中断源服务之前，也要将有关的寄存器内容保存起来，称为“保护现场”，而 CPU 为中断源服务完后，还必须要恢复原寄存器的内容及源程序中断处的地址，即要恢复现场和恢复断点。

在这里，保护现场和恢复现场是通过在中断服务程序中采用堆栈的操作指令 PUSH 及 POP 实现的，而保护断点、恢复断点是由 CPU 响应中断和中断返回时自动完成的。

从 CPU 中止当前程序，且转向另一程序这点看，中断过程很像子程序，区别在于：中断发生时间一般是随机的，而子程序调用是按程序进行的。

2. 实现中断的优点

（1）实行分时操作，提高了 CPU 的效率。只有当服务对象向 CPU 发出中断申请时，CPU 才转去为它服务，这样，利用中断功能，就可以同时为多个服务对象服务，从而大大提高了 CPU 的效率。

（2）实现实时处理。利用中断技术，各服务对象可根据需要随时向 CPU 发出中断申请，CPU 可以及时发现和处理中断请求并为之服务，以满足实时控制要求。

（3）进行故障处理。对难以预料的情况或故障，如掉电、运算溢出、事故等，可以通过故障源向 CPU 请求中断，由 CPU 转到相应的故障处理程序进行处理。

二、常用中断源及中断功能

1. 常见的中断来源

通常，计算机的中断源有下列几种：

（1）一般输入、输出设备。当外设准备就绪时，就可向 CPU 发出中断请求，如键盘、打印机等。

（2）实时时钟或计数信号。如定时时间或计数次数一到，即向 CPU 发出中断请求。

（3）故障源。当采样或运算结果出现超出范围或系统停电时，可通过报警、掉电等信号向 CPU 发出中断请求。

（4）为调试程序而设置的中断源。如调试程序时，为了检查中间结果而在程序中设置的断点等。

2. 中断系统功能

（1）能实现中断响应及中断返回。当 CPU 收到中断申请后，能根据具体的情况决定是否响应中断，如果没有更重要的中断请求，则执行完当前指令后响应这一请求。响应过程包括：保护现场；保护断点处地址；保护当前程序的运行状态（当前寄存器、标志位状态等）及保护现场；执行相应的中断服务程序；恢复现场信息。当中断服务程序执行完毕后，返回到原来被中断的程序继续执行。

（2）能实现中断优先排序。当有多个中断源同时发出中断申请时，能确定哪个中断更紧迫，以便首先响应。系统源同时提出中断申请时，优先极高的中断能先被响应，只有优先极高的处理完毕后才能响应优先级低的中断。

（3）能实现中断嵌套。当已有中断发生时，优先级更高的中断能中断现行中断而优先执行，待处理完毕后再恢复处理被中断的低级中断，也即高级中断能中断低级中断，即中断可嵌套，如图 5-2 所示。

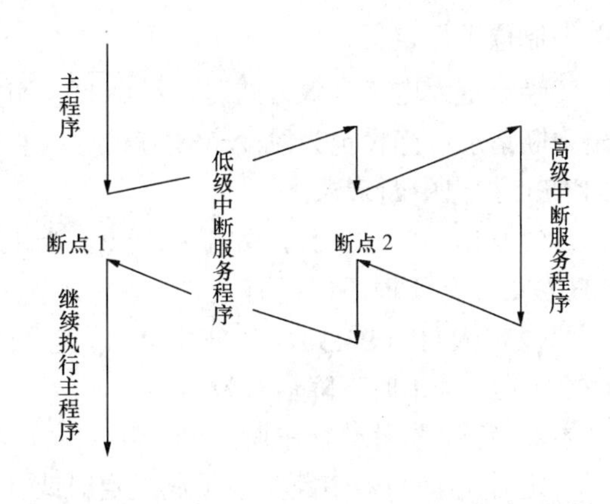

图 5-2 中断嵌套示意图

第二节 中断系统结构

MCS-51 的中断系统包括中断源、中断允许寄存器 IE、中断优先寄存器 IP、中断矢量等，在 MCS-51 中，只有两级中断优先级。图 5-3 所示是 MCS-51 的中断系统结构图。

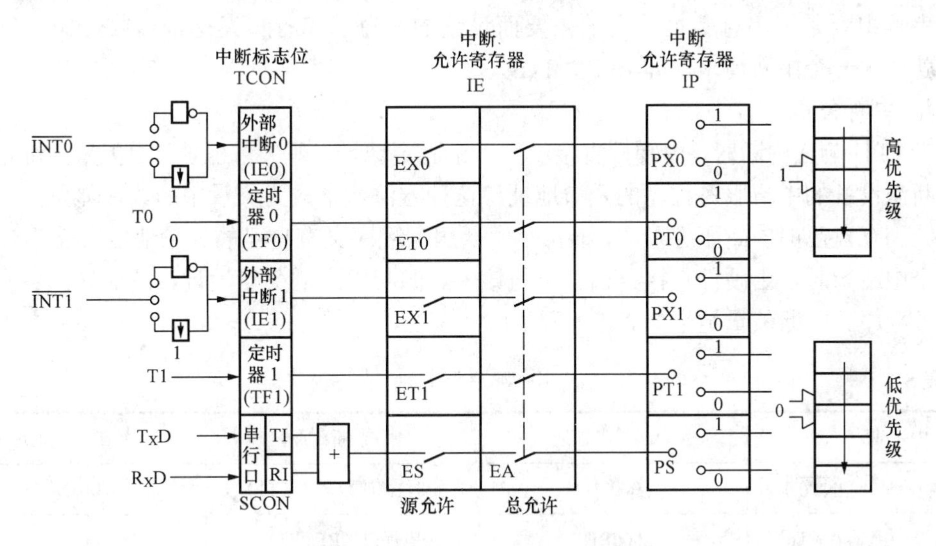

图 5-3 MCS-51 中断系统结构图

一、中断源

MCS-51 中有 5 个中断源，MCS-52 中增加了一个中断源，即定时器/计数器 T2，有 6 个中断源。每一个中断源都能被程序控制为高优先级或低优先级。MCS-51 5 个中断源中包括两个外部中断源和 3 个内部中断源。两个外部中断源 $\overline{\text{INT0}}$ 和 $\overline{\text{INT1}}$ 主要负责外部设备的中断请求、掉电等故障信号的输入。3 个内部中断源为定时/计数溢出中断源、串行口发送或接收中断源。MCS-51 的 5 个中断源可分为三类，即：

1. 外部中断

外部中断是由外部信号引起的，共有两个外部中断，它们的中断请求信号分别从引脚 $\overline{\text{INT0}}$、$\overline{\text{INT1}}$ 上引入。

外部中断请求有两种信号触发方式，即电平有效方式和跳变有效方式，可通过设置有关控制位进行定义。

当设定为电平有效方式时，若$\overline{\text{INT0}}$、$\overline{\text{INT1}}$引脚上采样到有效的低电平，则向 CPU 提出中断请求；当设定为跳变有效方式时，若$\overline{\text{INT0}}$、$\overline{\text{INT1}}$引脚上采样到有效负跳变时，则向 CPU 提出中断请求。

（1）$\overline{\text{INT0}}$（P3.2），外部中断 0。当 IT0（TCON.0）＝0 时，低电平有效；当 IT0（TCON.0）＝1 时下降沿有效。

（2）$\overline{\text{INT1}}$（P3.3），外部中断 1。当 IT0（TCON.2）=0 时，低电平有效；当 IT0（TCON.2）＝1 时下降沿有效。

2. 定时器/计数器中断

定时器/计数器中断是为了满足定时或计数的需要而设置的。当计数器溢出时，表明设定的定时时间到或计数值已满，这时可以向 CPU 申请中断。由于定时器/计数器在单片微机芯片内部，所以定时中断属于内部中断。MCS-51 内部有两个定时器/计数器，所以定时中断有两个源，即：

（1）TF0（P3.4），定时器/计数器 T0 溢出中断。

（2）TF1（P3.5），定时器/计数器 T1 溢出中断。

3. 串行中断

串行中断是为串行数据传送的需要而设置的，每当串行口发送或接收一组串行数据时，就产生一个中断请求，即 R_XD、T_XD。

4. 中断矢量

当 CPU 响应中断时，由硬件直接产生一个固定地址，即矢量地址，由矢量地址指出每个中断源设备的中断服务程序的入口地址，这种方法通常成为矢量中断。很显然，每个中断源分别有自己的中断服务程序，而每个中断服务程序又有自己的矢量地址。当 CPU 识别出每个中断源时，由硬件直接给出一个与该中断源相对应的矢量地址，从而转入各自的中断服务程序。中断矢量地址如表 5-1 所示。

表 5-1　　中断矢量地址

中　断　源	中断矢量地址	中　断　源	中断矢量地址
外部中断 0（$\overline{\text{INT0}}$）	0003H	定时器/计数器 1（T1）	001BH
定时器/计数器 0（T0）	000BH	串行口（RI、TI）	0023H
外部中断 1（$\overline{\text{INT1}}$）	0013H	定时器/计数器 2	002BH

二、中断控制

（一）中断请求标志

在中断系统中，应用哪种中断，应用哪种触发方式，要由定时器/计数器的控制寄存器 TCON 和串行口控制寄存器 SCON 的相应位进行设定。TCON 和 SCON 都属于特殊功能寄存器，字节地址分别为 88H 和 98H，可进行位寻址。

1. TCON 的中断标志

TCON 为定时器/计数器控制寄存器，字节地址为 88H，有 6 位与中断有关，其中，2 位用于设定外部中断源的触发方式，4 位为中断请求标志。TCON 可以锁存外部中断请求标志，其格式如下：

Bit	D7	D6	D5	D4	D3	D2	D1	D0
TCON	TF1	TR1	TF0	TR0	IE1	IT1	IE0	IT0

各标志位的含义如下：

（1）IT0。选择外部中断请求 $\overline{\text{INT0}}$ 为边沿触发方式或电平触发方式的控制位，可用软件置“1”或清“0”。当 IT0=0 时，为电平触发方式，即当 $\overline{\text{INT0}}$ 为低电平时触发中断；当 IT0=1 时，$\overline{\text{INT0}}$ 为边沿触发方式，当 $\overline{\text{INT0}}$ 输入引脚上的电平出现从高到低的跳变时触发中断。

（2）IE0。外部中断 0 的中断请求标志位。单片机在执行程序的过程中，每个机器周期都会采样 $\overline{\text{INT0}}$，在电平触发方式时，若采样到 $\overline{\text{INT0}}$ 为低电平，则将 IE0 置“1”；在边沿触发方式时，当第一个机器周期采样到 $\overline{\text{INT0}}$ 为高电平，第二个机器周期采样到 $\overline{\text{INT0}}$ 为低电平，则将 IE0 置“1”。IE0 为 1 表示外部中断 0 正在向 CPU 申请中断，当 CPU 响应中断转向中断服务程序时，IE0 由硬件清“0”。

（3）IT1。选择外部中断请求 1 为边沿触发方式或电平触发方式的控制位，其意义和 IT0 类似。

（4）IE1。外部中断 1 的中断申请标志位，其意义和 IE0 类似。

（5）TF0。单片机内部定时器/计数器 T0 溢出中断请求标志位。当启动 T0 开始计数后，定时器/计数器 T0 从初值开始加 1 计数，当最高位产生溢出时，由硬件置“1”，TF0 向 CPU 申请中断，CPU 响应 TF0 中断后清“0”，TF0 也可由软件清“0”（查询方式）。

（6）TF1。定时器/计数器 T1 的溢出中断申请标志位，功能和 TF0 类同。

（7）TR0、TR1 分别为定时器/计数器 T0 和 T1 的启动控制位，为 1 时，相应的定时器/计数器开始计数。单片机复位后，TCON 被清为 00H。

2. SCON 的中断标志

SCON 为串行口控制寄存器，字节地址为 98H，SCON 的最低两位为串行口的接收中断和发送中断标志，其余用于控制串行口的工作，格式如下：

Bit	D7	D6	D5	D4	D3	D2	D1	D0
SCON	SM0	SM1	SM2	REN	TB8	RB8	TI	RI

各标志位的含义如下：

（1）TI。串行口发送数据中断标志位。在串行口发送数据时，当数据发完后，由硬件置“1”，TI＝1 表示先前写入串行口缓冲区 SBUF 中的数据已经被发送，可以继续向串行口写下一个要发送的数据了。串行口发送数据是不需要 CPU 干预的，即数据写入 SBUF 后，单片机内部的硬件就立即启动发送器发送数据。值得注意的是，CPU 响应串行口中断请求时，并不自动清“0”，TI 必须由用户清“0”。

（2）RI。串行口接收数据中断标志位，当串行口接收到一帧有效数据后置“1”。同样 RI 必须由用户服务程序清“0”。

（3）SM0、SM1、SM2、REN、TB8 和 RB8 详见串行口部分内容。

串行口的接收中断和发送中断相“或”后作为一个内部中断源。单片机复位后，SCON 的值为 00H。

3. 中断允许控制

计算机中断系统中有两种不同类型的中断：一种称为非屏蔽中断；另一种称为可屏蔽中断。对非屏蔽中断，用户不能用软件方法加以禁止，一旦有中断申请，CPU 必须予以响应。但对可屏蔽中断，用户可通过软件方法来控制是否允许某中断源的中断。允许中断称中断开放，不允许中断称为中断屏蔽。因此，当用户对所运行的程序不希望有某个中断请求打断它时，可以对该中断加以屏蔽。CPU 对中断源的中断开放或中断屏蔽的控制是通过中断允许寄存器 IE 设置的，IE 既可以按字节地址寻址，其字节地址为 A8H，又可以按位寻址。当复位 CPU 时 IE 被清“0”。

可以通过对 IE 的某些位置位和清“0”，从而允许或禁止某个中断，也可以通过软件对 IE 中的 EA 位清 0，以实现对全部中断源的屏蔽。IE 寄存器的格式和各位定义如下：

Bit	D7	D6	D5	D4	D3	D2	D1	D0
IE	EA	—	—	ES	ET1	EX1	ET0	EX0

（1）EA，中断总允许控制位。当 EA=1 时，开放所有中断，每个中断源是被允许还是被禁止，分别由各自的允许位确定；当 EA=0 时，CPU 屏蔽所有的中断请求，称为关中断。

（2）ES，允许或禁止串行口中断控制位。ES=1，允许串行口中断；ES=0，禁止串行口中断。

（3）ET1，允许或禁止定时器/计数器 1 溢出中断控制位。ET1=1，允许中断；ET1=0，禁止中断。

（4）EX1，允许或禁止外部中断 1 的中断控制位。EX1=1，允许中断；EX1=0，禁止中断。

（5）ET0，允许或禁止定时器/计数器 0 溢出中断控制位。ET0=1，允许中断；ET0=0，禁止中断。

（6）EX0，允许或禁止外部中断 0 中断控制位。EX0=1，允许中断；EX0=0，禁止中断。

单片机复位后，IE 中各中断允许位均被清“0”，即禁止所有中断。

4. 中断优先级控制

MCS-51 单片机有两个中断优先级，即可实现二级中断服务嵌套。每个中断源的中断优先级都是由中断优先级寄存器 IP 中的相应位的状态规定的。IP 的状态由软件设定，某位设定为 1，则相应的中断源为高优先级中断；某位设定为 0，则相应的中断源为低优先级中断。单片机复位时，IP 各位清 0，各中断源同为低优先级中断。IP 寄存器（字节地址为 B8H）各位定义如下：

Bit	D7	D6	D5	D4	D3	D2	D1	D0
IP	—	—	—	PS	PT1	PX1	PT0	PX0

各位的含义如下：

（1）PX0，外部中断 0 中断优先级控制位。

（2）PT0，定时器/计数器 0 中断优先级控制位。

（3）PX1，外部中断 1 中断优先级控制位。

（4）PT1，定时器/计数器 1 中断优先级控制位。

（5）PS，串行口中断优先级控制位。

同一优先级中的中断申请不止一个时，则有中断优先权的排队问题。同一优先级的中断优先权排队，由中断系统硬件确定的自然优先级形成，其排列如表 5-2 所示。

表 5-2　各中断源响应优先级及中断服务程序入口表

中　断　源	中断标志	中断服务程序入口	优先级顺序
外部中断 0（$\overline{\text{INT0}}$）	IE0	0003H	高
定时器/计数器 0（T0）	TF0	000BH	↓
外部中断 1（$\overline{\text{INT1}}$）	IE1	0013H	↓
定时器/计数器 1（T1）	TF1	001BH	↓
串行口	RI 或 TI	0023H	低

MCS-51 单片机的中断优先级处理有三条原则：

（1）CPU 同时接收到几个中断时，首先响应优先级别高的中断请求。

（2）正在进行的中断过程不能被新的同优先级或低优先级的中断请求所中断。

（3）正在进行的低优先级中断服务，能被新的高优先级中断请求所中断。

为了实现上述的后两条准则，中断系统内部设有两个用户不能寻址的优先级状态触发器。其中一个置 1，表示是正在响应高优先级的中断，它将阻断后来所有的中断请求；另一个置 1，表示是正在响应低优先级的中断，它将阻断后来所有的低优先级中断请求。

（二）中断的响应过程

1．中断响应条件

中断响应是在满足 CPU 的中断响应条件之后，CPU 对中断源中断请求的回答。在这一阶段，CPU 要完成中断服务以前的所有准备工作，包括保护断点和把程序转向中断服务程序的入口地址（通常称为矢量地址）。

CPU 的中断响应条件有：

（1）有中断源发出中断申请。

（2）中断总允许位 EA＝1，即 CPU 允许所有中断源申请中断。

（3）申请中断的中断源的中断允许位为 1，即此中断源可以向 CPU 申请中断。

CPU 执行程序的过程中，在每个机器周期的 S5P2 期间，中断系统对各个中断源进行取样。这些取样值在下一个机器周期内按优先级和内部顺序被依次查询。如果某个中断标志在上一个机器周期的 S5P2 时被置成 1，那么它将于现在的查询周期中及时被发现。接着 CPU 便执行一条由中断系统提供的硬件 LCALL 指令，转向被称作中断向量的特定地址单元，进入相应的中断服务程序。

中断响应是有条件的，在接受中断申请时，如遇到下列情况之一时，中断响应都会受到阻断：

（1）CPU 正在执行一个同级或高一级的中断服务程序。因为当一个中断被响应时，其对应的中断优先级触发器被置 1，封锁了同级或低级中断。

（2）当前的机器周期不是正在执行的指令的最后一个周期，即正在执行的指令完成前，任何中断请求都得不到响应，目的在于是当前指令执行完毕后，才能进行中断响应，以确保当前指令的完整执行。

（3）正在执行的指令是返回（RETI）指令或者是对专用寄存器 IE、IP 进行读/写的指令，此时，在执行 RETI 或者读写 IE 或 IP 之后，必须再继续执行一条指令，然后才能响应中断。

若存在上述任何一种情况，则不会马上响应中断，而把该中断请求锁存在各自的中断标志位中，在下一个机器周期再按顺序查询。由于存在中断阻断的情况而未被及时响应，待上述封锁中断的条件被撤销之后，由于中断标志还存在，仍会响应。

可以看出，中断的执行过程与调用子程序有许多相似点，比如：

（1）都是中断当前正在执行的程序，转去执行子程序或中断服务程序。

（2）都是由硬件自动把断点地址压入堆栈，然后通过软件完成现场保护。

（3）执行完子程序或中断服务程序后，都要通过软件完成现场恢复，并通过执行返回指令，重新返回到断点处，继续往下执行程序。

（4）二者都可以实现中断嵌套，如中断嵌套和子程序嵌套。

但是中断的执行与调用子程序也有一些较大的差别，比如：

（1）中断请求信号可以有外部设备发出，是随机的，例如，故障产生的中断请求，按键中断等；子程序调用却是由软件编排好的。

（2）中断响应后有固定的矢量地址转入中断服务程序，而子程序地址由软件设定。

（3）中断响应是受控的，其响应时间会受一些因素影响；子程序响应时间是固定的。

2. 中断响应时间

MCS-51 的中断响应时间（从标志置 1 到近入相应的终端服务）至少需要 3 个完整的机器周期。中断控制系统对各中断标志进行查询需要 1 个机器周期。如果响应条件具备，CPU 执行中断系统提供的相应向量地址的硬件长调用指令，这个过程要占用两个机器周期。

另外，如果中断响应过程受阻，就要增加等待时间。若同级或高级中断正在进行，所需要的附加等待时间取决于正在执行的中断服务程序的长短，等待的时间不确定。若没有同级或高级中断正在进行，所需要的附加等待时间在 3～5 个机器周期之间。这是因为：

（1）如果查询周期不是正在执行指令的最后机器周期，附加等待时间不会超过 3 个机器周期（因执行时间最长的指令 MUL 和 DIV 也只有 4 个机器周期）。

（2）如果查询周期恰逢 RET、RETI 或访问 IE、IP 指令，而这类指令之后又跟着 MUL 或 DIV 指令，则由此引起的附加等待时间不会超过 5 个机器周期（1 个机器周期完成正在执行的指令再加上 MUL 或 DIV 的 4 个机器周期）。

所以，对于没有嵌套的单级中断，响应时间为 3～8 个机器周期。

3. 中断响应过程

在响应条件满足的情况下，CPU 首先置位优先级状态触发器，以阻断同级和低级的中断。接着再执行由硬件产生的长调用指令 LCALL。该指令将程序计数器 PC 的内容压入堆栈保护起来。但对诸如 PSW、累加器 A 等寄存器并不保护（需要时可由软件保护）。然后将对应的中断入口地址装入程序计数器 PC，从而程序将转移到该中断入口地址单元，去执行中断服务程序。与各中断源相对应的中断入口地址如表 5-3 所示。

表 5-3　　中断入口地址表

中　断　源	中断入口地址	中　断　源	中断入口地址
外部中断 0	0003H	定时器 T1 中断	001BH
定时器 T0 中断	00BH	串行口中断	0023H
外部中断 1	0013H		

通常在中断入口地址单元存放一条长转移指令，中断服务程序可在程序存储器 64KB 空间内任意安排。

编写中断服务程序时应注意以下两点：

（1）由于 MCS-51 系列单片机的两个相邻中断源中断服务程序入口地址相距只有 8 个单元，一般的中断服务程序是不够存放的，通常是在相应的中断服务程序入口单元地址放一条长转移指令 LJMP，这样可以使中断服务程序能灵活地安排在 64KB 程序存储器的任何地方。若在 2KB 范围内转移，则可用 AJMP 指令。

（2）硬件 LCALL 指令只是将 PC 内的断点地址压入堆栈保护，而对其他寄存器（如程序状态字寄存器 PSW、累加器 A 等）的内容并不作保护处理。所以，在中断服务程序中，首先用软件保护现场，在中断服务之后、中断返回前恢复现场，以防止中断返回后丢失原寄存器的内容。

4. 中断返回

中断服务程序是从入口地址开始到返回指令 RETI 结束。RETI 指令的执行标志着中断服务程序的终结，所以该指令自动将断点地址从堆栈弹出，装入程序计数器 PC 中，使程序转向断点处，继续执行原来被打断的程序。

当考虑到某些中断的重要性，需要禁止更高级别的中断时，可用软件 CPU 关闭中断，或者禁止更高级别中断源的中断。但是中断返回前必须再用软件开放中断。

5. 外部中断触发方式

$\overline{INT0}$、$\overline{INT1}$ 的中断触发方式有两种：电平触发方式，低电平有效；跳变触发方式，电平发生由高到低的跳变时触发。这两种触发方式可由设置 TCON 寄存器中的 IT1（TCON.2）、IT0（TCON.0）中断申请触发方式控制位来选择：设置 IT1、IT0＝0，选择电平触发方式；设置 IT1、IT0＝1，选择跳变触发方式，即当 $\overline{INT0}$、$\overline{INT1}$ 引脚检测到前一个机器周期为高电平、后一个机器周期为低电平时，则置位 IE0、IE1，且向 CPU 申请中断。

由于 CPU 每个机器周期采样 $\overline{INT0}$、$\overline{INT1}$ 引脚信号一次，为确保中断请求被采样到，外部中断源送 $\overline{INT0}$、$\overline{INT1}$ 引脚的中断请求信号应至少保持一个机器周期。如果是跳变触发方式，外部中断源送 $\overline{INT0}$、$\overline{INT1}$ 引脚的中断请求信号高、低电平应至少保持一个机器周期，才能确保 CPU 采集到电平的跳变；如果是电平触发方式，则外部中断源送 $\overline{INT0}$、$\overline{INT1}$ 引脚请求中断的低电平有效信号，应一直保持到 CPU 响应中断为止。

三、中断应用实例

【例 5-1】 中断程序实例。

如图 5-4 所示，图中的开关 TR1 为按钮开关，通常状态下 A 点接地，C 点为高电平，当按下按钮时 B 点接地，这时就会在 C 点输出低电平，当松开按钮 TR1 时，C 点重新变成高电平。当 SW1 闭合时，设置为边沿触发中断方式；反之，为低电平触发中断方式，且发光管灭。编写中断服务程序，使发光管闪烁 10 次，每闪一次即亮和灭的时间均为 250ms，退出中断程序时，使发光管灭。(晶振频率为 6MHz)

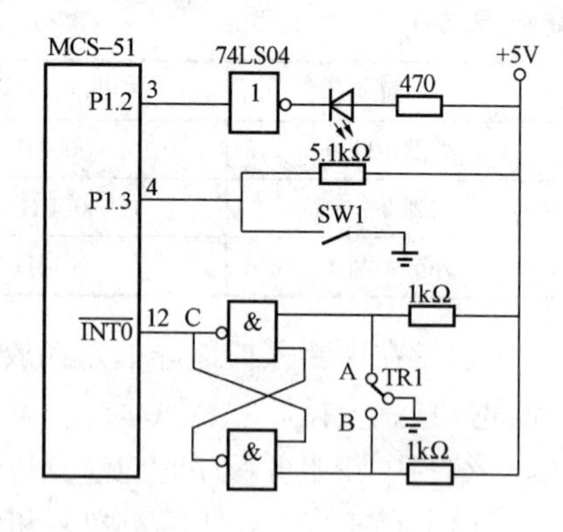

图 5-4 [例 5-1] 电路图

程序如下：

```
ORG  0000H
SJMP MAIN
ORG  0003H
LJMP EXINT0
MAIN :
MOV  SP , #60H              ;设置堆栈指针
CLR  P1.2                   ;发光管灭
SETB EA                     ;开中断
SETB P1.3                   ;P1 口作为输入口时先置 1
MOV  C , P1.3
JC   LOWER                  ;没闭合
SETB IT0                    ;闭合时，为边沿触发方式
SJMP CONT
LOWER :
CLR  IT0                    ;低电平触发方式
CONT :  SETB EX0            ;允许/INT0 中断
HERE :  SJMP HERE
;;;;;;;;;;;;;;;;;;;;;;;;;;;;;;;;;;;;;;;;;;;;;;;
;;;外部中断 0 中断服务程序
;;;;;;;;;;;;;;;;;;;;;;;;;;;;;;;;;;;;;;;;;;;;;;;
EXINT0 :
PUSH 30H                    ;保护现场
MOV  R0 , #10
LP :   CPL  P1.2
MOV  30H , #5
DEL0 : MOV  R7 , #100       ;延时 50ms
DEL1 : MOV  R6 , #125
DEL2 : DJNZ R6 , DEL2       ;4*100*125μs=50ms
DJNZ R7 , DEL1
DJNZ 30H , DEL0
DJNZ R0 , LP
CLR  P1.2                   ;使发光管灭
POP  30H                    ;恢复现场
RETI
END                         ;程序结束
```

编写中断服务程序时要注意以下几点：

(1) 在相应的中断服务程序入口放置一条转移指令，本例中为 LJMP EXINT0。

(2) 在主程序中要开中断，即要置 EA 和相应中断源的中断允许位（本例中为 EX0）为 1。

(3) 进入中断服务程序后，首先要保护现场，如本例中的 PUSH 30H 指令。

(4) 退出中断服务程序时要恢复现场如本例中的 POP 30H 指令。

(5) 中断服务程序的最后一条指令为 RETI 指令。

【例 5-2】 中断和查询相结合的方法。

若系统中有多个外部中断请求源，可以按它们的轻重缓急进行排队，把其中最高级别的中断源直接接到单片机的一个外部中断源输入端，其余的中断源用线或的办法连到另一个中断源输入端，同时还被连到一个 I/O 口，中断源由硬件电路产生，这种方法，原则上可处理任意多个外部中断，例如，5 个外部中断源的排队顺序为：IR0、IR1、IR2、IR3、IR4，中断请求信号为高电平脉冲，对于这样的中断源系统，可以采用如图 5-5 所示的电路。

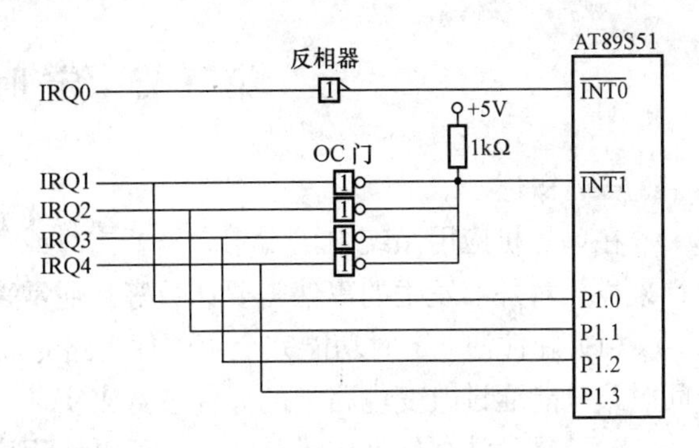

图 5-5 多个外部中断请求源电路图

当 IRQ0 出现正脉冲时，经反相器后，变为负脉冲，可直接通过外部中断 0 请求中断；图 5-5 中的 4 个 OC 门和电阻以及＋5V 电源实际上组成了一个“与非门”电路，当 IR1～IR4 线上任何有一个为高电平时，$\overline{\text{INT1}}$ 即为低电平。$\overline{\text{INT1}}$ 的中断服务程序如下：

```
EXINT1 :
PUSH PSW                ;保护现场
PUSH ACC
JB P1.0 , IRQ1          ;跳到对应的中断服务程序
JB P1.1 , IRQ2
JB P1.2 , IRQ3
JB P1.3 , IRQ4
INTRET :
POP ACC                 ;恢复现场
POP PSW
RETI                    ;中断返回
IRQ1 : ⋮
        IR1 的中断服务程序
        ⋮
        LJMP INTRET
IRQ2 :
        ⋮
        R2 的中断服务程序
        ⋮
        LJMP INTRET
IRQ3 :
        ⋮
        IR3 的中断服务程序
        ⋮
        LJMP INTRET
IRQ4 : ⋮
        IR4 的中断服务程序
        ⋮
        LJMP INTRET
```

当所要处理的外部中断源的数目较多而其响应速度又要求很快时，采用软件查询的方法进行中断优先级排队常常满足不了时间上的要求，因为这种方法是按照优先级从最高到最低的顺序的，由软件逐个进行查询，需要一定的查询时间。这时采用硬件对外部中断源进行优先级排队就可以避免这个问题。常用的硬件排队电路时 74LS148 优先权编码器。具

体方法可参考有关书籍。

第三节 定时器/计数器

一、概述

在单片机应用系统中，常常会需要定时或计数，比如在数据采集系统中，需要定时进行采样；对外部发生的事件需要计数等。通常采用以下三种方法来实现。

（1）硬件法。定时功能完全由硬件电路完成，不占用 CPU 时间。但当要求改变定时时间时，只能通过改变电路中的元件参数来实现，很不灵活。

（2）软件法。软件定时是执行一段循环程序来进行时间延时，优点是无额外的硬件开销，时间比较精确。但牺牲了 CPU 的时间，所以软件延时时间不宜长，而在实时控制等对响应时间敏感的场合也不能使用。

（3）可编程定时器/计数器。可编程定时器/计数器综合了软件法和硬件法的各自优点，其最大特点是可以通过软件编程来实现定时时间的改变，通过中断或查询方法来完成定时功能或计数功能，这样占用的 CPU 的时间非常少。其工作方式灵活、编程简单，使用它对减轻 CPU 的负担和简化外围电路有很大的好处。

目前已有专门的可编程定时器/计数器芯片可供选用，比如 Intel8253。还有一些日历时钟芯片，如 Philips 公司的 PCF8583 等。

80C51 芯片内包含有两个 16 位的定时器/计数器：定时器/计数器 T0 和定时器/计数器 T1；而 80C52 包含三个 16 位的定时器/计数器：定时器/计数器 T0、定时器/计数器 T1 和定时器/计数器 T2。在 80C51 系列的部分产品（如 Philips 公司的 80C552）中，还包含一个用做看门狗的 8 位定时器（T3）。

定时器/计数器的核心是一个加 1 计数器，其基本功能是计数加 1。若是对单片微机的 T0、T1 或 T2 引脚上输入的一个由 1 到 0 的跳变进行计数增 1，这是计数功能；若是对单片微机内部的机器周期进行计数，从而得到定时时间，这就是定时功能。定时功能和计数功能的设定和控制都是通过软件来完成的。

MCS-51 的定时器/计数器除了可以用作定时器或计数器之外，还可以用作串行接口的波特率发生器。

二、定时器/计数器的结构及工作原理

MCS-51 单片机内部有两个 16 位定时器/计数器，即定时器/计数器 T0 和定时器/计数器 T1。它们都具有定时和计数功能，可用于定时或延时控制，对外部事件进行检测、计数等。其内部结构框图如图 5-6 所示。

定时器/计数器 T0 由两个特殊功能寄存器 TH0 和 TL0 构成，定时器/计数器 T1 由 TH1 和 TL1 构成。定时器/计数器工作方式寄存器 TMOD 用于设置定时器的工作方式，定时器/计数器控制寄存器 TCON 用于启动和停止计数，并控制定时器的状态。每一个定时器内部结构实质上是一个可程序控制的加法计数器，由编程来设置它工作在定时状态或计数状态。

定时器/计数器用做定时器时，对机器周期进行计数，每经过一个机器周期计数器加 1，直到计数器计满溢出。由于一个机器周期由 12 个时钟周期组成，因此计数频率为时钟频率的 1/12。显然定时器的定时时间不仅与计数器的初值有关，而且还与系统的时钟频率有关。

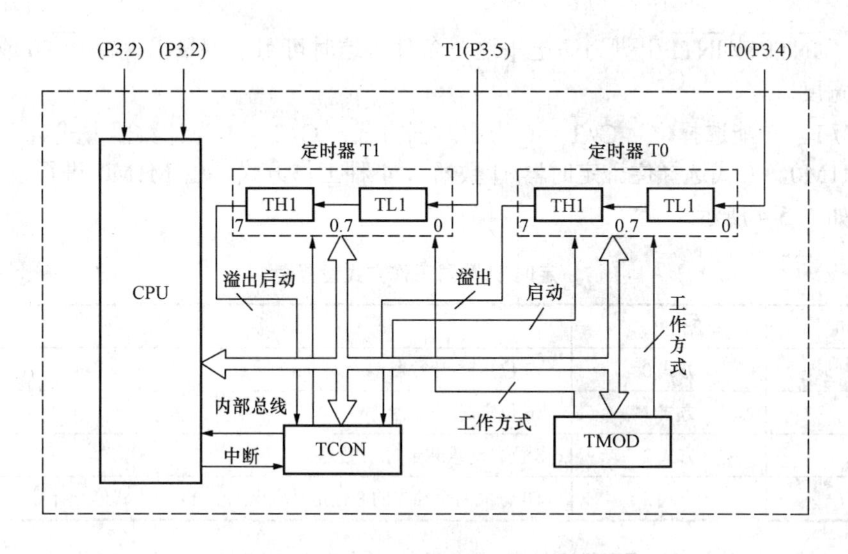

图 5-6　定时器/计数器结构框图

定时器/计数器用作计数器时，计数器对来自输入引脚 T0（P3.4）和 T1（P3.5）的外部信号计数，在每一个机器周期的 S5P2 期间采样引脚输入电平。若前一个机器周期采样值为 1，后一个机器采样值为 0，则计数器加 1。新的计数值是在检测到输入引脚电平发生 1 到 0 的负跳变后，于下一个机器周期的 S3P1 期间装入计数器中。由于它需要两个机器周期（24 个时钟周期）来识别一个 1 到 0 的跳变信号，因此最高的计数频率为时钟频率的 1/24。对外部输入信号的占空比没有特别的限制，但必须保证信号电平在它发生跳变前至少被采样一次，因此输入信号的电平至少应在一个完整的机器周期中保持不变。

当设置了定时器/计数器的工作方式并启动定时器/计数器工作后，定时器/计数器就按被设定的工作方式独立工作，不再占有 CPU 运行程序的操作，只有在定时器/计数器计满溢出时，可能中断 CPU 当前的操作。用户可以重新设置定时器/计数器的工作方式，以改变定时器/计数器的工作状态。由此可见，定时器/计数器是单片机中工作效率高且应用灵活的部件。

1. 定时器/计数器的控制

MCS-51 单片机定时器/计数器的工作由两个特殊功能寄存器控制。TMOD 是定时器/计数器的工作方式寄存器，由它确定定时器/计数器的工作方式和功能；TCON 是定时器/计数器的控制寄存器，用于控制 T0、T1 的启动和停止以及设置溢出标志。

（1）工作方式寄存器 TMOD。工作方式寄存器 TMOD 用于设置定时器/计数器的工作方式，低 4 位用于 T0，高 4 位用于 T1，字节地址为 89H。其格式如下：

Bit	D7	D6	D5	D4	D3	D2	D1	D0
TMOD	GATE	C/$\overline{T}$	M1	M0	GATE	C/$\overline{T}$	M1	M0
	T1方式字段				T0方式字段			

各位的含义如下：

1）GATE，门控位。GATE＝0 时，只要用软件使 TCON 中的 TR0 或 TR1 被置 1，则定时器/计数器就被启动开始计数。GATE＝1 时，要用软件使 TR0 或 TR1 被置 1，同时外部中断引脚也为高电平时，才能启动定时器/计数器工作。即此时定时器/计数器的启动条件，加上了 $\overline{INT0}$ 或 $\overline{INT1}$ 引脚为高电平这一条件，这时可用于测量出现在 $\overline{INT0}$ 或 $\overline{INT1}$ 端正脉冲的宽度。

2）$C/\overline{T}$，功能选择位。$C/\overline{T}=0$ 为定时器方式；$C/\overline{T}=1$ 为计数器方式。

3）M1M0，方式选择位。定时器/计数器有 4 种工作方式，由 M1M0 进行设定，4 种工作方式如表 5-4 所示。

表 5-4　定时/计数器工作方式设置表

M1M0	工作方式	说　明
00	方式 0	13 位定时/计数器
01	方式 1	16 位定时/计数器
10	方式 2	8 位自动重装定时/计数器
11	方式 3	T0 分成两个独立的 8 位定时/计数器；T1 此方式停止计数

TMOD 的地址为 89H，不可按位寻址，只能用字节指令设置定时器工作方式。CPU 复位时，TMOD 所有位均清 0，一般应重新设置。

（2）定时器/计数器控制寄存器 TCON。定时器/计数器控制寄存器 TCON 的低 4 位用于控制外部中断。TCON 的高 4 位用于控制定时器/计数器的启动和中断申请，字节地址为 88H。其格式如下：

Bit	D7	D6	D5	D4	D3	D2	D1	D0
TCON	TF1	TR1	TF0	TR0	IE1	IT1	IE0	IT0

各位的含义如下：

1）TF1（TCON.7），定时器/计数器 T1 溢出中断请求标志位。定时器/计数器 T1 计数溢出时由硬件自动置 1，定时器/计数器 T1 以其作为标志去申请中断，当此中断获得响应时由硬件自动清零。

2）TR1（TCON.6），定时器/计数器运行控制位，由软件对其置 1 或清 0 来启动或关闭定时器/计数器的启动和停止。

3）TF0（TCON.5），定时器/计数器 T0 溢出中断请求标志位，其功能同 TF1。

4）TR0（TCON.4），定时器/计数器 T0 运行控制位，其功能同 TR1。

2. 定时器/计数器的工作方式

MCS-51 单片机定时器/计数器 T0 有 4 种工作方式（方式 0、1、2、3），T2 有 3 种工作方式（方式 0、1、2）。前 3 种工作方式，T0、T1 除了所使用的寄存器、有关控制位、标志位不同外，其他操作完全相同。为了简化叙述，下面以定时器/计数器 T0 为例进行介绍。

（1）方式 0。当 TMOD 的 M1M0 为 00 时，定时器/计数器工作方式 0，如图 5-7 所示。

方式 0 为 13 位计数，由 TL0 低 5 位（高 3 位未用）和 TH0 的 8 位组成。TL0 的低 5 位溢出时向 TH0 进位；TH0 溢出时，置位 TCON 中的 TF0 标志，向 CPU 发出中断请求。

1）$C/\overline{T}=0$ 时为定时模式，且有

$$N=t/T_{cy}$$

式中　t——定时时间；

N——计数个数；

T_{cy}——机器周期。

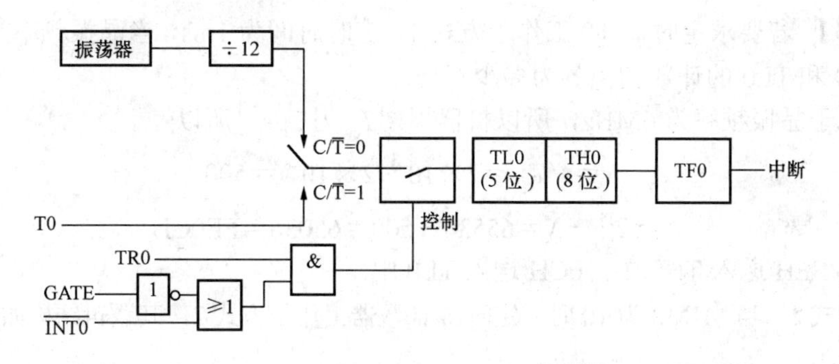

图 5-7 工作方式为方式 0 时的逻辑结构

通常，在定时器/计数器的应用中要根据计数个数求出送入 TH1、TL1 和 TH0、TL0 中的计数初值。计数初值计算的公式为

$$X=2^{13}-N$$

式中，X 为计数初值，计数个数为 1 时，初值 X 为 8191；计数个数为 8192 时，初值 X 为 0。即初值在 8192～0 范围时，计数范围为 1～8192。另外，在定时器/计数器的初值还可以采用计数个数直接取补法获得。

2）C/$\overline{T}$＝1 时为计数模式，计数脉冲是 T0 引脚上的外部脉冲。

门控位 GATE 具有特殊的作用。当 GATE＝0 时，经反向后使或门输出为 1，此时仅由 TR0 控制与门的开启，与门输出为 1 时，控制开关接通，计数开始；当 GATE＝1 时，由 $\overline{INT0}$ 控制或门的输出，此时控制与门的开启由 $\overline{INT0}$ 和 TR0 共同控制。当 TR0＝1 时，$\overline{INT0}$ 引脚的高电平启动计数，$\overline{INT0}$ 引脚的低电平停止计数。这种方式可以用来测量 $\overline{INT0}$ 引脚上正脉冲的宽度。

应说明的是，方式 0 采用 13 位计数器是为了与早期的产品兼容，计数初值的高 8 位和低 5 位的确定比较麻烦，所以在实际应用中常采用 16 位的方式 1 取代。

（2）方式 1。当 M1M0 为 01 时，定时器/计数器工作于方式 1。其电路结构和操作方法与方式 0 基本相同，它们的差别仅在于计数的位数不同，如图 5-8 所示。

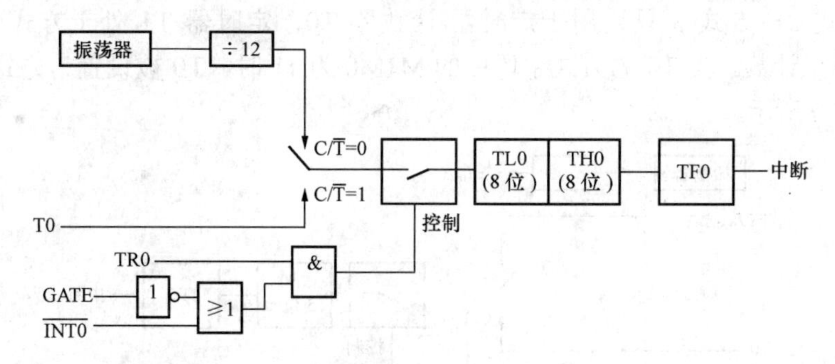

图 5-8 工作方式为方式 1 时的逻辑结构

方式 1 的计数位数是 16 位，由 TL0 作为低 8 位，TH0 作为高 8 位，组成了 16 位加 1 计数器。计数个数与计数初值的关系为

$$X=2^{16}-N$$

可见，计数个数为 1 时，初值 X 为 65535；计数个数为 65536 时，初值 X 为 0。即初值在 65535～0 范围时，计数范围为 1～65536。

【例 5-3】 若要求定时器 T0 工作于方式 1，定时时间为 1ms，当晶振频率为 6MHz 时，求送入 TH0 和 TL0 的计数初值各为多少？

解：由于晶振频率为 6MHz，所以机器周期 T_{cy} 为 2μs。所以

$$N=t/T_{cy}=1\times10^{-3}/2\times10^{-6}=500$$

$$X=2^{16}-N=65536-500=65036=FE0CH$$

即应将 FEH 送入 TH0 中，0CH 送入 TL0 中。

（3）方式 2。当 M1M0 为 10 时，定时器/计数器工作于方式 2，其逻辑结构如图 5-9 所示。

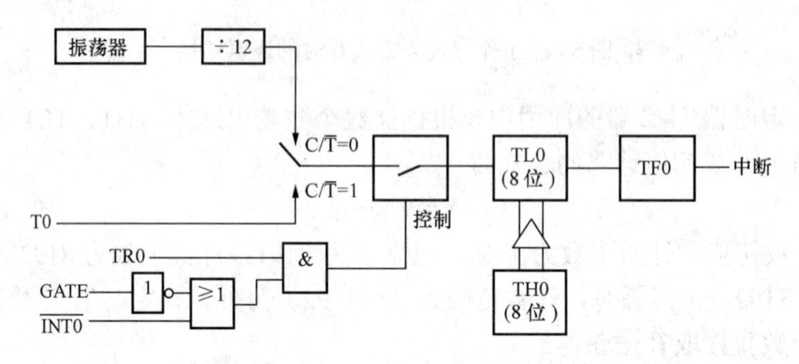

图 5-9 工作方式为方式 2 时的逻辑结构

方式 2 为自动重装初值的 8 位计数方式。TH0 为 8 位初值寄存器，当 TL0 计满溢出时，由硬件使 TF0 置 1，向 CPU 发出中断请求，并将 TH0 中的计数初值自动送入 TL0。TL0 从初值重新进行加 1 计数。周而复始，直至 TR0=0 才会停止。计数个数与计数初值的关系为

$$X=2^8-N$$

可见，计数个数为 1 时，初值 X 为 255；计数个数为 256 时，初值 X 为 0。即初值在 255～0 范围时，计数范围为 1～256。

由于工作方式 2 省去了用户软件中重装常数的程序，所以特别适合于用作较精确的脉冲信号发生器。

（4）方式 3。方式 3 只适用于定时器/计数器 T0，定时器 T1 处于方式 3 时相当于 TR1＝0，停止计数。当 T0 的方式字段中的 M1M0 为 11 时，T0 被设置为方式 3，其逻辑结构如图 5-10 所示。

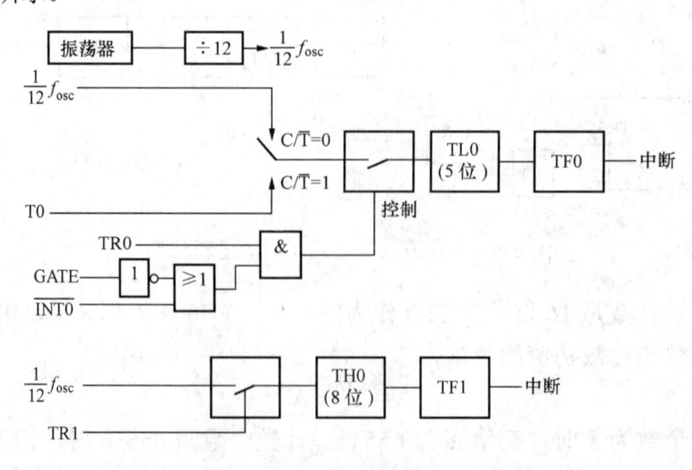

图 5-10 工作方式为方式 3 时的逻辑结构

方式3时，T0分为两个独立的8位计数器TL0和TH0，TL0使用T0的所有控制位：C/T、GATE、TR0、TF0。当TL0计数溢出时，由硬件使TF0置1，向CPU发出中断请求。而TH0固定为定时方式（不能进行外部计数），并且借用了T1的控制位TR1、TF1。因此，TH0的启动和停止受TR1控制，TH0的溢出将置位TF1。

在T0工作于方式3时，因T1的控制位C/T、M1M0并未交出，原则上T1仍可按方式0、1、2工作，只是不能使用运行控制位TR1和溢出标志位TF1，也不能发出中断请求信号。方式设定以后，T1将自动运行，如果要停止工作，只需将其定义为方式3即可。

在单片机的串行通信应用中，T1常作为串行口波特率发生器，且工作于方式2。这时将T0设置为方式3，可以使单片机的定时器/计数器资源得到充分利用。

3. 定时器/计数器的初始化

MCS-51内部定时器/计数器是可编程序的，其工作方式和工作过程均可由MCS-51通过程序对它进行设定和控制。因此，MCS-51在定时器/计数器工作前必须对它进行初始化。初始化步骤如下：

（1）根据设计要求先给定时器/计数器工作方式寄存器TMOD送一个方式控制字，以设定定时器/计数器相应的工作方式。

（2）根据实际需要给定时器/计数器选送定时器/计数器的初值，以确定需要定时的时间和需要计数的初值。

（3）根据需要给中断允许寄存器IE选送中断控制字和中断优先级寄存器IP选送中断优先级字，以开放响应中断和设定中断优先级。

（4）给定时器/计数器控制寄存器TCON送命令字，以启动或禁止定时器/计数器的运行。

4. 计数器初值的计算

定时器/计数器在计数模式下工作时必须给计数器选送计数器初值，这个计数器初值是送到TH0/TH1和TL0/TL1中的。

定时器/计数器中的计数器是在计数初值基础上以加法计数的，并能在计数器从全1变为0时自动产生定时溢出中断请求。因此，我们可以把计数器计满0所需要的计数值设定为C和计数初值设定为TC，由此便可得到如下的计算通式

$$TC=M-C$$

式中　M——计数器模式，该值和计数器工作方式有关。

在方式0时M为2^{13}；在方式1时M为2^{16}；在方式2和方式3时M为2^{8}。

5. 定时器初值的计算

在定时器模式下，计数器由单片机主脉冲经12分频后计数。因此，定时器定时时间T的计算公式为

$$T=(M-TC)T_{count}$$

上式也可写成

$$TC=M-T/T_{count}$$

式中　M——模值，它和定时器的工作方式有关；

T_{count}——单片机时钟周期T_{CLK}的12倍；

TC——定时器的初值。

若设$TC=0$，则定时器定时时间为最大。由于M的值和定时器工作方式有关，因此不

同工作方式下定时器的最大定时时间也不一样。例如，若设单片机主脉冲频率 Φ_{CLK} 为 12MHz。则最大定时时间为

方式 0 时　　　　$T_{max}=2^{13}\times1\mu s=8.192ms$

方式 1 时　　　　$T_{max}=2^{16}\times1\mu s=65.536ms$

方式 2 和方式 3 时　　$T_{max}=2^{8}\times1\mu s=0.256ms$

【例 5-4】 若单片机时钟频率 Φ_{CLK} 为 12MHz，试计算定时 2ms 所需的定时器初值。

解： 由于定时器工作在方式 2 和方式 3 下时的最大定时时间只有 0.256ms，因此要想获得 2ms 的定时时间定时器必须工作在方式 0 或方式 1。

若采用方式 0，则根据公式可得定时器初值为

$$TC=2^{13}-2ms/1\mu s=6192=1830H$$

即 TH0 应装#0C1H；TL0 应装#10H（高三位为 0）。

若采用方式 1，则根据公式可得定时器初值为

$$TC=2^{16}-2ms/1\mu s=63536=F830H$$

即 TH0 应装#0F8H；TL0 应装#30H。

三、定时器/计数器应用实例

【例 5-5】 要求在 P1.0 引脚上产生 2ms 的方波输出。

解： 已知晶体振荡器的频率为 $f_{osc}=6MHz$。可使用 T0 作定时器，设为方式 0，定时时间为 1ms，每隔 1ms 使 P1.0 引脚上的电平取反。

（1）定时常数计算。

振荡器的频率 $f_{osc}=6MHz$，机器周期为 2μs，方式 0 计数器的长度 $L=13$（$2^{13}=8192$），定时时间 $t=1ms=0.001s$。

定时常数

$$TC=2^{L}-\frac{f_{osc}}{12}\times t=8192-\frac{6}{12}\times10^{6}\times10^{-3}=8192-500=7692$$

TC 为 7692＝1E0CH，转换成二进制数 TCB＝00011110000 01100，取低 13 位，其中高 8 位 TCH＝F0H，低 5 位为 TCL＝0CH。

计数长度为 1E0CH＝7692，定时为（8192－7692）×2μs＝0.001s

TMOD 的设定（即控制字）如图 5-11 所示。

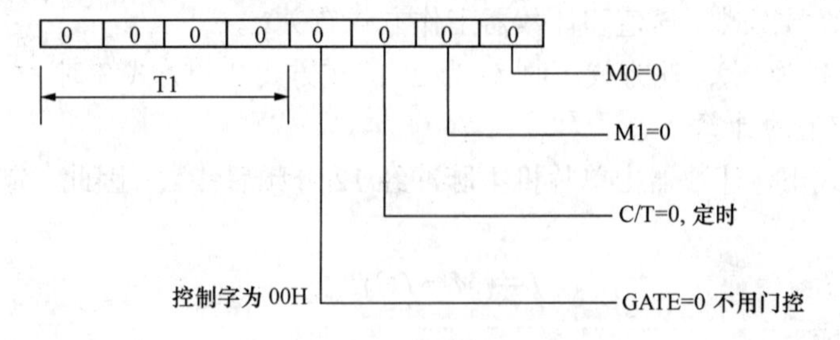

图 5-11　TMOD 的设定

（2）编程。程序如下：

```
ORG     0000H
AJMP    MAIN
ORG     000BH                          ;T0 中断矢量
AJMP    INQP
```

```
ORG       0030H
MAIN:MOV TMOD,#00H               ;写控制字,设 T0 为定时器、方式 0
MOV     TH0,#0F0H                ;写定时常数(定时 1ms)
MOV     TL0,#0CH
SETB     TR0                     ;启动 T0
SETB     ET0                     ;允许 T0 中断
SETB     EA                      ;开放 CPU 中断
AJMP     $                       ;定时中断等待
INQP:
    MOV TH0,#0F0H                ;重写定时常数
    MOV    TL0,#0CH
    CPL      P1.0                ;P1.0 变反输出
    RETI                         ;中断返回
```

【例 5-6】 利用定时器/计数器 T1，采用方式 2，使 P1.7 引脚输出 1ms 的方波。设系统时钟频率为 6MHz。

解：（1）计算计数初值 X。

由于晶振频率为 6MHz，因此机器周期 2μs。所以

$$N=t/T_{cy}=\frac{0.5\times10^{-3}}{2\times10^{-6}}=250$$

$$X=2^8-N=256-250=6=06H$$

即应将 06H 送入 TH1 和 TL1 中。

（2）设置 T1 的方式控制字 TMOD。M1M0＝10，GATE＝0，C/T＝0，可取方式控制字为 20H。

（3）编程。程序如下：

```
        ORG   0000H
        AJMP  MAIN                  ;跳转到主程序
        ORG   001BH                 ;T1 的中断入口地址
        CPL   P1.7
        RETI
        ORG   0030H
MAIN:   MOV   TMOD,#20H             ;设 T1 工作于方式 2
        MOV   TH1,#06H              ;装入循环计数初值
        MOV   TL1,#06H              ;首次计数值
        SETB  ET1                   ;T1 开中断
        SETB  EA                    ;CPU 开中断
        SETB  TR1                   ;启动 T1
        SJMP  $                     ;等待中断
        END
```

【例 5-7】 把 T0（P3.4）作为外部中断请求输入线，即 T0 引脚发生负跳变时，向 CPU 请求中断。下面的程序将 T0 定义为方式 2 计数，计数初值为 FFH，即计数输入端 T0(P3.4)，发生一次负跳变时，计数器加 1 即产生溢出标志，向 CPU 发中断。程序在 T0 产生一次负跳变后，使 P1.0 产生 2ms 的方波。其中定时器 T1 用于产生 1ms 定时（6MHz）。

```
        ORG       0000H
RESET:  AJMP      MAIN              ;复位入口转主程序
        ORG       000BH
        AJMP      IT0P              ;转 T0 中断服务程序
        ORG       001BH
        AJMP      IT1P              ;转 T1 中断服务程序
```

```
        ORG     0100H
MAIN:   MOV     SP,#60H
        ACALL   PT0M2                   ;对 T0、T1 初始化
LOOP:   MOV     C,P1.1
          JNC   LOOP
          SETB  TR1                     ;启动 T1
          SETB  ET1                     ;允许 T1 中断
HERE:   AJMP    HERE
PT0M2:  MOV     TMOD,#16H               ;T0 初始化程序
        MOV     TL0,#0FFH               ;T0 置初值
        MOV     TH0,#0FFH
        SETB    TH0
        SETB    ET0
        MOV     TL1,#0CH
        MOV     TH1,#0FEH
        CLR     P1.1
        SETB    EA
        RET
IT0P:   CLR     TR0                     ;停止 T0 计数
        SETB    P1.1                    ;建立标志
        RETI
IT1P:   MOV     TL1,#0CH
        MOV     TH1,#0FEH
        CPL     P1.0                    ;输出方波
        RETI
        END
```

第四节　串　口　通　信

MCS-51 除了具有 4 个并行口外，还具有一个全双工串行通信接口，它既可以用作通用异步接收和发送器（UART），也可以用作同步移位寄存器，通过单片机的串行接口可以实现单片机系统之间点对点或一点对多点的数据通信。

一、通信的基本概念

数据之间通信通常有两种方式，即并行通信和串行通信。

1. 并行通信

并行通信就是数据的所有位同时传送。其特点是传送速度快、效率高；但传送多少位就需要多少根传输线，因此传送成本高。计算机内部的数据交换一般是并行通信，与外界进行信息交换时，并行传送的距离应小于 30m。

2. 串行通信

串行通信的数据各位按顺序传输。其特点是只需要一对传输线，成本低；但速度慢，效率低。计算机与外界数据的交换大多是串行的，传送的距离可以从几米到几千公里。

串行接口电路中，包含有数据发送器和数据接收器。数据发送器由发送数据缓冲器和实现并—串转换的移位寄存器组成，CPU 以并行方式将待发送的字节数据写入发送缓冲器，控制电路把待发送的数据加上起始位、校验位和停止位形成一帧数据，送入移位寄存器，在发送时钟的控制下，该帧数据按位被依次发送出去，发送完成后，硬件电路置发送结束标志，告诉 CPU 数据已被发送出去；数据接收器是由接收数据缓冲器和实现串—并转

换的移位寄存器组成的，接收器总是在监测串行数据输入线，当发现有效的起始位后，就开始接收串行输入线上的串行数据，当接收器收到一帧有效的数据后，去掉数据帧中的起始位、校验位和停止位，把数据送入接收缓冲器，同时硬件电路置接收数据标志，告诉 CPU 读取接收到的数据。

按数据的通路和传送方向不同，串行通信可分为单工、半双工、全双工 3 种方式。

（1）单工方式。数据仅向一个方向传送，即一方始终为发送端，另一方始终为接收端，只需一根数据线即可完成数据传送。

（2）半双工方式。数据可双向传送，但在任一时刻只能由其中的一方发送数据，另一方接收数据，即发送和接收数据不能同时进行。半双工方式可用一条线或两条线实现。

（3）全双工方式。数据可以同时双向传送，即发送和接收数据同时进行，必须用两条线才能实现。

按传送的数据格式不同，串行通信又可分成异步串行通信和同步串行通信。

（1）异步串行通信。异步串行通信的数据格式有时也称为数据帧，它由 1 个起始位，6～8 个数据位，1 个校验位（可选）和 1 或 2 个停止位组成。起始位约定为‘0’，停止位约定为‘1’。在异步通信方式中，接收方和发送方使用各自的时钟。异步通信方式及其数据格式如图 5-12 所示。

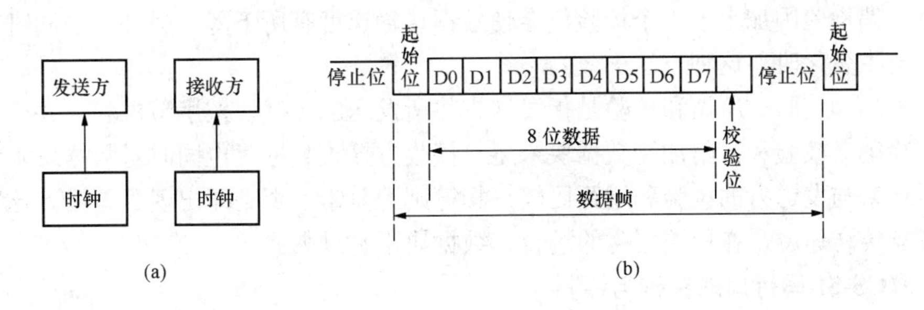

图 5-12　异步通信方式及其数据格式

（a）异步通信方式；（b）数据格式

（2）同步串行通信。异步串行通信中，每传送一个字符都必须加上起始位和停止位，当传输数据量很大时，会浪费许多时间。同步串行通信方式去掉了这些起始位和停止位，只在传输数据开始时先送出一些同步字符，所以，同步串行通信方式比异步通信方式传送数据速度快，但同步方式必须用一个时钟来协调发送和接收器的工作，设备比较复杂。同步串行通信方式及其数据格式如图 5-13 所示。

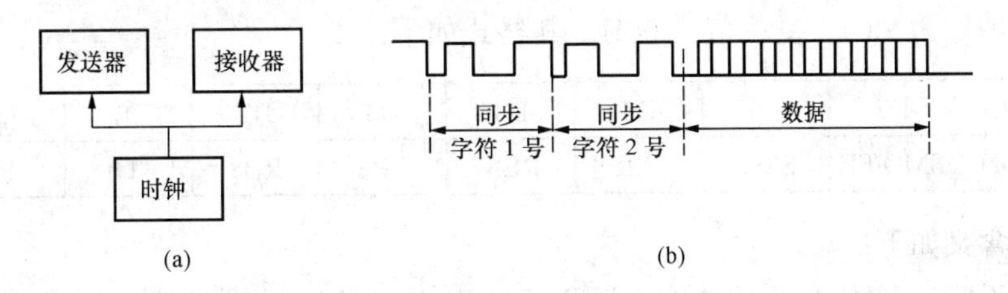

图 5-13　同步串行通信方式及其数据格式

（a）同步串行通信；（b）数据格式

同步通信所传输数据格式由 2 个同步字符作为起始位，然后是待传送的数据块。综上所述，异步串行通信比较灵活，成本较低，适用于远离数据的随机发送或接收，但速度较慢；而同步通信则更适合于成批数据传送，速度较快，但要求的成本较高。

3. 波特率及时钟频率

波特率是串行通信中的一个重要指标，它是指单位时间内传输的数据位数，例如，波特率为1200b/s，即秒钟传送1200个位。

4. 串行通信的校验

异步串行通信过程中由于各种因素的干扰，发送的数据位在传送过程中可能会发生变化，即出现发送和接收数据不一致的情况，因此，在通信过程中对传送的数据进行校验是非常必要的。单片机开发过程中常用的校验方法有奇、偶校验，累加和校验以及循环冗余码校验3种。下面只介绍比较简单的奇、偶校验和累加和校验两种。

（1）奇、偶校验。发送数据时，在数据位末尾加上一位数据校验位。其原理是：让数据中1的个数与校验位中1的个数之和为奇数或偶数，为奇数时，称为奇校验；为偶数时，则称为偶校验。换句话说，奇校验时，如果数据中1的个数为奇数，则校验位为0，如果数据中1的个数为偶数，则校验位为1；偶校验时，如果数据中1的个数为奇数，则校验位为1，如果数据中1的个数为偶数，则校验位为0。这样，接收方在接收数据位的同时，对接收到的数据位进行累加，最后和接收到的校验位进行异或运算就可以确定是否出现了错误。奇、偶检验因加上了1个校验位会使数据传输速度有所下降，另外，当同时有偶数位数据位发生变化时，这种方法失效。

（2）累加和校验。所谓和校验是指发送方将所发送的数据块按字节求和，并产生一个字节的校验码（校验和）附加到数据块末尾。接收方接收数据时也同时对数据块求和，最后将所得结果与发送方的校验和进行比较，相符则无差错，否则即出现了差错。这种方法几乎不影响传送速度，在环境恶劣的场合，数据块不易过大。

二、MCS-51串行口的结构与控制

MCS-51单片机内部的串行口，当发送数据时，待发数据被CPU写入SBUF，然后，串口逻辑电路把数据加起始位、校验位和停止位后以串行方式发送出去，并通过TI标志告诉CPU数据的发送状态；接收数据时，当串口逻辑电路收到一个有效的字节数据时，就将它存放SBUF，并通过RI标志通知CPU读取。实际上，接收和发送缓冲器在物理上是完全独立的，只不过共用一个单元地址SBUF（99H），因此，单片机的串行口可工作在全双工方式，即可以同时实现接收和发送。单片机控制串行口工作的SFR共有两个，即串行口控制寄存器（SCON）和电源控制寄存器（PCON）。

1. 串行口控制寄存器SCON

其字节地址为98H，复位值为00H。其格式如下：

Bit	D7	D6	D5	D4	D3	D2	D1	D0
SCON	SMO/FE	SM1	SM2	REN	TB8	RB8	TI	RI

各位的含义如下：

（1）SM0/FE，该位有两种功能，当PCON中的SMOD0位为0时，SM0和SM1一起用于设置串口的四种工作方式；当PCON中的SMOD0位为1时，允许串行接收数据时的帧错误检测，当没有收到有效的停止位时，SCON的第7位FE（Framing Error）被置1，这时，FE是一个状态位，可供CPU查询，FE被置1后，收到有效的停止位并不能清除

FE，只能通过软件和复位来清除。

（2）SM2，多机通信控制位，在方式2或方式3中，如果SM2为1，则接收到的第9位数据（RB8）为0时不置RI为1；在方式1时，如果SM2＝1，则只有收到有效的停止位时才会激活RI；在方式0时，SM2应为0。

（3）REN，允许串行接收数据，REN为1时允许串行口接收数据，反之，禁止串行口接收数据。

（4）TB8，串行口工作在方式2或3时，待发送的第9位数据，可由软件置位或复位。

（5）RB8，串行口工作在方式2或3时，接收到的第9位数据，在方式1，如果SM2＝0，RB8是接收到的停止位，在方式0，不使用RB8。

（6）TI，发送中断标志位，在方式0时，发送完第8位数据后由硬件置位；在其他方式中，开始发送停止位时置位。TI必须由软件清0。

（7）RI，接收中断标志位，方式0时，接收到第8位数据后由硬件置位；在其他方式中，接收到停止位的中间时由硬件置位，当SM2=1时，RI的值还和接收到的第9位数据RB8有关。RI必须由软件清0。

2. 电源控制寄存器PCON

其字节地址为87H，复位后PCON的值为00X10000B。其格式如下：

Bit	D7	D6	D5	D4	D3	D2	D1	D0
PCON	SMOD	SMOD0	—	POF	GF1	GF0	PD	IDL

各位的含义如下：

（1）SMOD，串行口波特率选择位，SMOD＝1时，串口工作在方式1、2和3时，波特率加倍。

（2）SMOD0，SCON.7功能选择位，SMOD0＝0，SCON.7为SM0，用于设定串行口的工作方式；SMOD0＝1，SCON.7为FE。

（3）“—”，保留位，读时得到一个不确定的数。

（4）POF，掉电标志，当V_{CC}从0上升到正常值时，被硬件置位，它也能被软件置位。为了识别下一个复位类型被清0。

（5）GF1、GF0，两个用户通用标志，可由用户软件置位或复位。

（6）PD，低功耗模式位。当复位发生时由硬件清0；置1时，进入低功耗模式。

（7）IDL，空闲模式位。当中断或复位发生时由硬件清0；置1时，进入空闲模式。

三、串行口的工作方式

串行口的操作方式由SM0，SM1定义，编码和功能如表5-5所示。

表5-5　　串行口方式选择

SM0	SM1	方式	功能说明	波特率
0	0	0	移位寄存器方式	$f_{osc}/12$
0	1	1	8位UART	可变
1	0	2	9位UART	$f_{osc}/64$或$f_{osc}/32$
1	1	3	9位UART	可变

1. 串行口的工作方式 0

串行口的工作方式 0 为移位寄存器输入/输出方式，可外接移位寄存器，以扩展 I/O 口，也可外接同步输入/输出设备。

（1）方式 0 输出（发送）。串行数据通过 R_XD 引脚输出，而在 T_XD 引脚输出移位时钟，作移位脉冲输出端。

当一个数据写入串行口数据缓冲器时，就开始发送。在此期间，发送控制器送出移位信号，使发送移位寄存器的内容右移一位。直至最高位（D7 位）数字移出后，停止发送数据和移位时钟脉冲。完成了发送一帧数据的过程，并置 TI 为 1，就申请中断。若 CPU 响应中断，则从 0023H 单元开始执行串行口中断服务程序。方式 0 的输出波形如图 5-14 所示。

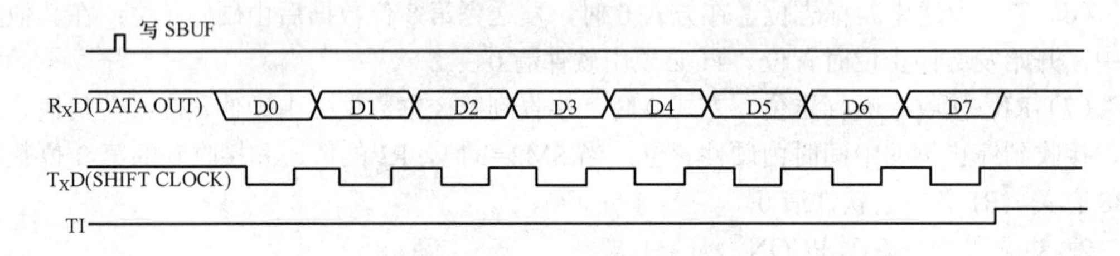

图 5-14　方式 0 的输出波形

（2）方式 0 输入（接收）。当串行口定义为方式 0 时，R_XD 端为数据输入端，T_XD 端为同步脉冲信号输出端。接收器以振荡频率的 1/12 的波特率接收 T_XD 端输入的数据信息。

REN（SCON.4）为串行口接收器允许接收控制位。当 REN＝0 时，禁止接收；REN＝1，允许接收。当串行口置为方式 0，且满足 REN＝1 和 RI（SCON.0）＝0 的条件时，就会启动一次接收过程。在机器周期的 S6P2 时刻，接收控制器向输入移位寄存器写入 11111110，并使移位时钟由 T_XD 端输出。从 R_XD 端（P3.0 引脚）输入数据，同时使输入移位寄存器的内容左移一位，在其右端补上刚由 R_XD 引脚输入的数据。这样，原先在输入移位寄存器中的 1 就逐位从左端移出，而在 R_XD 引脚上的数据就逐位从右端移入。当写入移位寄存器中的最右端的一个 0 移到最左端时，其右边已经接收了 7 位数据。这时，将通知接收控制器进行最后一次移位，并把所接收的数据装入 SBUF。在启动接收过程开始后的第 10 个机器周期的 S1P1 时刻，SCON 中的 RI 位被置位，从而发出中断申请。至此，完成了一帧数据的接收过程。若 CPU 响应中断，就去执行由 0023H 作为入口地址的中断服务程序。

方式 0 主要用于使用 CMOS 或 TTL 移位寄存器进行 I/O 扩展的场合。方式 0 的输入波形如图 5-15 所示。

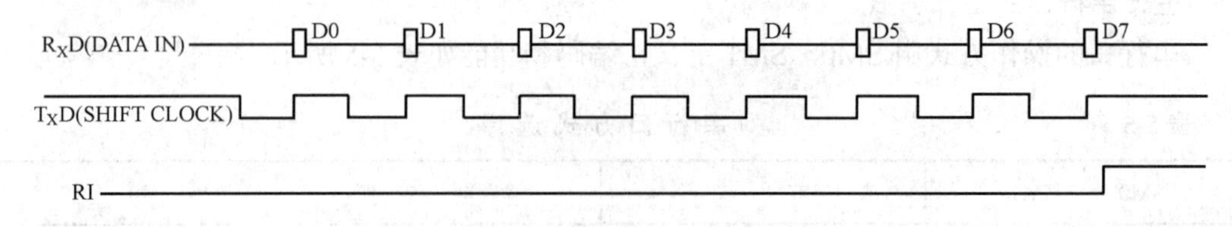

图 5-15　方式 0 的输入波形

MCS-51 串行口可以外接串行输入并行输出移位寄存器作为输出口和外接并行输入串行输出移位寄存器作为输入口。

SCON 中的 TB8、RB8 位在方式 0 中没用，方式 0 发送或接收完 8 位数据由硬件置位 TI 或 RI 中断标志位，CPU 响应 TI 或 RI 中断时，不会自动清除 TI 和 RI，这两个标志位必须由用户程序清 0。方式 0 时 SCON 中的 SM2 位必须为 0。

2. 串行口的工作方式 1

串行口工作于方式 1 时，被控制为波特率可变的 8 位异步通信接口。传送一帧信息为 10 位，即 1 位起始位（0），8 位数据位（低位在先）和 1 位停止位（1）。数据位由 T_XD 发送，由 R_XD 接收。波特率是可变的，取决于定时器的溢出速率。

（1）方式 1 发送。CPU 执行任何一条以 SBUF 为目标寄存器的指令，就启动发送。先把起始位输出到 T_XD，然后把移位寄存器的输出位送到 T_XD。接着发出第一个移位脉冲（SHIFT），使数据右移一位，并从左端补入 0。此后数据将逐位由 T_XD 端送出，而其左面不断补入 0。当发送完数据位时，置位中断标志位 TI。

（2）方式 1 接收。串行口以方式 1 输入时，当检测到 R_XD 引脚上由 1 到 0 的跳变时开始接收过程，并复位内部 16 分频计数器，以实现同步。分频计数器的 16 个状态把 1 位时间等分成 16 份，并在第 7、8、9 个计数状态时采样 R_XD 的电平，因此每位数值采样三次，当接收到的三个值中至少有两个值相同时，这两个相同的值才被确认接收。这样可排除噪声干扰。如果检测到起始位的值不是 0，则复位接收电路，并重新寻找另一个 1 到 0 的跳变。当检测到起始位有效时，才把它移入移位寄存器并开始接收本帧的其余部分。一帧信息也是 10 位，即 1 位起始位，8 位数据位（先低位），1 位停止位。在起始位到达移位寄存器的最左位时，它使控制电路进行最后一次移位。在产生最后一次移位脉冲时能满足下列两个条件：①RI＝0；②接收到的停止位为 1 或 SM2＝0 时，停止位进入 RB8，8 位数据进入 SBUF，且置位中断标志 RI。如果上述两个条件中任何一个不满足，将丢失接收的帧。中断标志 RI 必须由用户在中断服务程序中清 0。通常串行口以方式 1 工作时，SM2 置为“0”。串口工作在方式 1 时的发送和接收数据帧如图 5-16 所示。

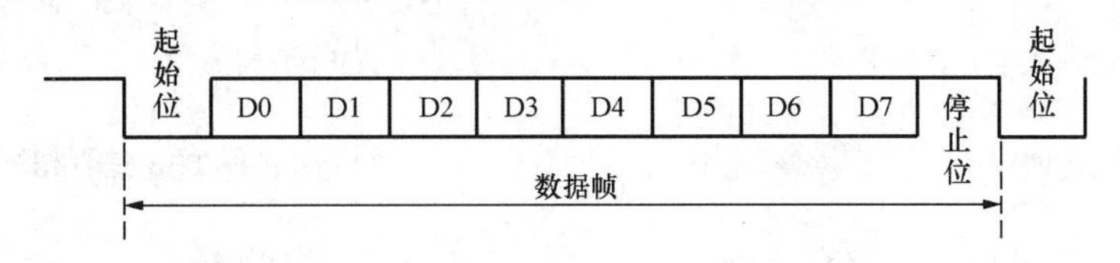

图 5-16　方式 1 时的数据帧

3. 串行口的工作方式 2 和方式 3

串行口工作在方式 2 时，为 9 位通用异步接收发收器（UART）。

（1）方式 2 发送。方式 2 输出时，发送数据由 T_XD 端输出，发送一帧信息为 11 位，1 位起始位，8 位数据位，1 位可程控的第 9 位数据和 1 位停止位。附加的第 9 位数据即 SCON 中 TB8 的值。TB8 有两种作用，既可以用作多机通信时的地址数据标志位，也可以用作数据的奇、偶校验位。

当 TB8 作为奇、偶校验位时，处理方法很简单，即在数据写入 SBUF 之前，先将数据的奇、偶校验位写入 TB8。下面是使用偶校验时发送数据的子程序。

```
;;;;;;;;;;;;;;;;;;;;;;;;;;;;;;;;;;;;;;;;
;;功能:偶校验发送数据子程序
;;入口参数:R0 指向待发数据单元
;;;;;;;;;;;;;;;;;;;;;;;;;;;;;;;;;;;;;;;;
TRANS:  PUSH    PSW                         ;现场保护
        PUSH    ACC
```

```
MOV     A , @R0                    ;取数据
MOV     C , P                      ;偶校验
MOV     TB8 , C                    ;校验位送 TB8
MOV     SBUF , A                   ;数据写入发送缓冲器，启动发送
WAITT:  JBC TI , CONT              ;TI 为 1 时,清 TI 为 0
SJMP    WAITT
CONT:   POP ACC
POP     PSW
RET
```

（2）方式 2 输入。当 REN=1 时，允许串行口以方式 2 接收数据，数据由 R_XD 端输入，1 帧信息由 11 位组成，即 1 位起始位，8 位数据位，1 位附加的第 9 位数据和 1 位停止位。当接收器采样到有效的起始位后，便开始接收 11 帧信息，在接收到第 9 位数据后，当下列两个条件：

1）RI=0，即串行接收缓冲器 SBUF 为空。

2）SM2=0 或收到的停止位为 1。

同时满足时，将前 8 位数据送接收缓冲器 SBUF，第 9 位送到 RB8，且置 RI 为 1；否则，信息将丢失。因此，当读取串行口数据后，RI 一定要用软件清 0，若附加的第 9 位数据为奇偶校验位，在接收程序中应作校验处理。设采用偶校验方式，可用如下的子程序完成数据读取。

```
;;;;;;;;;;;;;;;;;;;;;;;;;;;;;;;;;;;;;;;;;
;;功能:带偶校验的接收数据子程序
;;入口参数:无
;;出口参数:如接收正确,数据存入 R0 指向的单元,位地址 00H 置 1;
;;如接收有错误,位地址 00H 清 0
;;;;;;;;;;;;;;;;;;;;;;;;;;;;;;;;;;;;;;;;
RECEIVE :  PUSH     PSW                  ;保护现场
           PUSH     A
           CLR      RI                   ;清 RI 为 0
           MOV      A , SBUF
           MOV      C , P                ;检查 P 和 TB8 是否相同
           JNC      ZERO
           JNB      RB8  ,ERR            ;不相同出错
           AJMP     RIGHT                ;接收正确
           ZERO:    JB RB8  , ERR
           RIGHT:   MOV @R0  , A
           SETB     00H                  ;置接收标志为 1
           AJMP     SUBRET
           ERR:     CLR 00H              ;清接收标志为 0
           SUBRET: POP A
           POP      PSW
           RET
```

通常情况下，串行口以方式 2 工作时，SM2 置为 0。串口工作在方式 2 时的发送和接收数据帧如图 5-17 所示。

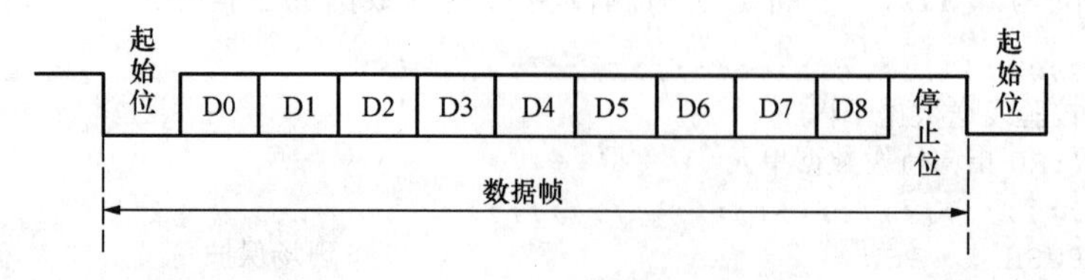

图 5-17　工作方式 2 时数据帧

串行口工作于方式 3 和工作于方式 2 的原理相同，只是工作于方式 3 时，波特率为可变的 9 位通用异步接收发收器（UART）。除了波特率外，方式 3 和方式 2 完全相同。

4. 波特率

串行口每秒钟发送（或接收）的位数称为波特率。假设发送一位数据所需要的时间为 T，则波特率为 $\frac{1}{T}$。

串行口以方式 0 工作时，波特率固定为振荡器频率的 1/12。为方式 2 时波特率为振荡器频率的 1/64 或 1/32，它取决于特殊功能寄存器 PCON 中的 SMOD 位的状态。如果 SMOD＝0（复位时 SMOD＝0）。波特率为振荡器频率的 1/64，如果 SMOD＝1，波特率为振荡器频率的 1/32。

方式 1 和 3 的波特率由定时器 1 的溢出率所决定。当定时器 1 作波特率发生器时，波特率由下式确定：

$$波特率＝（定时器1溢出率）/n$$

式中，定时器 1＝溢出率＋定时 1 的溢出次数/秒，n 为 32 或 16，取决于特殊功能寄存器 PCON 中的 SMOD 位的状态。若 SMOD＝0，则 n＝32。若 SMOD＝1，则 n＝16。

对于定时器的不同工作方式，得到的波特率的范围是不一样的，这主要由定时器 1 的计数位数不同所决定。对于非常低的波特率，应选择 16 位定时器方式（即 TMOD.5＝0，TMOD.4＝1），并且在定时器 1 中断程序中实现时间常数重新装入。在这种情况下，应该允许定时器 1 中断（IE.3＝1）。

四、多单片机系统通信

单片机系统中，经常要求一点对多点通信，即一个主机和许多从机组成一个网络，在适当时候，主机可以和各个从机交换信息，这就是所谓的多机通信。多机系统的结构如图 5-18 所示。

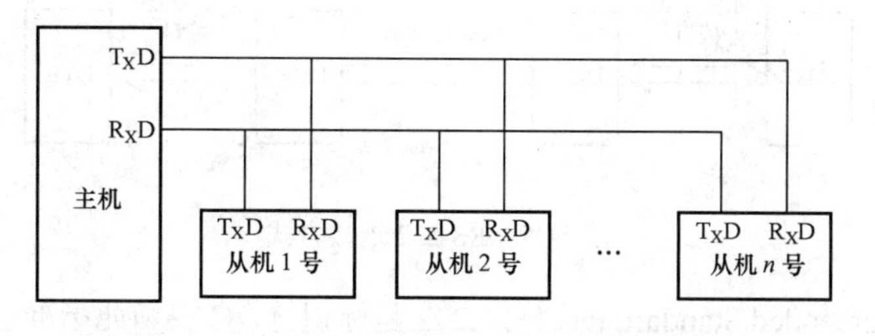

图 5-18 多机系统结构

串行口控制寄存器 SCON 中的 SM2 为多机通信控制位。当串行口工作在方式 2 或方式 3 时，若 SM2 为 1，则只有当串行口接收到第 9 位数据 RB8 为 1 时才置 1 中断标志 RI。换句话说，若某从机的 SM2＝1，当收到的 RB8 为 0 时，接收到的信息丢失，RI 也不会被置 1；而当 SM2＝0 时，与 RB8 的值无关，只要接收到有效的停止位，RI 即被置 1。利用串行口的这个特性，便可实现多机通信，方法如下：

（1）首先为每个从机设置一个的编号，如 00H、01H、02H 等，且这些编号必须是惟一的；将所有从机初始化为方式 2 和方式 3 接收，置 REN 和 SM2 为 1，而主机的 SM2＝0。

（2）当主机需要和从机交换信息时，主机先发一个地址信息帧，地址信息帧中的第 9 位数据（TB8）必须为 1，信息内容为某一从机的编号。

（3）地址信息帧是一种广播方式，所有从机都可以收到。各从机收到地址信息帧后，把信息内容和自己的编号比较，若相同，则从机将自己的 SM2 改为 0，清除 RI，并发送一个应答信号；若不相同，从机只清除自己的 RI 即可。

主机收到从机发送的应答信号后，就可以和从机交换数据信息了，数据信息的特点是第 9 位为 0，即以后主机发给从机的数据信息和从机发给主机的数据信息的第 9 位（TB8）必须都为 0。

由于其他从机的 SM2＝1，所以，无法收到主机发给从机的数据信息，从而实现了主机和从机之间的点对点通信。当主机和从机通信结束后，从机还要把自己的 SM2 重新改为 1，以便以后还能和主机进行通信。

由于一个 8 位数据最多有 256 种编码，所以，以上介绍的方法可以实现 256 台单片机之间的通信。图 5-18 所示的多机系统中，从机之间不能直接通信，若需要在从机之间交换信息，要通过主机才能实现。

五、RS-232 和 RS-422A/485 通信接口

在串行通信中，通信速度、通信距离和抗干扰能力是必须首先要考虑的问题，一般情况下，通信距离越远，通信的速率就会越低，反之亦然；通信介质和接口标准对抗干扰能力会有很大影响。异步串行通信有许多种标准接口，本节主要讨论一下单片机应用系统中最常用的几种标准串行接口 RS-232C 以及 RS-422A/485。

（1）RS-232C 接口标准。RS-232C 串行接口是由美国电子工业协会（EIA）公布的在异步串行通信中应用最为广泛的串行总线接口，它的全称是“使用二进制进行交换的数据终端设备（DTE）和数据通信设备（DCE）之间的接口”，数据终端设备 DTE 主要指计算机、外设以及显示终端等，数据通信设备（DCE）主要指调制解调器等。RS-232 是早期为促进利用公用电话网进行数据通信而制定的标准，在通信线路中的连接方式如图 5-19 所示。

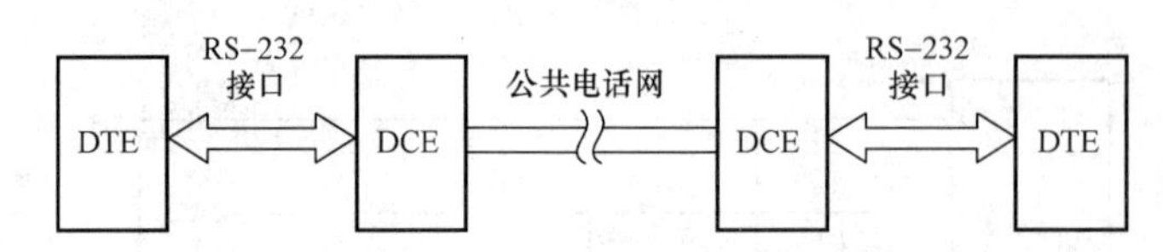

图 5-19　RS-232 连接方式

RS 为 Recommended Standard 的缩写，232 是标识符，C 表示此标准已修改了三次，即曾经还有过 RS-232A、RS-232B 标准。

1）RS-232C 的接口信号定义。RS-232C 定义了 20 条信号线，采用 DB25（25 芯）接头连接，目前在计算机上和实际使用中常采用的是 DB9 接头，结构如图 5-20 所示。

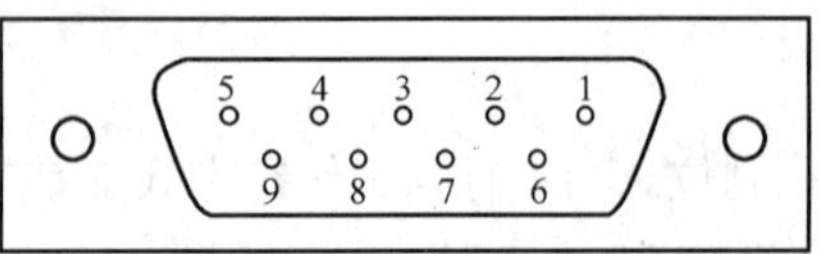

图 5-20　DB9 接头

DB9 接头的信号定义如表 5-6 所示。

表 5-6　DB9 接头的信号

引脚号	信号名称	简称	方向	信号功能
1	载波检测（Dala Carrier Detect）	DCD	DTE←DCE	DCE 已接收到远程信号
2	接收数据（Receive Data）	R_XD	DTE←DCE	数据接收端

续表

引脚号	信号名称	简称	方向	信号功能
3	发送数据（Transmit Data）	T_XD	DTE→DCE	数据发送端
4	数据终端就绪（Data Terminal Ready）	DTR	DTE→DCE	DTE 准备就绪
5	信号地	GND	—	信号地
6	数传设备就绪（Data Set Ready）	DSR	DTE←DCE	DCE 准备就绪
7	请求发送（Request to Send）	RTS	DTE→DCE	DTE 请求发送数据
8	清除发送（Clear to Send）	CTS	DTE←DCE	DCE 请求 DTE 发送数据
9	振铃指示（Ring Incoming）	RI	DTE←DCE	通知 DTE 有输入呼叫

2）RS-232C 接口的电气特性。由于 RS-232C 发送器和接收器之间具有公共信号地，共模噪声信号不可避免地会耦合到信号系统中，这就迫使RS-232C必须要使用较高的电压。与 TTL 和 CMOS 不同，RS-232C 使用负逻辑，逻辑 0 电平规定为＋5～＋15V，逻辑 1 电平规定为－15～－5V。

3）RS-232C 通信时的连接方式。使用 RS-232C 进行通信时，可分成远程通信和近程通信两种。远程通信时，如图 5-19 所示，需要连接调制解调器（MODEM）。将数字信号变成能在电话线上传输的模拟信号的过程称为调制，将电话线上传输的模拟信号还原为数字信号的过程称为解调。调制解调器即是一种能实现调制和解调功能的设备。当通信距离很近时，可以不需要调制解调器，将两台 DTE 直接相连即可，不用调制解调器时，RS-232C 的最大通信距离为 15m，这时，两台 DTE 之间的连接方式如图 5-21 所示。

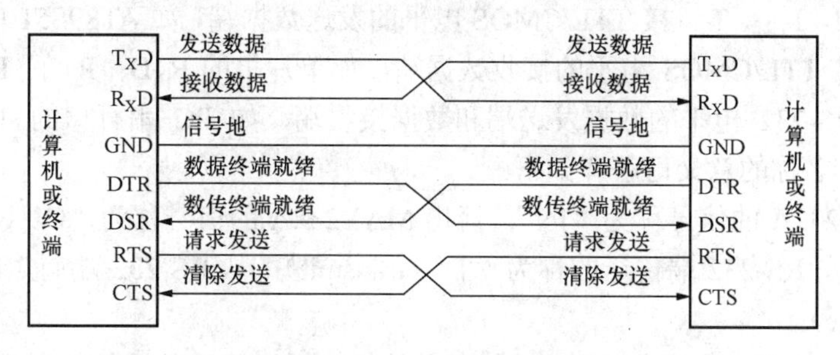

图 5-21　两台 DTE 之间的直接连接

在图 5-21 中，两个 DTE 之间通过 7 条线连接，实际使用中，还有用 3 条线进行连接的，这样通信线更少，成本更低，如图 5-22 所示。这种连接方式可以通过软件进行握手。

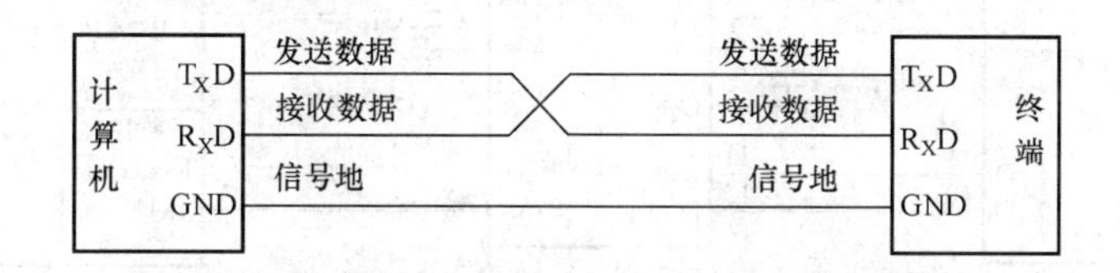

图 5-22　计算机与终端的 3 线连接

4）TTL/CMOS 与 RS-232C 电平转换接口电路。单片机系统通常使用的是 TTL 或 CMOS 电平，不能直接和 RS-232C 接口相连，中间必须加电平转换电路。目前有许多专用芯片可以实现 TTL 和 RS-232C 之间的电平转换，如 MC1488 和 1489、75188 和 75189 以及ICL232、MAX232A等。由于MC1488需要±12V电源，并且只能单向转换电平，现在已很少使用，目前实际应用系统中使用较多的是MAX232A。

MAX232A是MAXIM（美信）公司生产的专门用于RS-232C和TTL之间电平转换的芯片，它内部有一个电源电压变换器，可以把输入的+5V电源变换成为RS-232C输出电平所需的±10V电压。所以，采用此芯片接口的串行通信系统只需单一的+5V电源就可以了。MAX232A的引脚分布和典型的工作电路如图5-23所示。

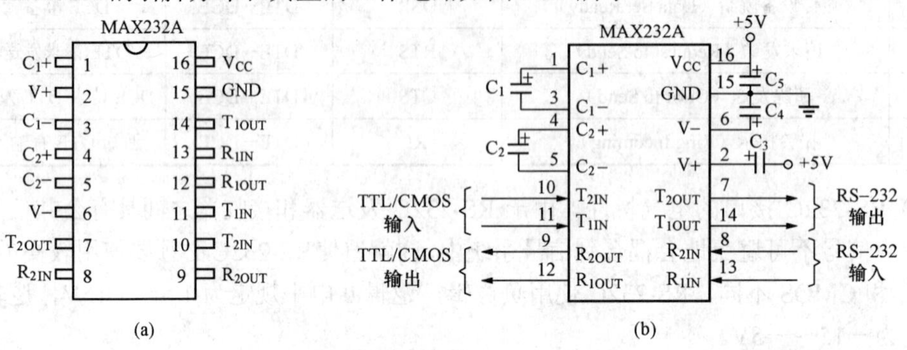

图5-23　MAX232A的引脚分布和典型工作电路

（a）引脚分布；（b）典型工作电路

图5-22中，电容C_1，C_2，C_3，C_4，V_+，V_-是电源变换电路部分，由于器件对电源噪声很敏感。因此，V_{CC}对地要加去耦电容C_5，电容C_1、C_2、C_3、C_4、C_5都选取0.1μF/16V的钽电解电容，可以提高抗干扰能力，在连接时要尽量靠近器件。MAX232有两路输入和输出，实际应用中，T_{1IN}、T_{2IN}接TTL/CMOS电平的发送数据端，如AT89S51单片机的T_XD；R_{1OUT}、R_{2OUT}接TTL/CMOS电平的接收数据端，如单片机的R_XD；R_{1IN}、R_{2IN}和T_{1OUT}、T_{2OUT}分别接RS-232电平的数据发送端和数据接收端，如PC串行口的T_XD和R_XD。MAX232A引脚名称的意义可解释如下：

流入MAX232A的信号称为“IN”；流出MAX232A的信号称为“OUT”；

从TTL端向RS-232端传送的称为“T”（transmit）；从RS-232端向TTL端传送的称为“R”（receive）；

利用MAX232A芯片可实现在PC机与单片机之间进行串行通信，通信接口电路如图5-24所示。

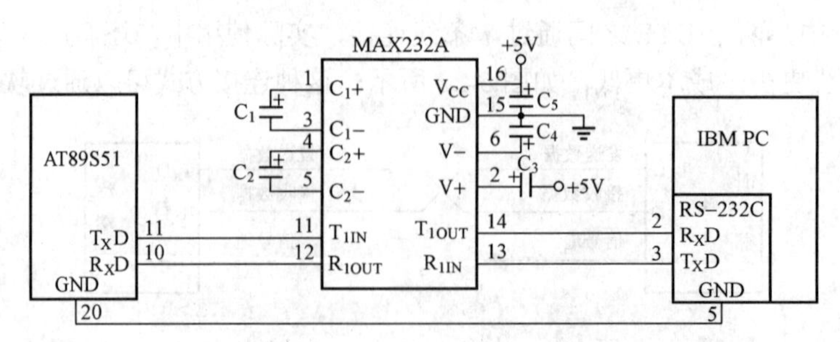

图5-24　单片机与PC机之间的通信电路

（2）RS-422A总线接口。RS-232C虽然使用广泛，但因推出较早，在现代通信中暴露出了通信距离短、通信速率低以及抗干扰能力差等缺点，因此，美国电子工业协会（EIA）

于 1977 年制定了新的串行通信标准，即 RS-449。RS-449 在 1980 成为美国标准，它除了与 RS-232C 兼容外，还在提高传输速率，增加传送距离以及改进电气性能方面做了很大努力，并增加了测试功能。

作为 RS-449 和一个子集，RS-422A 标准采用平衡驱动差分接收方式，通过平衡驱动器把逻辑电平变为电位差，完成始端信息的发送；通过差分接收器把电位差再变成逻辑电平，实现终端信息的接收。RS-422A 传输信息的原理如图 5-25 所示。

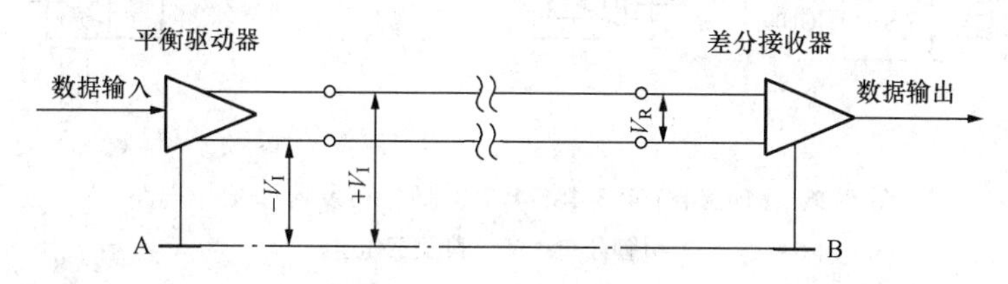

图 5-25　RS-422A 传输信息原理

RS-422A 每个通道使用两条信号线，如果其中一条是逻辑“1”，另一条则一定为逻辑“0”，两线电平为±2V～±6V，接收器可检测到的最小接收电平 VR 小于 0.2V。在电路中规定，只允许有一个发送器，但可以有多个接收器，因此，常采用点对点的全双工通信方式。RS-422A 标准的性能比 RS-232C 提高了很多，如在电缆长度为 120m 时，通信速率可达 10Mb/s，采用较低的速率，如 90kb/s 时，最大传送距离可达 1200m。

（3）RS-485 总线接口。RS-485 是 RS-422A 的一种变形，它只能进行半双工的串行通信，但多站互连时，可节省信号线，因此，RS-485 几乎成了各种智能仪器的标准接口。RS-485 扩展了 RS-422A 的性能，一个发送器能够驱动 32 个负载设备，负载设备可以是被动发送器、接收器或收发器，但 RS-485 没有规定在何时控制发送器发送或接收器接收的规则，电缆要求比 RS-422A 更严格。

（4）常用的实现 RS-422A/485 接口与 TTL/CMOS 电平转换的芯片简介。实现 RS-422A 与 TTL 电平转换的专用芯片许多种，如 SN75174（SN75175）、MC3487（MC3486）以及 MAXIM 公司的系统列芯片等。MAXIM 是世界上著名的集成电路芯片公司，设计和生产了许多性能优异的芯片，用于实现 RS-422A/485 接口与 TTL/CMOS 电平转换的芯片共有 8 种不同型号，全是差分平衡型收发器，具体型号为：MAX481/483/485/487/488/489/490/491，各芯片性能差异如表 5-7 所示。

表 5-7　各芯片性能比较

型号	通信方式	数据率（Mb/s）	接收器/驱动器使能	静态电流（μA）	总线上收发器数	引脚数
MAX481	半双工	2.5	Yes	300	32	8
MAX483	半双工	0.25	Yes	120	32	8
MAX485	半双工	2.5	Yes	300	32	8
MAX487	半双工	0.25	Yes	120	128	8
MAX488	全双工	0.25	No	120	32	8
MAX489	全双工	0.25	Yes	120	32	14
MAX490	全双工	2.5	No	300	32	8
MAX491	全双工	2.5	Yes	300	32	14

MAX481/483/485/487 适用于半双工通信方式（RS-485 接口），DIP8 和 SO8 封装的芯片结构和引脚分布及典型的工作电路如图 5-26 所示。

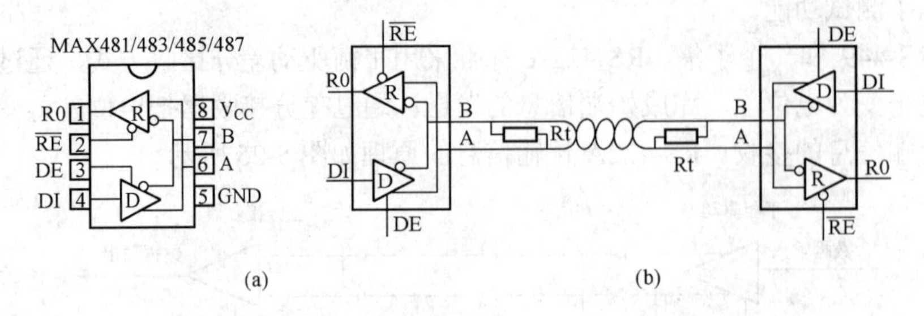

图 5-26　MAX481/483/485/487 引脚分布及典型工作电路

（a）引脚分布；（b）典型工作电路

MAX488/490 也采用 DIP8 或 SO8 封装，但它们的驱动器输出和接收器输入是分开的，可以组合成全双工的通信方式。MAX488/490 的引脚分布以及典型的工作电路如图 5-27 所示。

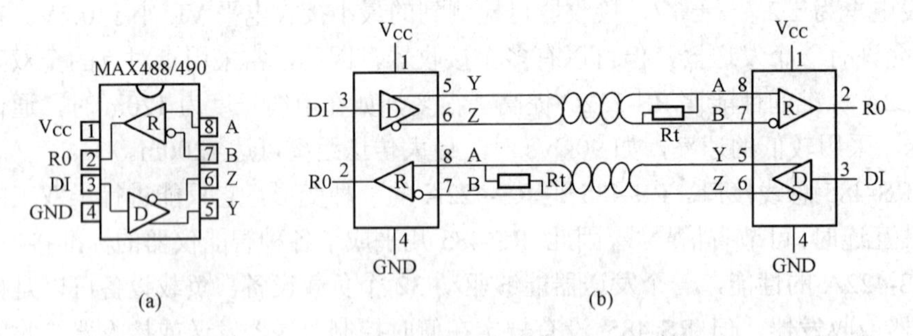

图 5-27　MAX488/490 引脚分布及典型的工作电路

（a）DIP/SO 引脚分布；（b）MAX488/490 典型工作电路

MAX489/491 比 MAX489/491 多了两个引脚，即 DE 和/RE，由于它们的驱动器输出和接收器输入也是分开的，故有 14 个引脚。

六、串口通信应用实例

【例 5-8】 串行口调试程序。

串行口通信调试是比较困难的工作，因为只有当通信双方的硬件和软件都正确无误时才能实现成功的通信。我们可以采用分别调试的方法，即按通信规约双方各自调试好，然后再联调。如图 5-28 所示，我们借用终端来进行单片机通信口的调试。只要方式设置正确，终端已具有正常的通信功能，如果通信不正常便是单片机部分引起的，这样便于查出故障的所在。下面给出的串行口调试程序，其功能是对串行口的工作方式编程，然后在串行口上输出字符串：“MCS-51 Microcomputer”，接着从串行口上输入字符，又将输入的字符从串行口上输出，将终端键盘上输入的字符在屏幕上显示出来。这个功能实现以后，串行口的硬件和串行口的编程部分就调试成功，接着便可以按通信规约，实现单片机和终端之

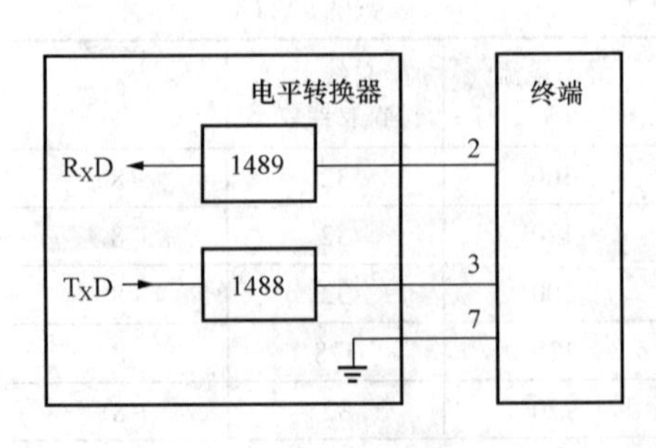

图 5-28　串行口通信口调试电路

间串行通信，完成通信软件的调试工作。

程序如下：

```
TSIO:   MOV     TMOD, #20H       ;T1 初始化,选 1200b/s,fosc=11.0592MHz
        MOV     TL1, #0E8H
        MOV     TH1, #0E8H
        MOV     SCON, #0DAH
        SETB    TR1
        MOV     R4, #0
        MOV     DPTR, #ASAB      ;查表,串行输出表中字符串
TSO1:   MOV     A,R4
        MOVC    A, @A+DPTR
        JZ      TSO6
TSO3:   JBC     TI, TSO2
        SJMP    TSO3
TSO2:   MOV     SBUF, A
        INC     R4
        SJMP    TSO1
TSO6:   JBC     RI, TSO5         ;等待输入字符
        SJMP    TSO6
TSO5:   MOV     A, SBUF          ;读串行口数据
TSO8:   JBC     TI, TSO7
        SJMP    TSO8
TSO7:   MOV     SBUF, A          ;数据发送缓冲器
        SJMP    TSO6
ASAB:   DB      'MCS-51 Microcomputer'
        DB      0AH,0DH,0
```

【例 5-9】 方式 0 输出程序。

利用串行口的方式 0 输出，可以扩展多个移位寄存器，作为并行输出口，这种扩展方法接口简单，单片机和移位寄存器之间信息传输线少，适用于远距传送的输出设备，如智能显示屏，状态显示板等。

设在一个 MCS-51 的应用系统中，在串行口上扩展两个移位寄存器，作为 16 路状态指示灯接口（见图 5-29)。现设计一个输出程序，其功能为将内部 20H、21H 单元的状态缓冲器中内容输出到移位寄存器。每当系统中状态变化时，首先改变状态缓冲器中相应状态，然后调用该子程序，状态指示即实时地发生变化。

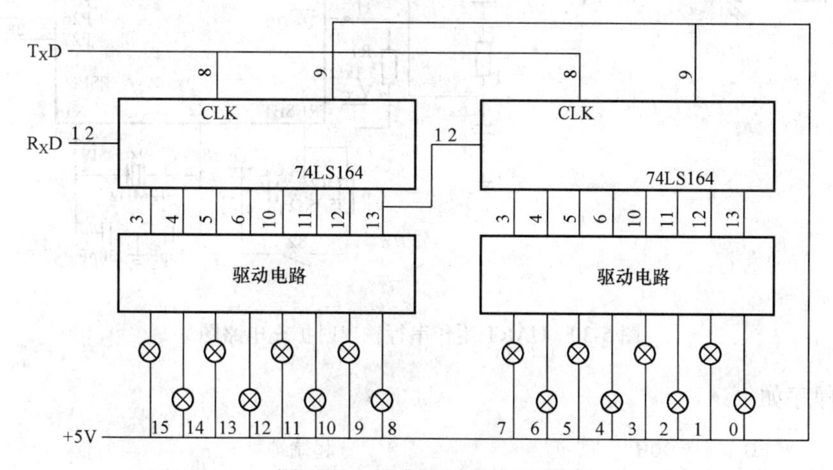

图 5-29 状态指示灯接口板

程序如下：

```
SOUT:    MOV     R0,#20H
         CLR     TI
         MOV     A,@R0
         MOV     SBUF,A
SOT1:    JNB     TI,SOT1
         CLR     TI
         INC     R0
         MOV     A,@R0
         MOV     SBUF,A
         RET
```

【例 5-10】 UART 做串行输出端口扩充。

（1）功能说明。

1）利用 UART 的 MODE0 做串行发送。其设定方式为：

```
MOV  SCON,#00000000B        ;设定工作方式
JBC   TI,LOOP2              ;作为检测并清除 TI
```

2）将 89C51 的 R_XD、T_XD 接 74164（串入并出），扩充 8 个输出口。

3)本例利用表格的方式,建立一组数据,利用 UART 发送至 8BIT 串入并出的 IC74164。

4）这组数据将使 74164 的 8 个 LED 左移 2 次，右移 2 次，闪烁 2 次。

（2）硬件如图 5-30 所示。

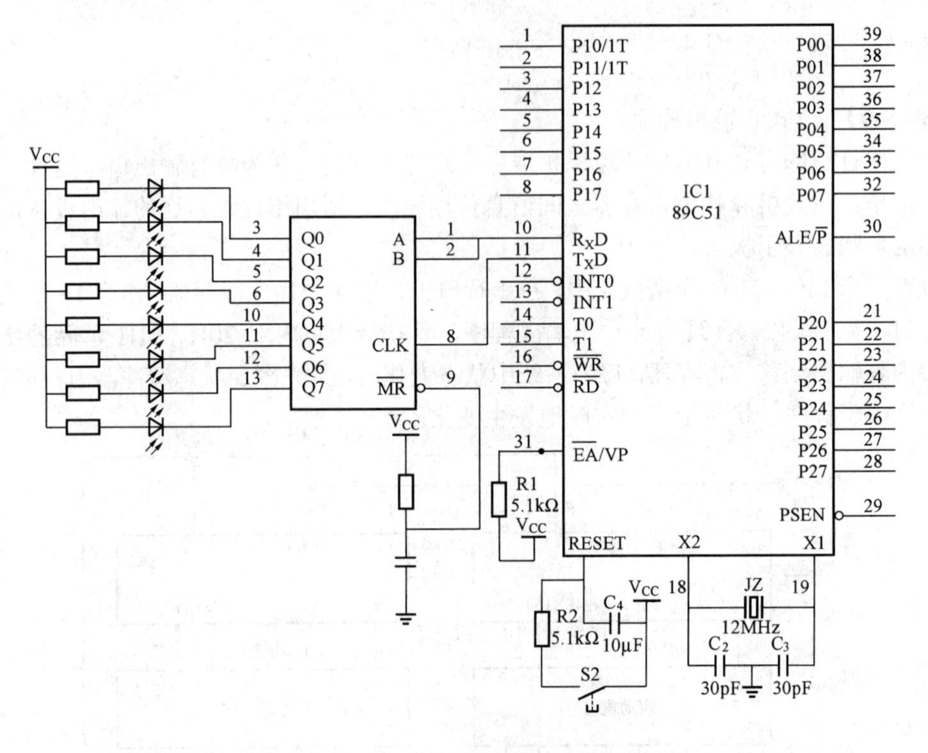

图 5-30　UART 用作串行输出时扩充电路图

（3）程序如下：

```
ORG       00H                     ;起始地址
MOV       SCON,#00000000B         ;设定 UART 的工作方式 MODE0
```

```
START:  MOV     DPTR,#TABLE            ;数据指针寄存器指到 TABLE 的开头
LOOP:   CLR     A                      ;清楚 ACC
        MOVC    A,@A+DPTR              ;到 TABLE 取数据
        CJNE    A,#03,A1               ;取到结束码 03H 吗?不是则跳到 A1
        JMP     START                  ;是跳到 START
A1:     CPL     A                      ;将取到数据反相
        MOV     30H,A                  ;存入(30H)地址
        MOV     SBUF,30H               ;将(30H)的值存入 SBUF
LOOP1:  JBC     TI,LOOP2               ;检测 TI=1?是则跳到 LOOP2
        JMP     LOOP1                  ;不是再检测
LOOP2:  CALL    DELAY                  ;延时 0.2s
        INC     DPTR                   ;数据指针加 1
        JMP     LOOP
DELAY:  MOV     R5,#20                 ;200ms
D1:     MOV     R6,#20                 ;10ms
D2:     MOV     R7,#248
        DJNZ    R7,$
        DJNZ    R6,D2
        DJNZ    R5,D1
        RET
TABLE:  DB      01H,02H,04H,08H        ;左移
        DB      10H,20H,40H,80H
        DB      01H,02H,04H,08H        ;左移
        DB      10H,20H,40H,80H
        DB      80H,40H,20H,10H        ;右移
        DB      08H,04H,02H,01H
        DB      80H,40H,20H,10H        ;右移
        DB      08H,04H,02H,01H
        DB      00H,0FFH,00H,0FFH      ;闪烁
        DB      03H                    ;结束码
        END
```

MCS-51 系统扩展技术

MCS-51 是一个高性能的单片机，单片机片内的硬件电路可以构成具有基本形式的微机系统，满足许多小型控制场合的需要。但如应用在大型的工业控制系统中，片内的这些已有的硬件资源是远远不够的，这就需要在片外加以扩展。系统扩展的主要电路包括程序存储器、数据存储器、输入/输出端口、定时器/计数器、中断系统等电路。通过系统扩展，单片机具有更多的资源，因而有了更强大的功能。

所谓系统扩展一般说来有如下两项主要任务：第一项是把系统所需的外设与单片机连起来，使单片机系统能与外界进行信息交换。如通过键、A/D 转换器、磁带机、开关等外部设备向单片机送入数据、命令等有关信息，去控制单片机运行，通过显示器、发光二极管、打印机、继电器、音响设备等把单片机处理的结果送出去，向人们提供信息或对外界设备提供控制信号，这项任务实际上就是单片机接口设计。另一项是扩大单片机的容量。由于芯片结构、引脚等关系，单片机内 ROM、RAM 等功能部件的数量不可能很多，在使用中有时会感到不够。

第一节　输入/输出接口的扩展

在 MCS-51 系列单片机的应用系统中，单片机本身提供有 4 个 8 位并行 I/O 端口：P0、P1、P2 和 P3。由于 P0 是地址/数据总线口，P2 是输出高 8 位地址的动态端口，P3 是双功能多用端口，因此在构成单片机系统后，通常只有 P1 静态口空出并具有通用功能。这对于稍微大一点的单片机系统来说，往往不能满足应用上的要求。为此，常常需要在单片机外部扩展输入/输出口。在具有片外扩展存储器的系统中，P0 口分时地作为低 8 位地址线和数据线，P2 口作为高 8 位地址线，这时，P0 口和部分或全部的 P2 口无法再作通用 I/O 口。

从功能上看，单片机扩展的 I/O 口有两种基本类型：简单 I/O 口扩展和可编程 I/O 口扩展。前者功能单一，多用于简单外设的数据输入、输出；后者功能丰富，应用范围广。

常用的 I/O 端口扩展芯片包括 8255、8243、8155 等，它们都是具有多通道的并行 I/O 扩展芯片。如果只需要扩展一个 I/O 端口，也可以直接用缓冲器和锁存器来构成。

在单片机系统中，I/O 端口和存储器统一编址，扩展 I/O 口和扩展存储器的方法相同，主要解决系统的三组总线（DB、AB、CB）与扩展的 I/O 芯片的连接问题。I/O 口的扩展应遵守以下两条原则：

（1）扩展输出口时一般要有锁存功能。

（2）扩展的 I/O 口还要注意和系统数据总线的三态隔离。

一、简单 I/O 口的扩展

在 MCS-51 单片机应用系统中，用缓冲器、锁存器等挂接在数据总线上，可以扩展各种简单的输入/输出接口。它具有电路简单、配置灵活、成本低的优点，因此被广泛采用。

P0 口是数据总线口，通过 P0 口扩展 I/O 口时，P0 口只能分时使用，故输出时，接口电路应具有锁存功能，如可以采用 8 位锁存器 74LS273、74LS373、74LS377 组成输出口；输入时，接口电路应能三态缓冲，如可以采用 8 位三态缓冲器 74LS244 组成输入口。

1. 用三态门扩展 8 位输入并行口

74LS245 为双向、三态总线缓冲器，一般用于驱动数据总线，74LS244 为单向、三态总线驱动器，常用于驱动地址或控制总线。由于单片机 P0 口、P2 口以及控制信号（$\overline{RD}$、$\overline{WR}$）的负载能力是有限的（P0 口能驱动 8 个 LSTTL 电路，P2 口能驱动 4 个 LSTTL 电路），若系统扩展了太多的外围接口芯片，系统的三组总线都需要增加总线驱动。

图 6-1 所示是用 74LS244 通过 P0 口扩展的 8 位并行输入接口。74LS244 由两组 4 位三态缓冲器组成，分别由选通端和控制端组成。当它们为低电平时，这两组缓冲器被选通，数据从输入端 A 送到输出端 Y。$\overline{1G}$ 和 $\overline{2G}$ 同时由 P2.7 和 $\overline{RD}$ 相或后控制，由此可知 74LS244 的地址为 7FFFH（无效位全为“1”，P2.7 为“0”），其数据的输入使用以下几条指令即可。

```
MOVX  DPTR,#7FFF            ;数据指针指向 74LS244 口地址
MOVX     A,@DPTR            ;读入数据
```

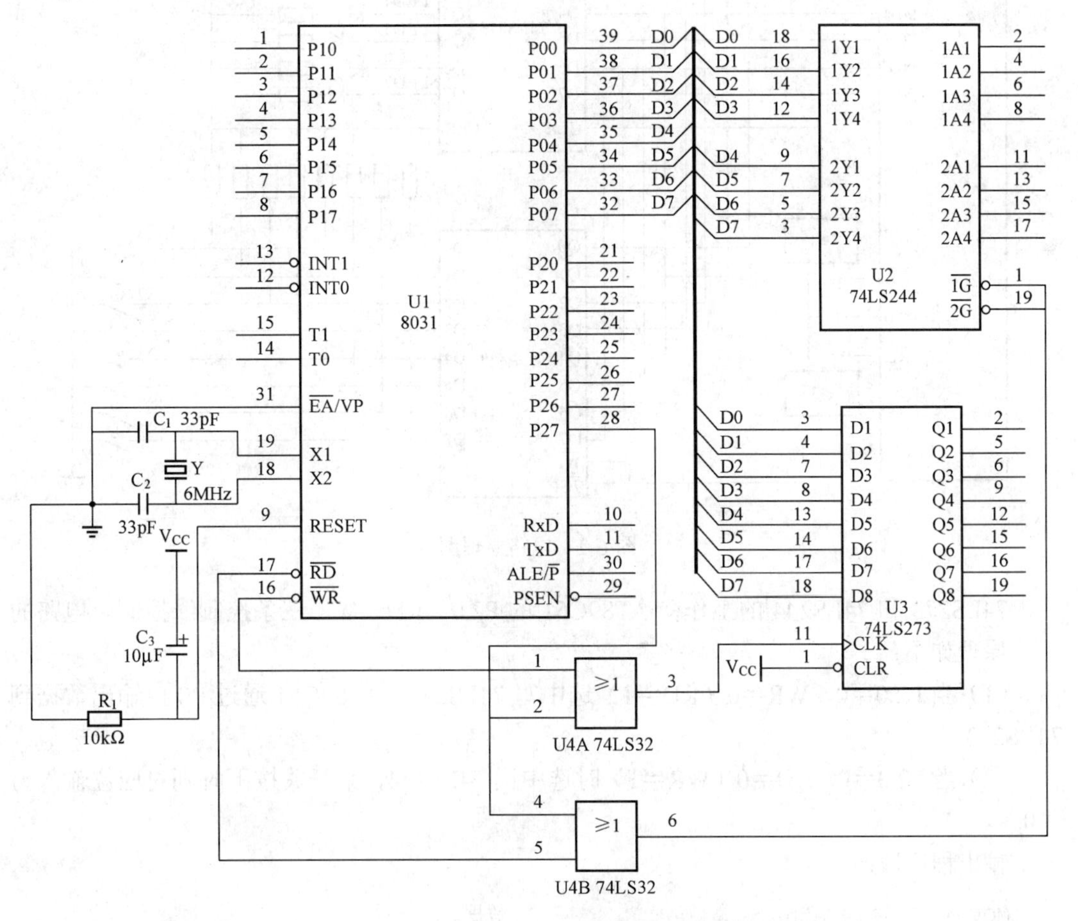

图 6-1　74LS244/74LS273 通过 P0 口扩展

2. 用锁存器扩展简单的8位输出口

单片机系统中需要扩展并行的8位输出口时，最常用方法是使用74LS273、74LS373、74LS377等锁存器实现。图6-1所示是用74LS273通过P0口扩展的8位并行输出接口。74LS273是带三态门控的锁存器，CLR为数据清零端，其为低电平时有效，故此处应接高电平。CLK为锁存时钟端，由P2.7和$\overline{WR}$相或后控制，当同时为低电平时，将P0口的数据锁存到74LS273。因此74LS273的地址为7FFFH，和输入口地址相同，但由于它们分别由$\overline{WR}$和$\overline{RD}$信号控制，仍然不会发生冲突。其数据的输出使用以下几条指令即可：

```
MOVX        DPTR , #7FFFH          ;数据指针指向74LS273口地址
MOVX        A , #data              ;输出数据要通过累加器传送
MOVX        @DPTR ,A               ;P0口通过74LS273输出数据
```

【例6-1】 74LS273输出端接8个LED发光二极管，以显示8个按钮开关状态，某位低电平时二极管发光。74LS244扩展输入口，接8个按钮开关。电路原理图如图6-2所示。

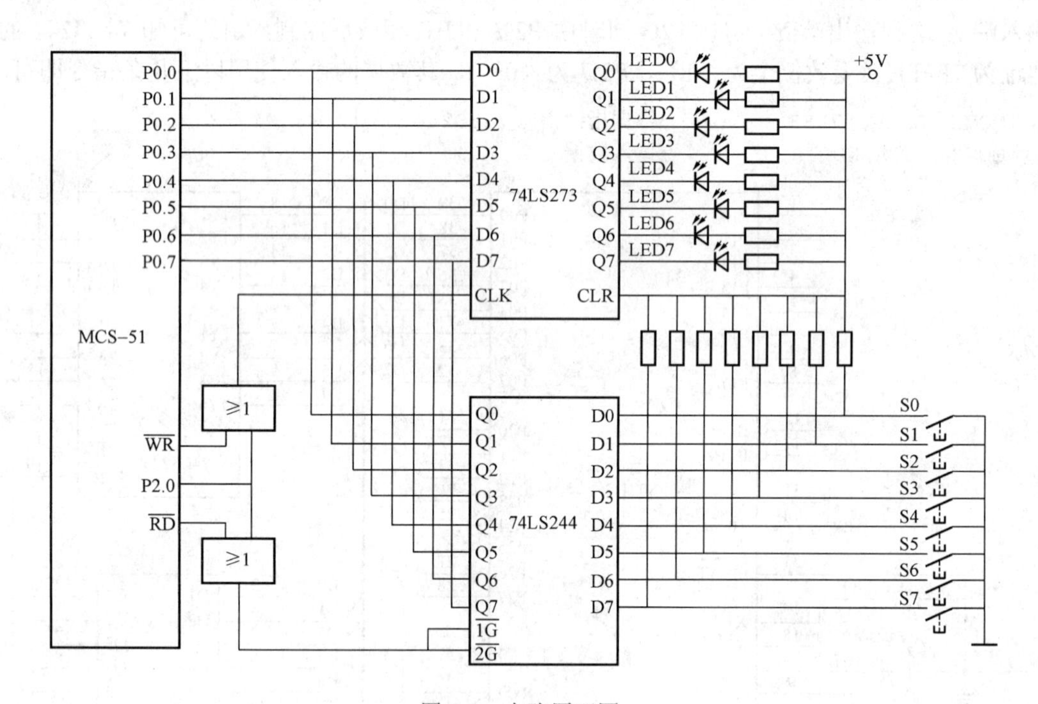

图6-2 电路原理图

74LS273和74LS244的工作受AT89C51的P2.0、RD、WR三条控制线控制。电路的工作原理如下：

（1）当P2.0＝0，WR＝0（RD＝1）选中写74LS273，AT89C51通过P0口输出数据到74LS273。

（2）当P2.0＝0，RD＝0（WR＝1）时选中读74LS244，某开关按下时则对应位输入为“0”。

输出程序段：

```
MOV        A,#data                      ;数据→A
MOV        DPTR,#0FEFFH                 ;I/O地址→DPTR
```

```
MOVX    @DPTR,A                    ;WR为低,数据经74LS273口输出
```

输入程序段：

```
MOV     DPTR,#0FEFFH               ;I/O地址→DPTR
MOVX    A,@DPTR                    ;RD为低,74LS244口
                                   ;数据读入内部RAM
```

发光二极管点亮程序：

```
DDIS:   MOV    DPTR,#0FEFFH        ;输入口地址→DPTR
LP:     MOVX   A,@DPTR             ;按钮开关状态读入A中
MOVX    @DPTR,A                    ;A中数据送输出口
SJMP    LP                         ;反复连续执行
```

3. 通过串行口扩展I/O口

当单片机系统不需要串行口时，也可以通过串行口来扩展I/O口，这种方法的优点是不需要占用系统的存储器空间，同时能节省硬件开销，其缺点是操作速度较慢。74LS164为8位串行输入、并行输出移位寄存器，利用它可以扩展输出口；74LS165是8位并行输入、串行输出移位寄存器，利用它可扩展并行输入口。74LS164引脚定义如图6-3所示，真值表如表6-1所示。

表6-1　　74LS164真值表

工作方式	输　入			输　出	
	$\overline{MR}$	A	B	Q0	Q1-Q7
复位（清除）	L	X	X	L	L-L
移位	H	L	L	L	Q0～Q6
	H	L	H	L	Q0～Q6
	H	H	L	L	Q0～Q6
	H	H	H	H	Q0～Q6

74LS164为8个串行连接的D型触发器。其$\overline{MR}$（Pin9）为清除端，当其为低电平时，所有的Qn均输出低电平；CP（Pin8）的上升沿进行移位操作。

74LS165引脚定义如图6-4所示，真值表如表6-2所示。

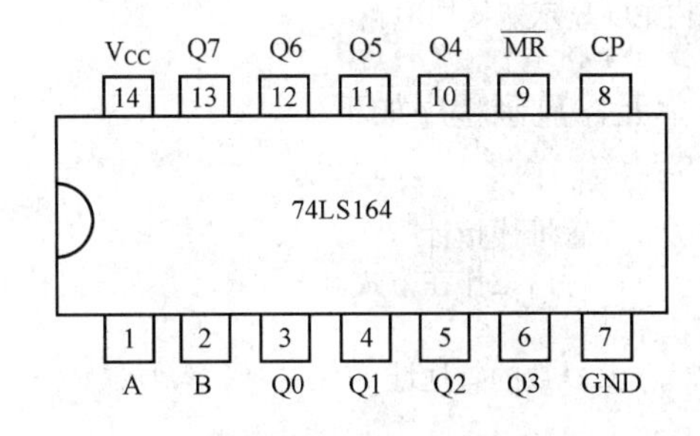

图6-3　74LS164引脚定义

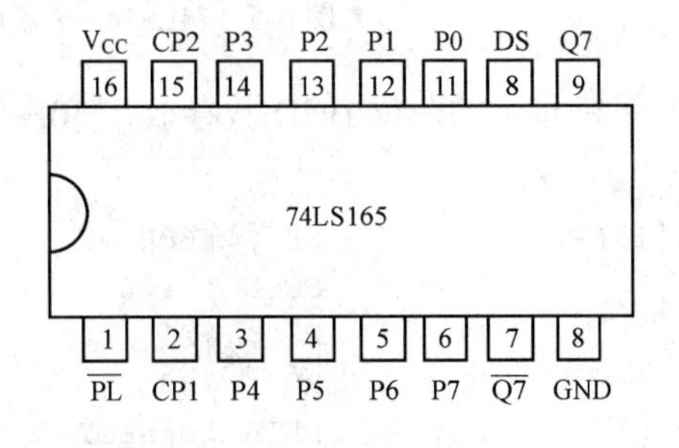

图6-4　74LS165引脚定义

表 6-2　　　　　　　　　　　　　**74LS165 的真值表**

PL	CP		CONTENTS								RESPONSE
	1	2	Q0	Q1	Q2	Q3	Q4	Q5	Q6	Q7	
L	X	X	P0	P1	P2	P3	P4	P4	P6	P7	Paralle Entry
H	L	↑	DS	Q0	Q1	Q2	Q3	Q4	Q5	Q6	Right Shift
H	H	↑	Q0	Q1	Q2	Q3	Q4	Q5	Q6	Q7	No Change
H	↑	L	DS	Q0	Q1	Q2	Q3	Q4	Q5	Q6	Right Shift
H	↑	H	Q0	Q1	Q2	Q3	Q4	Q5	Q6	Q7	No Change

74LS165 为 8 个串接的 RS 触发器，它有两种工作状态，当并行数据装入端 PL（Pin 1）为低电平时，将并行数据装入到 8 个 RS 触发器中；当 PL 为高电平时，在 CP1 或 CP2 的作用下进行移位操作，即将 Q7 移出，Q6 移到 Q7，Q5 移到 Q6，……，Q0 移到 Q1，DS 移到 Q0。仅当 CP1 为低电平 CP2 由低变高，或 CP2 为低电平 CP1 由低变高时才能进行移位。其他情况下，Q7～Q0 的内容不变。

（1）用 74LS164 扩展两个 8 位输出口。74LS164 为 8 位串行输入、并行输出移位寄存器，利用它可以扩展输出口。用 74LS164 扩展的两位共阳 LED 显示器接口电路如图 6-5 所示。

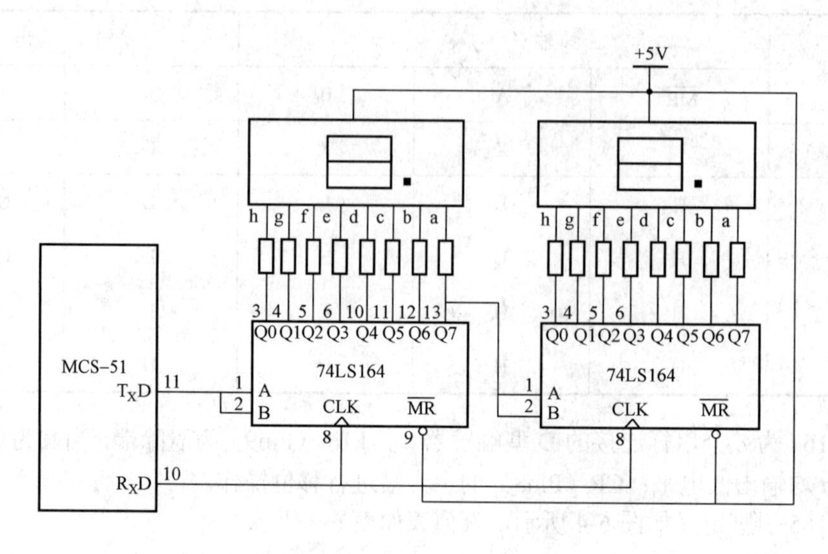

图 6-5　74LS164 扩展两位共阳 LED 显示器接口电路

设待显示的两位 BCD 数存放在 30H 和 31H 单元，显示程序如下：

```
ORG  0000H
DISPLY: MOV     SP , #60H               ;设置堆栈指针
        MOV     SCON , #00H             ;串行口工作在方式 0
        MOV     R7 , #2
        MOV     R0 , #30H               ;BCD 数的首地址
        MOV     DPTR , #SEGTAB
DSPLY : MOV     A , @R0
        MOVC    A , @A+DPTR             ;读取段码
        MOV     SBUF , A                ;显示
```

```
WT    : JNB      TI , WT
        CLR      TI
        INC      R0
        DJNZ     R7 , DSPLY
HERE  : SJMP HERE
SEGTAB: 0C0H,0F9H,0A4H,0B0H,99H,92H,82H,0F8H,80H,90H ;字符 0～9 段码
END
```

（2）用 74LS165 扩展并行输入口。74LS165 是 8 位并行输入、串行输出移位寄存器，利用它可扩展并行输入口。用 74LS165 扩展两个并行输入口的接口电路如图 6-6 所示。

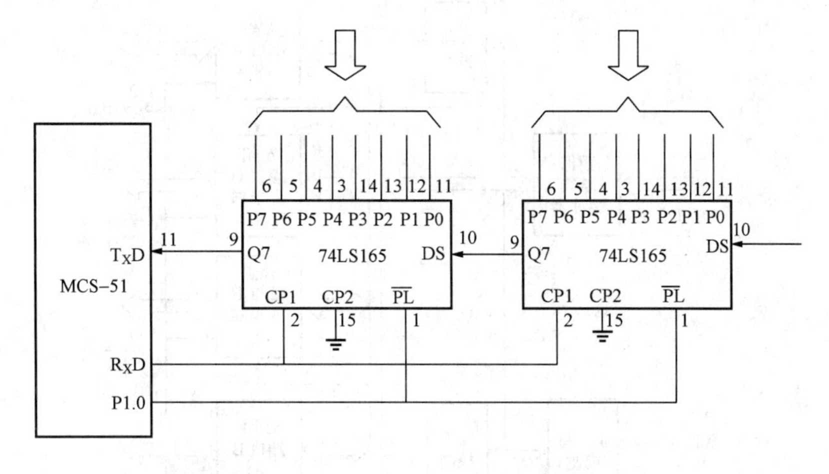

图 6-6　74LS165 扩展两个并行输入口接口电路

二、可编程接口芯片扩展 I/O 接口 8255A

在 MCS-51 单片机接口中，常使用一些结构复杂的接口芯片，以完成各种复杂的操作。这类芯片一般具有多种功能，在使用前，必须由 CPU 对其编程，以确定其工作方式，之后才能使芯片按设定的方式进行操作，这就是可编程接口。下面将通过使用 8255 和 8155 扩展并行 I/O 口重点说明这个问题。

1. 8255 可编程并行接口芯片

并行输入/输出就是把若干个二进制位信息同时进行传送的数据传输方式，它具有传输速度快、效率高的优点。并行数据传输需用的信号线较多（与串行传输相比），不适合长距离传输。所以，并行数据传输适用于数据传输率要求较高，而传输距离相对较短的场合。

8255A 是 Intel 公司为其 80 系列微处理器生产的通用可编程并行输入/输出接口芯片，也可以与其他系列的微处理器配套使用。由于其通用性强，与微机接口方便，且可通过程序指定完成各种输入/输出操作，因此，8255 获得了广泛的应用。

8255 是一个可编程并行接口芯片，它主要作为外围设备与单片机总线之间的 I/O 接口。8255 可以通过软件来设置芯片的工作方式，因此用 8255 连接外部设备时，通常不需要再附加外部电路，给使用带来了很大的方便。

8255 有三个 8 位可编程并行 I/O 端口，从编程上可分成 2 组，每组 12 个，有 3 种工作模式。

使用 8255 可实现以下各项功能：

（1）并行输入或输出多位数据。

（2）实现输入数据锁存和输出数据缓冲。

（3）提供多个通信接口联络控制信号（如中断请求，外设准备好及选通脉冲等）。

（4）通过读取状态字可实现程序对外设的询查。

以上这些功能可适应于很大一部分外设接口的要求，因而并行 I/O 接口芯片几乎已成为微机中（尤其是单片机）应用最为广泛的一种芯片。

2. 8255 的内部结构

8255 的内部结构如图 6-7 所示，其主要由以下几部分组成。

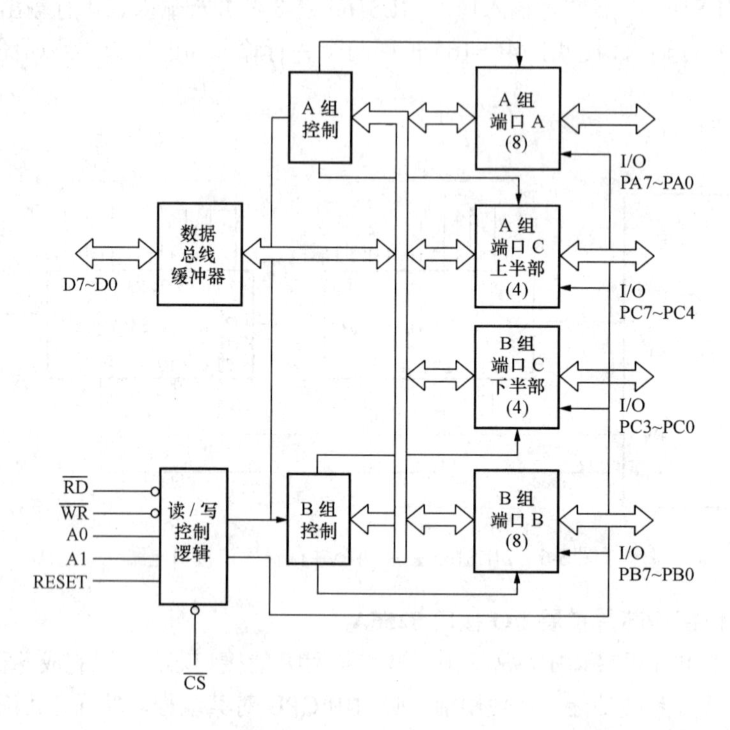

图 6-7　8255 内部结构框图

（1）数据端口 A、B、C。它有三个输出端口：端口 A、端口 B、端口 C。每个端口都是 8 位，都可以选择作为输入或输出，但功能上有着不同特点。

1）端口 A 是一个 8 位数据输出锁存和缓冲器，一个 8 位数据输入锁存器。输出端的状态不会随输入端的状态变化而变化，只有在有锁存信号时输入的状态被保存到输出，直到下一个锁存信号，通常只有 0 和 1 两个值，典型的逻辑电路是 D 触发器。缓冲器多用在总线上，以提高驱动能力、隔离前后级，缓冲器多半有三态输出功能。

2）端口 B 是一个 8 位数据输入/输出、锁存/缓冲器，一个 8 位数据输入缓冲器。

3）端口 C 是一个 8 位数据输出锁存/缓冲器，一个 8 位数据输入缓冲器（输入没有锁存）。

通常端口 A 或端口 B 作为输入/输出的数据端口，而端口 C 作为控制或状态信息的端口，它在“方式”字控制下，可以分成两个 4 位的端口。每个端口包含一个 4 位锁存器。它们分别与端口 A 和端口 B 配合使用，可用以作为控制信号输出或作为状态信号输入。

（2）A 组和 B 组控制电路。这是两组根据 CPU 的命令控制 8255 工作方式的电路。它们有控制寄存器，接受 CPU 输出的命令字，然后分别决定两组的工作方式，也可以根据 CPU 的命令字对端口 C 的每一位实现“复位”或“置位”。

A 组控制电路控制端口 A 和端口 C 的上半部（PC7～PC4），B 组控制电路控制端口 B 和端口 C 的下半部（PC3～PC0）。

（3）数据总线缓冲器。这是一个三态双向 8 位缓冲器，它是 8255 与系统数据总线的接口。输入/输出数据、输出指令以及 CPU 发出的控制字和外设的状态信息，也都是通过这个缓冲器传送的，通常与 CPU 的双向数据总线相接。

（4）读/写和控制逻辑。读/写控制逻辑电路的功能是负责管理 8255 与 CPU 之间的数据传送过程。它接收 $\overline{CS}$ 及地址总线的信号 A1、A0 和控制总线的控制信号 RESET、$\overline{WR}$、$\overline{RD}$，将它们组合后，得到对 A 组控制部件和 B 组控制部件的控制命令，并将命令送给这两个部件，再由它们控制完成对数据、状态信息和控制信息的传送。各控制信号的功能如下：

1）$\overline{CS}$，片选信号，当 $\overline{CS}$ 为低电平时，8255 被选中。

2）$\overline{RD}$，读信号，低电平有效。它控制 8255 送出数据或状态信息至 CPU。

3）$\overline{WR}$，写信号，低电平有效。它控制把 CPU 输出的数据或命令信息写到 8255。

4）RESET，复位信号，高电平有效，它清除控制寄存器和置所有端口（A，B，C）到输入方式。

（5）端口地址。8255 中有三个输入/输出端口。另外，内部还有一个控制寄存器，共有 4 个端口，由 A1、A0 来加以选择。A1、A0 和 $\overline{RD}$、$\overline{WR}$ 及 $\overline{CS}$ 组合所实现的各种功能如表 6-3 所示。

表 6-3　　8255A 各端口读写操作时的信号关系

$\overline{CS}$	$\overline{RD}$	$\overline{WR}$	A1	A0	操作
0	1	0	0	0	写端口 A
0	1	0	0	1	写端口 B
0	1	0	1	0	写端口 C
0	1	0	1	1	写控制寄存器
0	0	1	0	0	读端口 A
0	0	1	0	1	读端口 B
0	0	1	1	0	读端口 C
0	0	1	1	1	无操作

3. 8255A 的引脚

8255A 是可编程的三端口并行输入/输出接口芯片，具有 40 个引脚，双列直插式封装，由+5V 供电，其引脚与功能示意图如图 6-8 所示。

A、B、C 三个端口各有 8 条端口 I/O 线：PA7～PA0；PB7～PB0，PC7～PC0，共 24 个引脚，用于 8255A 与外设之间数据（或控制、状态信号）的传送。

D0～D7：8 位三态数据线，接至系统数据总线。CPU 通过它实现与 8255 之间数据的读出与写入，以及控制字和状态字的写入与读出等。

A0～A1：地址信号。A0 和 A1 经片内译码产生四个有效地址分别对应 A、B、C 三个独立的数据端口以及一个公共的控制端口。在实际使用中，A1、A0 端接到系统地址总线的 A1、A0。

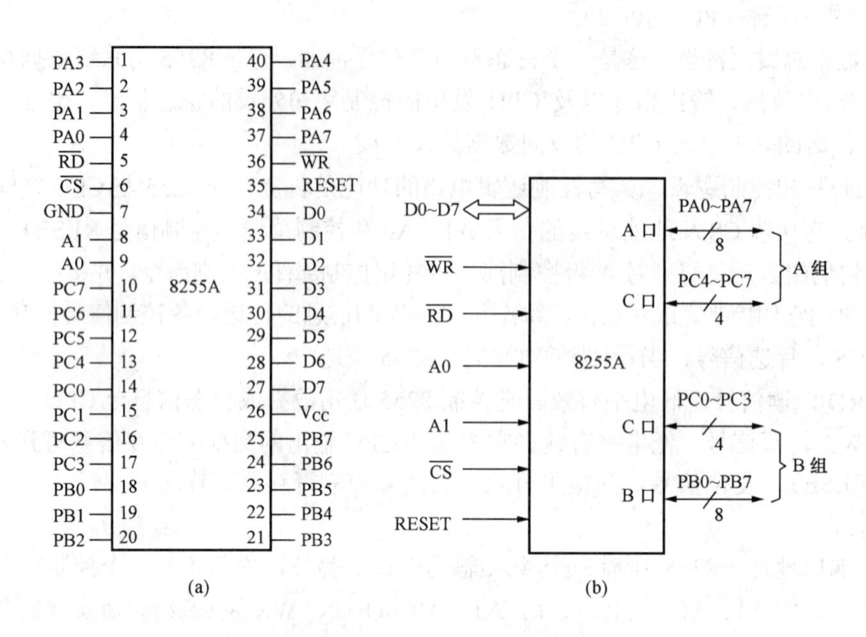

图 6-8　8255A 引脚与功能示意图

（a）引脚图；（b）功能示意图

$\overline{CS}$：片选信号，由系统地址译码器产生，低电平有效。

读写控制信号 $\overline{RD}$ 和 $\overline{WR}$：低电平有效，用于决定 CPU 和 8255A 之间信息传送的方向。当 $\overline{RD}$ =0 时，从 8255A 读至 CPU；当 $\overline{WR}$ =0 时，由 CPU 写入 8255A。CPU 对 8255 各端口进行读写操作时的信号关系如表 6-1 所示。

RESRT：复位信号，高电平有效。8255A 复位后，A、B、C 三个端口都置为输入方式。

4. 8255A 的工作方式与控制字

（1）8255A 的工作方式。

8255A 在使用前要先写入一个工作方式控制字，以指定 A、B、C 三个端口各自的工作方式。8255A 共有以下三种工作方式：

1）方式 0，基本输入/输出方式，即无需联络就可以直接进行 8255A 与外设之间的数据输入或输出操作。A 口、B 口、C 口的高四位和低四位均可设置为方式 0。

2）方式 1，选通输入/输出方式，此时 8255A 的 A 口和 B 口与外设之间进行输入或输出操作时，需要 C 口的部分 I/O 线提供联络信号。只有 A 口和 B 口可工作于方式 1。

3）方式 2，选通双向输入/输出方式，即同一端口的 I/O 线既可以输入也可以输出，只有 A 口可工作于方式 2。此种方式下需要 C 口的部分 I/O 线提供联络信号。

有关 8255A 三种工作方式的功能及应用的详细介绍将在稍后的内容中介绍。

（2）8255A 的控制字。

1）工作方式选择控制字。8255A 的工作方式可由 CPU 写一个工作方式选择控制字到 8255A 的控制寄存器来选择。控制字的格式如图 6-9 所示，可以分别选择端口 A、端口 B 和端口 C 上下两部分的工作方式。端口 A 有方式 0、方式 1 和方式 2 共三种工作方式，端口 B 只能工作于方式 0 和方式 1，而端口 C 仅工作于方式 0。

注意：在端口 A 工作于方式 1 或方式 2，端口 B 工作于方式 1 时，C 口部分 I/O 线被定义为 8255A 与外设之间进行数据传送的联络信号线，此时，C 口剩下的 I/O 线仍工作于方式 0，是输入还是输出则由工作方式控制字的 D0 和 D3 位决定，如图 6-9 所示。

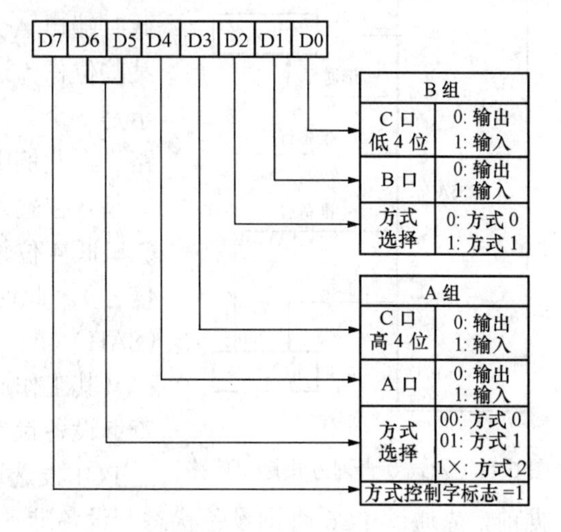

图 6-9　工作方式选择控制字

2）C 口按位置位/复位控制字。8255A 的 C 口具有位控功能，即端口 C 的 8 位中的任一位都可通过 CPU 向 8255A 的控制寄存器写入一个按位置位/复位控制字来置 1 或清 0，而 C 口中其他位的状态不变。控制字格式如图 6-10 所示。

例如，要使端口 C 的 PC4 置位的控制字为 00001001B（09H），使该位复位的控制字为 00001000B（08H）。

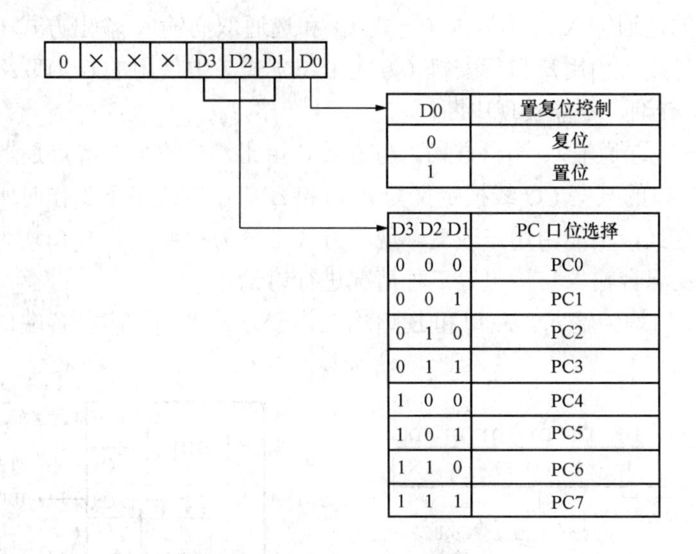

图 6-10　C 口按位置位/复位控制字

应注意的是，C 口的按位置位/复位控制字必须跟在方式选择控制字之后写入控制字寄存器，即使仅使用该功能，也应先选送一个方式控制字。方式选择控制字只需写入一次，之后就可多次使用 C 口按位置位/复位控制字对 C 口的某些位进行置 1 或清 0 操作。

5. 各种工作方式的功能

（1）方式 0——基本输入/输出方式。方式 0 无需联络就可以直接进行 8255A 与外设之间的数据输入或输出操作。它适用于无需应答（握手）信号的简单的无条件输入/输出数据的场合，即输入/输出数据处于准备好状态。

在此方式下，A 口、B 口、C 口的高 4 位和低 4 位可以分别设置为输入或输出，即 8255A 的这四个部分都可以工作于方式 0。需要说明的是，这里所说的输入或输出是相对于 8255A 芯片而言的。当数据从外设送往 8255A 则为输入，反之，数据从 8255A 送往外设则为输出。

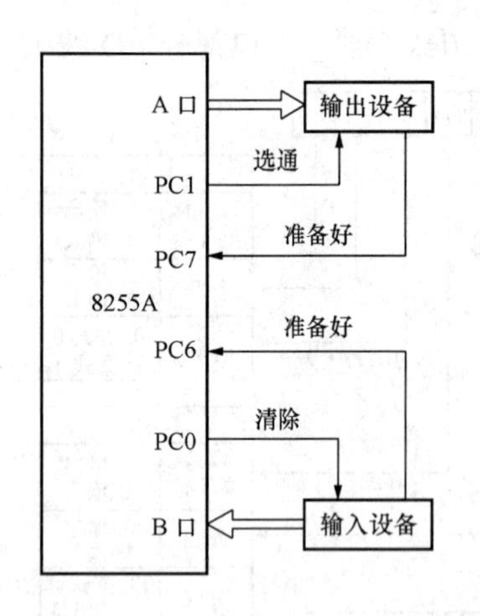

图 6-11　方式 0 查询方式接口电路

方式 0 也可以用于查询方式的输入或输出接口电路，此时端口 A 和 B 分别作为一个数据端口，而用端口 C 的某些位作为这两个数据端口的控制和状态信息。图 6-11 所示是一个方式 0 下利用 C 口某些位作为联络信号的接口电路。在此例中将 8255A 设置为：A 口输出，B 口输入，C 口高 4 位输入（现仅用 PC7、PC6 两位输入外设的状态），C 口低 4 位输出（现仅用 PC1、PC0 两位输出选通及清除信号）。此时 8255A 的工作方式控制字为：10001010B（8AH）。

其工作原理如下：在向输出设备送数据前，先通过 PC7 查询设备状态，若设备准备好则从 A 口送出数据，然后通过 PC1 发选通信号使输出设备接收数据。从输入设备取数据前，先通过 PC6 查询设备状态，设备准备好后，再从 B 口读入数据，然后通过 PC0 发清除信号，以便输入后续字节。

与下面介绍的选通输入/输出方式（方式 1）和选通双向输入/输出方式（方式 2）相比，方式 0 的联络信号线可由用户自行安排（方式 1 和方式 2 中使用的 C 口联络线是已定义好的），且只能用于查询，不能实现中断。

（2）方式 1——选通输入/输出方式。与方式 0 相比，它的主要特点是当 A 口、B 口工作于方式 1 时，C 口的某些 I/O 线被定义为 A 口和 B 口在方式 1 下工作时所需的联络信号线，这些线已经定义，不能由用户改变。现将方式 1 分为：A 口和 B 口均为输入、A 口和 B 口均为输出以及混合输入与输出等三种情况进行讨论。

1）A 口和 B 口均为输入。A 口和 B 口均工作于方式 1 输入时，各端口线的功能如图 6-12 所示。

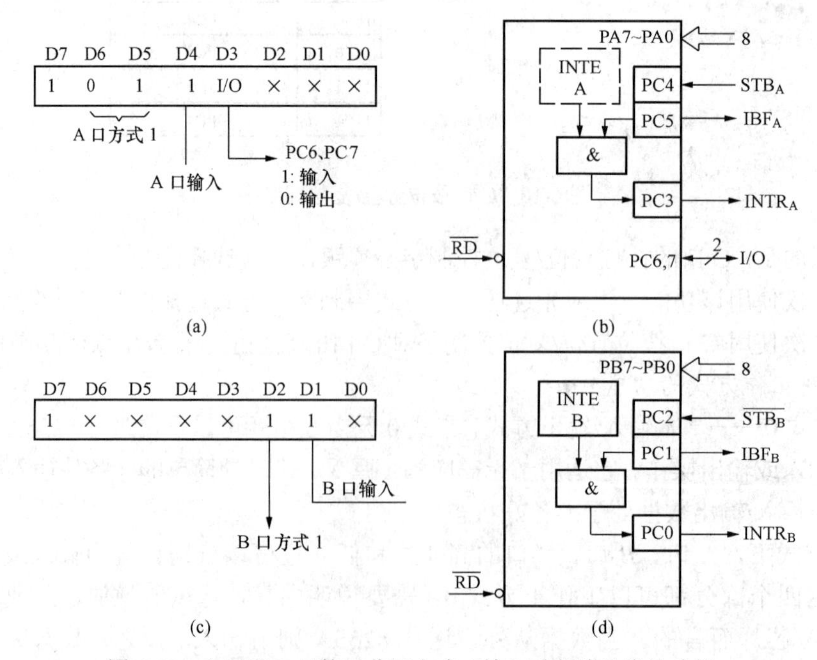

图 6-12　A 口和 B 口均工作于方式 1 输入时各端口线的功能

（a）A 组方式控制字；（b）方式 1 输入（A 口）；（c）B 组方式控制字；（d）方式 1 输入（B 口）

A 口工作于方式 1 输入时，用 PC5～PC3 作联络线。B 口工作于方式 1 输入时，用 PC2～PC0 作联络线。C 口剩余的两个 I/O 线 PC7 和 PC6 工作于方式 0，它们用作输入还是输出，由工作方式控制字中的 D3 位决定，D3＝1，输入；D3＝0，输出。

各联络信号线的功能解释如下（请参考图 6-13 所示的方式 1 输入时序图来理解各信号的功能）。

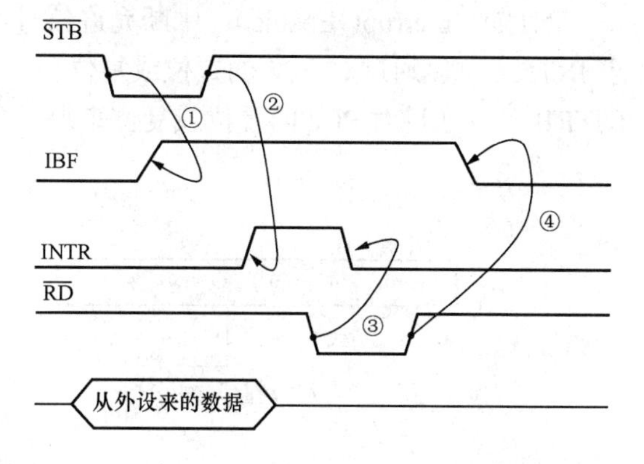

图 6-13　方式 1 输入信号时序图

①～④—各引脚电平的变化顺序

STB（Strobe）：选通信号，输入，低电平有效。当 STB 有效时，允许外设数据进入端口 A 或端口 B 的输入数据缓冲器。STBA 接 PC4，STBB 接 PC2。

IBF（Input Buffer Full）：输入缓冲器满信号，输出，高电平有效。当 IBF 有效时，表示当前已有一个新数据进入端口 A 或端口 B 缓冲器，尚未被 CPU 取走，外设不能送新的数据。一旦 CPU 完成数据读入操作后，IBF 复位（变为低电平）。

INTR（Interrupt Request）：中断请求信号，输出，高电平有效。在中断允许 INTE＝1 且 IBF＝1 的条件下，由 STB 信号的后沿（上升沿）产生，该信号可接至中断管理器 8259A 作中断请求。它表明数据端口已输入一个新数据。若 CPU 响应此中断请求，则读入数据端口的数据，并由 RD 信号的下降沿使 INTR 复位（变为低电平）。

INTE（Interrupt Enable）：中断允许信号，高电平有效。它是 8255A 内部控制 8255A 是否发出中断请求信号（INTR）的控制信号。这是由软件通过对 C 口的置位或复位来实现对中断请求的允许或禁止的。端口 A 的中断请求 INTRA 可通过对 PC4 的置位或复位加以控制，PC4 置 1，允许 INTRA 工作；PC4 清 0，则屏蔽 INTRA。端口 B 的中断请求 INTRB 可通过对 PC2 的置位或复位加以控制。

2）A 口和 B 口均为输出。

A 口和 B 口均工作于方式 1 输出时，各端口线的功能如图 6-14 所示。

A 口工作于方式 1 输出时，用 PC3、PC6 和 PC7 作联络线。B 口工作于方式 1 输出时，用 PC0～PC2 作联络线。C 口剩余的两个 I/O 线 PC4 和 PC5 工作于方式 0。各联络信号线的功能解释如下（请参考图 6-15 所示时序图来理解各信号的功能）。

OBF（Output Buffer Full）：输出缓冲器满信号，输出，低电平有效。当 CPU 把数据写入端口 A 或 B 的输出缓冲器时，写信号 WR 的上升沿把 OBF 置成低电平，通知外设到端口 A 或 B 来取走数据，当外设取走数据时向 8255A 发应答信号 ACK，ACK 的下降沿使 OBF 恢复为高电平。

ACK（Acknowledge）：外设应答信号，输入，低电平有效。当 ACK 有效时，表示 CPU 输出到 8255A 的数据已被外设取走。

INTR（Interrupt Request）：中断请求信号，输出，高电平有效。该信号由 ACK 的后沿（上升沿）在 INTE＝1 且 OBF＝1 的条件下产生，该信号使 8255A 向 CPU 发出中断请求。若 CPU 响应此中断请求，向数据口写入一新的数据，写信号 WR 上升沿（后沿）使 INTR

复位，变为低电平。

INTE（Interrupt Enable）：中断允许信号，与方式 1 输入类似，端口 A 的输出中断请求 INTRA 可以通过对 PC6 的置位或复位来加以允许或禁止。端口 B 的输出中断请求信号 INTRB 可以通过对 PC2 的置位或复位来加以允许或禁止。

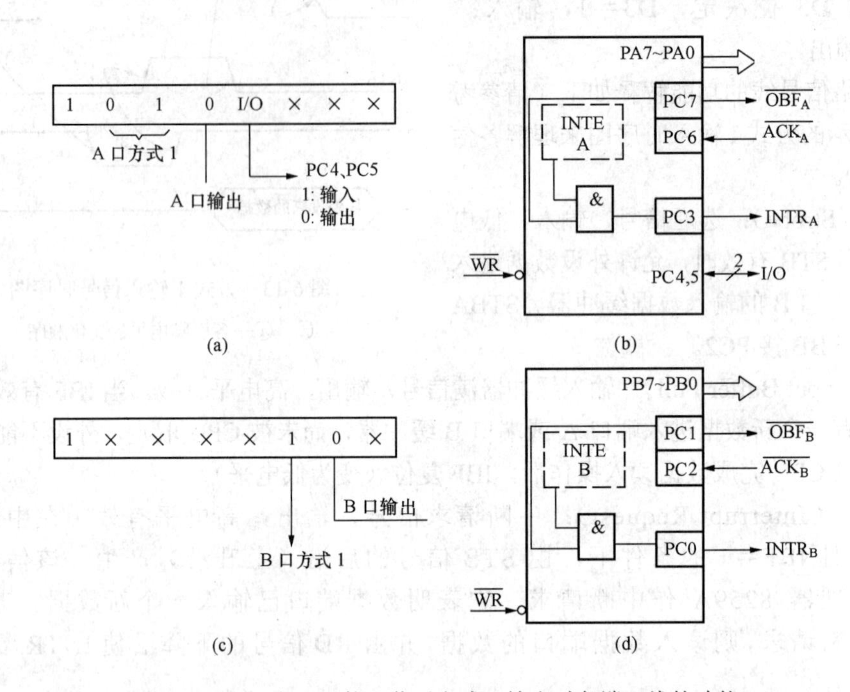

图 6-14　A 口和 B 口均工作于方式 1 输出时各端口线的功能

（a）A 组方式 1 控制字；（b）方式 1 输出（A 口）；（c）B 组方式 1 控制字；（d）方式 1 输出（B 口）

3）混合输入与输出。在实际应用中，8255A 端口 A 和端口 B 也可能出现一个端口工作于方式 1 输入，另一个工作于方式 1 输出的情况，有以下两种情况：

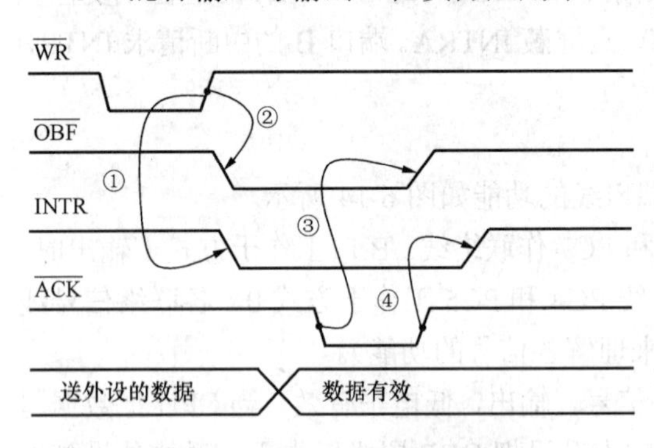

图 6-15　方式 1 输出时信号时序图

①～④—各引脚电平的变化顺序

端口 A 为输入，端口 B 为输出时，其控制字格式和连线图如图 6-16 所示。

端口 A 为输出，端口 B 为输入时，其控制字格式和连线图如图 6-17 所示。

（3）方式 2——选通双向输入/输出方式。选通双向输入/输出方式，即同一端口的 I/O 线既可以输入也可以输出，只有 A 口可工作于方式 2。此时 C 口有 5 条线（PC7～PC3）被规定为联络信号线。剩下的 3 条线（PC2～PC0）可以作为 B 口工作于方式 1 时的联络线，也可以与 B 口一起工作于方式 0。8255A 工作于方式 2 时各端口线的功能如图 6-18 所示。

图 6-18 中 INTE1 是输出的中断允许信号，由 PC6 的置位或复位控制。INTE2 是输入的中断允许信号，由 PC4 的置位或复位控制。其中其他各信号的作用及意义基本上与方式 1 相同，在此不再赘述。

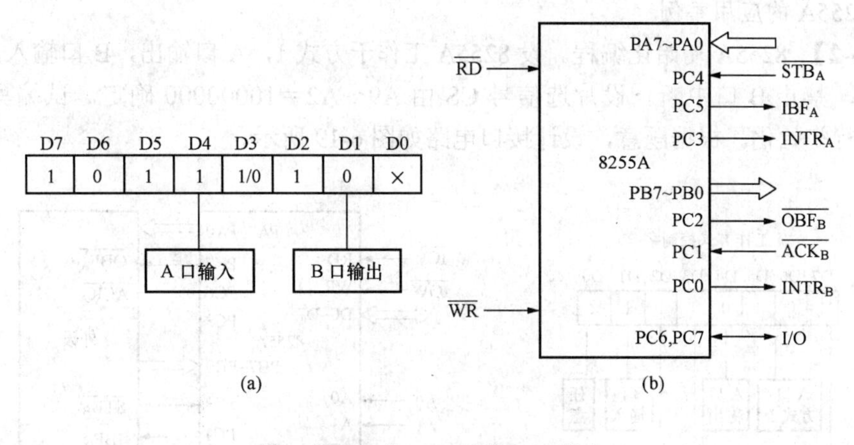

图 6-16　方式 1A 口输入 B 口输出

（a）工作方式控制字；（b）连线图

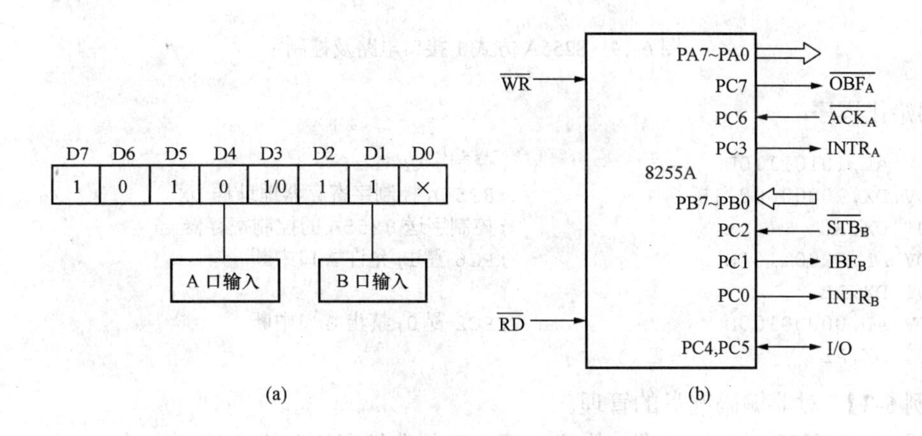

图 6-17　方式 1A 口输出 B 口输入

（a）工作方式控制字；（b）连线图

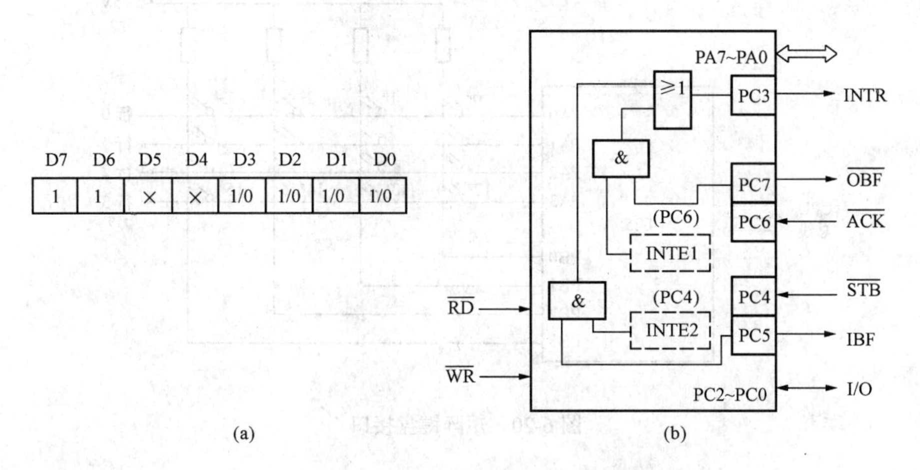

图 6-18　方式 2 时端口线的功能

（a）工作方式控制字；（b）接线图

6. 8255A 的应用举例

【例 6-2】 8255A 初始化编程。设 8255A 工作于方式 1，A 口输出，B 口输入，PC4、PC5 输入，禁止 B 口中断。设片选信号 CS 由 A9～A2＝10000000 确定。试编写程序对 8255A 进行初始化。根据题意，设计接口电路如图 6-19 所示。

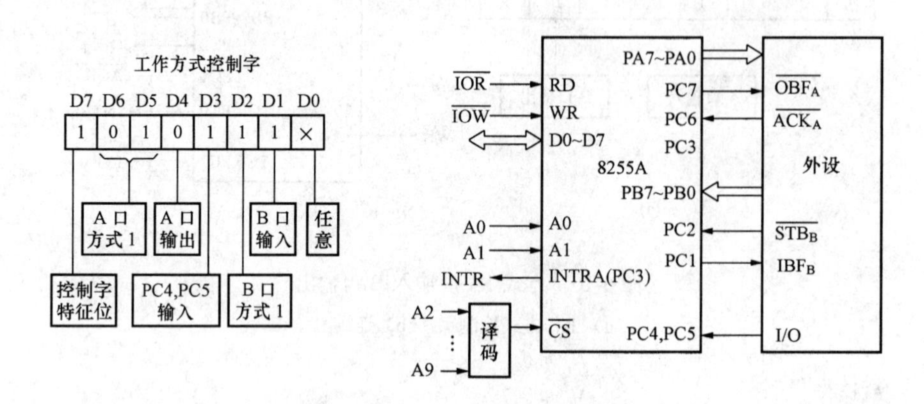

图 6-19 8255A 方式 1 接口电路及控制字

初始化程序：

```
MOV AL,10101110B                    ;控制字送 AL
MOV DX,1000000011B                  ;8255A 控制字寄存器地址送 DX
OUT DX,AL                           ;控制字送 8255A 的控制寄存器
MOV AL,00001101B                    ;PC6 置 1,允许 A 口中断
OUT DX,AL
MOV AL,00000100B                    ;PC2 置 0,禁止 B 口中断
OUT DX,AL
```

【例 6-3】 对非编码键盘的管理。

如图 6-20 所示，使用 8255A 构成 4 行 4 列的非编码矩阵键盘控制电路。

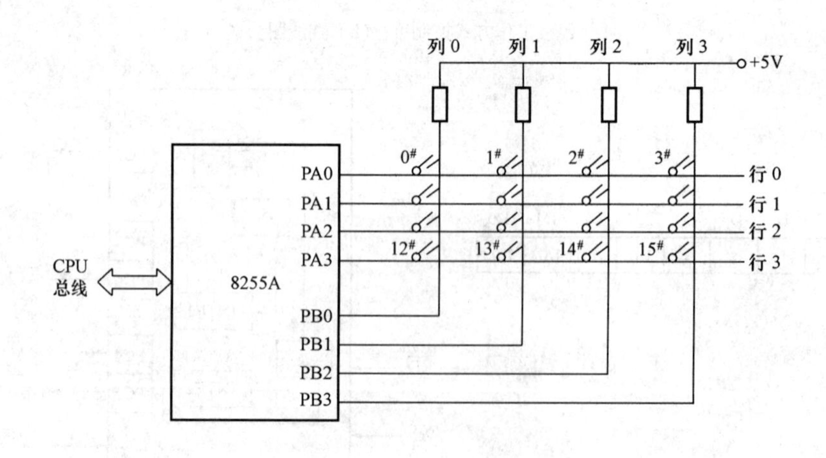

图 6-20 矩阵键盘接口

图 6-20 中 8255A 的 A 口工作于方式 0 输出，B 口工作于方式 0 输入。键盘工作过程如下：首先进行第 1 次键盘扫描（判断是否有键按下）。使 A 口 PA3～PA0 输出均为 0，然

后读入 B 口的值，查看 PB3～PB0 是否有低电平，若没有低电平，则说明没有键按下，继续进行扫描。若 PB3～PB0 中有一位为低电平，使用软件延时 10～20ms 以消除抖动，若低电平消失，则说明低电平是由干扰，或按键的抖动引起的，必须再次扫描，否则，则确认有键按下，接着进行第 2 次扫描（行扫描，判断所按键的位置）。首先通过 A 口输出使 PA0＝0，PA1＝1，PA2＝1，PA3＝1 对第 0 行进行扫描，此时，读入 B 口的值，判断 PB3～PB0 中是否有某一位为低电平，若有低电平，则说明第 0 行某一列上有键按下。如果没有低电平，接着使 A 口输出 PA0＝1、PA1＝0、PA2＝1、PA3＝1 对第 1 行进行扫描，按上述方法判断，直到找到被按下的键，并识别出其在矩阵中的位置，从而可根据键号去执行该键对应的处理程序。

设图 6-20 中 8255A 的 A 口、B 口和控制寄存器的地址分别为 80H、81H 和 83H，其键盘扫描程序如下：

```
;判断是否有键按下
MOV AL, 82H                  ;初始化 8255A,A 口方式 0 输出,B 口方式 0 输入
OUT 83H,AL                   ;将工作方式控制字送控制寄存器
MOV AL,00H
OUT 80H,AL                   ;使 PA3=PA2=PA1=PA0=0
LOOA:  IN AL, 81H            ;读 B 口,判断 PB3～PB0 是否有一位为低电平
AND AL,0FH
CMP AL,0FH
JZ LOOA                      ;PB3～PB0 没有一位为低电平时转 LOOA 继续扫描
CALL D20ms                   ;PB3～PB0 有一位为低电平时调用延时 20ms 子程序
IN AL,81H                    ;再次读入 B 口值。如果 PB3～PB0 仍有一位为低电平,
AND AL,0FH                   说明确实有键按下,继续往下执行,以判断是哪个键
CMP AL,0FH                   ;按下;如果延时后 PB3～PB0 中低电平不再存在,
JZ LOOA                      说明是干扰或抖动引起,转 LOOA 继续扫描
;判断哪一个键按下
START:  MOV BL,4             ;行数送 BL
MOV BH,4                     ;列数送 BH
MOV AL,0FEH                  ;D0=0,准备扫描 0 行
MOV CL,0FH                   ;键盘屏蔽码送 CL
MOV CH,0FFH                  ;CH 中存放起始键号
LOP1:  OUT 80H,AL            ;A 口输出,扫描一行
ROL AL,1                     ;修改扫描码,准备扫描下一行
MOV AH,AL                    ;暂时保存
IN AL,81H                    ;读 B 口,以便确定所按键的列值
AND AL,CL
CMP AL,CL
JNZ LOP2                     ;有列线为 0,转 LOP2,找列值
ADD CH,BH                    ;无键按下,修改键号,使适合下一行找键号
MOV AL,AH                    ;恢复扫描码
DEC BL                       ;行数减 1
JNZ LOP1                     ;行未扫描完转 LOP1
JMP START                    ;重新扫描
LOP2:  INC CH                ;键号加 1
ROR AL,1                     ;右移一位
JC LOP2                      ;无键按下,查下一列线
MOV AL,CH                    ;已找到,键号送 AL
CMP AL,0
```

```
    JZ KEY0                           ;是 0 号键按下,转 KEY0 执行
    CMP AL,1
    JZ KEY1                           ;是 1 号键按下,转 KEY1 执行
    ......
    CMP AL,0EH
    JZ KEY14                          ;是 14 号键按下,转 KEY14 执行
    JMP KEY15                         ;不是 0～14 号键,一定是 15 号键,转 KEY15 执行
```

【例 6-4】 利用 8255A 作为两机并行通信接口。

两台 PC 机通过 8255A 构成如图 6-21 所示的并行数据传送接口，A 机发送数据，B 机接收数据。A 机一侧的 8255A 工作于方式 1 输出，从 PA7～PA0 发送由 CPU 写入 A 口的数据，PC3、PC7 和 PC6 提供 A 机一侧 8255A 的 A 口工作于方式 1 时的联络信号 INTR、OBF 和 ACK。B 机一侧的 8255A 工作于方式 0 输入，从 PA7～PA0 接收 A 机送来的数据，PC4 和 PC0 选作联络信号。

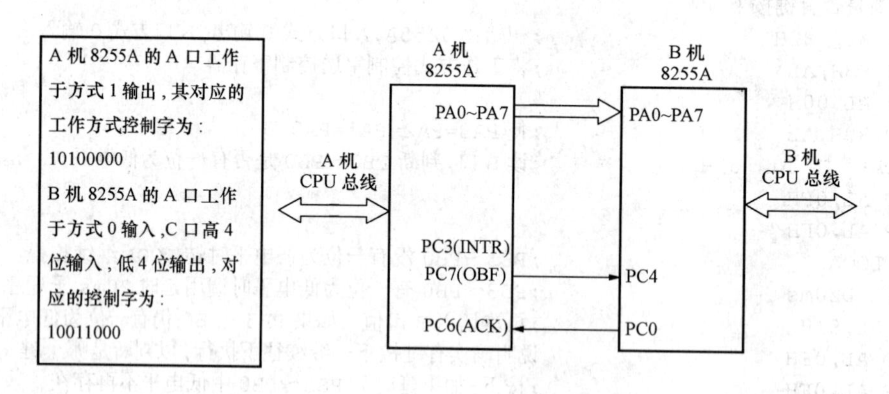

图 6-21　两台 PC 机并行通信接口电路原理图

工作过程如下：A 机将数据从 A 口送出后，经 PC7 送出 OBF 有效信号，B 机查询到 OBF 信号（经 B 机一侧 8255A 的 PC4 引脚）有效后，从 A 口读入数据，并通过软件在 PC0 上产生一个 ACK 有效信号，该信号的上升沿使 A 机的 8255A 的 PC3 上产生有效的 INTR 信号，A 机 CPU 查询到 INTR 有效（PC3 为高电平）时，接着发送下一个数据，如此不断重复，直到发送完所有的数据为止。

假设两台 PC 机传送 1KB 数据，发送缓冲区为 0300H，接收缓冲区为 0400H，A、B 两机的 8255A 的端口地址均为 300～303H。驱动程序如下：

```
    ;A 机的发送程序
    MOV AX,0300H
    MOV ES,AX                         ;设置 A 机发送数据缓冲区段地址
    MOV BX,0                          ;设置 A 机发送数据缓冲区偏移地址
    MOV CX,03FFH                      ;设置发送字节数
    ;对 A 机 8255A 进行初始化
    MOV DX,303H                       ;指向 A 机 8255A 的控制寄存器
    MOV AL,10100000B                  ;8255A 指定为工作方式 1 输出
    OUT DX,AL
    MOV AL,00001101B                  ;置发送中断允许 INTEA=1
    OUT DX,AL
    ;发送数据
```

```
MOV DX,300H                      ;向 A 口写第 1 个数据,产生第一个 OBF 信号,对方
MOV AL,ES: [BX]                   查询到 OBF 信号有效后，读入数据,并通过软件在 PC0
                                  上发出 ACK 信号,该信号上升沿使 A 机 8255A 的 PC3
                                  产生有效的 INTR 信号,A 机 CPU 查询到
OUT DX,AL                        ;该信号有效后,再接着发下一个数据
INC BX                           ;缓冲区指针加 1
DEC CX                           ;计数器减 1
LOOP0: MOV DX,302H               ;指向 8255A 的 C 口,读有关状态信息
LOOP1: IN AL,DX
AND AL,08H                       ;查询中断请求信号 INTR(PC3)=1?
JZ LOOP1                         ;若 INTR=0 则等待,否则向 A 口发数据
MOV DX,300H
MOV AL,ES: [BX]
OUT DX,AL
INC BX                           ;缓冲区指针加 1
LOOP LOOP0                       ;数据未送完,继续
MOV AX,4C00H
INT 21H                          ;返回 DOS
;B 机接收数据
MOV AX,0400H
MOV ES,AX                        ;设 B 机接收缓冲区段地址
MOV BX,0                         ;设 B 机接收缓冲区偏移地址
MOV CX,3FFH                      ;置接收字节数计数器
;对 B 机的 8255A 初始化
MOV DX,303H                      ;指向 B 机 8255A 的控制寄存器
MOV AL,10011000B                 ;设 A 口和 C 口高 4 位为方式 0 输入
OUT DX,AL                        ;C 口低 4 位为方式 0 输出
MOV AL,00000001B                 ;置 PC0=ACK=1
OUT DX,AL
LOOP0: MOV DX,302H               ;指向 C 口
LOOP1: IN AL,DX                  ;查 A 机的 OBF(B 机的 PC4)=0?
AND AL,10H                       ;即查询 A 机是否发来数据
JNZ LOOP1                        ;若未发来数据,则等待
MOV DX,300H                      ;发来数据,则从 A 口读数据
IN AL,DX
MOV ES: [BX] ,AL                 ;存入接收缓冲区
MOV DX,303H                      ;产生 ACK 信号,并发回 A 机
MOV AL,0                         ;PC0 置 0
OUT DX,AL
NOP                              ;延时,使所产生的有效 ACK 信号(低电平)持续
NOP
MOV AL,01H                       ;PC0 置 1,使 ACK 变为高电平,注意在此信号作用下,
OUT DX,AL                        A 机 8255A 的 PC3 变为高电平
INC BX                           ;缓冲区指针加 1
DEC CX                           ;计数器减 1
JNZ LOOP0                        ;不为 0,继续
MOV AX,4C00H
INT 21H                          ;返回
```

三、带有 I/O 接口、计时器和静态 RAM 的 8155 芯片

8155 芯片内具有 256 个字节的 RAM，两个 8 位，一个 6 位的可编程 I/O 和一个 14 位计数器，与 MCS-51 单片机相连接的接口简单，是单片机应用系统中广泛使用的芯片之一。

1. 8155 的结构

按照器件的功能，8155 可由下列三部分组成，其逻辑结构如图 6-22 所示。

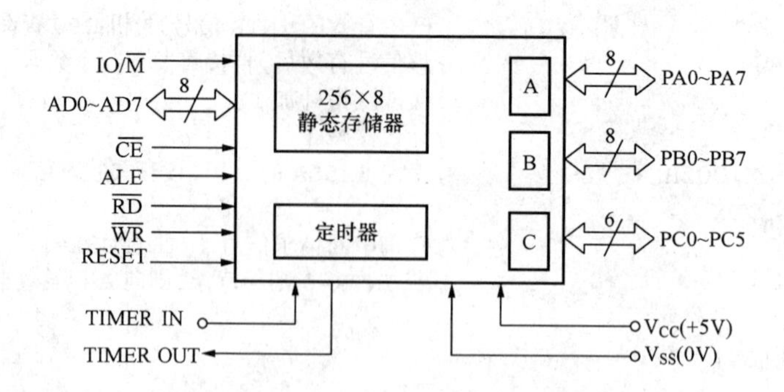

图 6-22　8155 逻辑结构

（1）随机存储器部分。容量为 256×8 位的静态 RAM。

（2）I/O 接口部分。

1）端口 A，可编程序 8 位 I/O 端口 PA0～PA7。

2）端口 B，可编程序 8 位 I/O 端口 PB0～PA7。

3）端口 C，可编程序 6 位 I/O 端口 PC0～PA5。

4）命令寄存器。8 位寄存器，只允许写入。

5）状态寄存器。8 位寄存器，只允许读出。

（3）计数器/定时器部分。是一个 14 位的二进制减法计数器/计时器。

2. 8155 的引脚功能

8155 具有 40 个引脚采用双列直插式封装，引脚分布图如图 6-23 所示，其功能定义如下：

引脚	名称	名称	引脚
1	PC3	V_{CC}	40
2	PC4	PC2	39
3	TIMERIN	PC1	38
4	RESET	PC0	37
5	PC5	PB7	36
6	TIMEROUT	PB6	35
7	IO/$\overline{M}$	PB5	34
8	$\overline{CE}$	PB4	33
9	$\overline{RD}$	PB3	32
10	$\overline{WR}$	PB2	31
11	ALE	PB1	30
12	AD0	PB0	29
13	AD1	PA7	28
14	AD2	PA6	27
15	AD3	PA5	26
16	AD4	PA4	25
17	AD5	PA3	24
18	AD6	PA2	23
19	AD7	PA1	22
20	GND	PA0	21

8155

图 6-23　8155 引脚结构

（1）AD0～AD7（三态）：数据总线，可以直接与 MCS-51 的 P0 口相连接。在允许地址锁存信号 ALE 的后沿（即下降沿），将 8 位地址锁存在内部地址寄存器中。该地址可作为存储器部分的低 8 位地址，也可以是 I/O 接口的通道地址，这将由输入的 IO/$\overline{M}$ 信号的状态来决定。

在 AD0～AD7 引脚上出现的数据信息是读出还是写入 8155，由系统控制信号 $\overline{WR}$ 或 $\overline{RD}$ 来决定。

（2）RESET：这是由 MCS-51 提供的复位信号，作为器件总清零使用，RESET 信号的脉冲宽度一般为 600ns。当器件被总清零后，各转接口被置成输入工作方式。

（3）ALE：允许地址锁存信号。该控制信号由 MCS-51 发出，在该信号的后沿，将 AD0～AD7 上的低 8 位地址、片选信号 $\overline{CE}$ 以及 IO/$\overline{M}$ 信号锁存在片内的锁存器内。

（4）$\overline{CE}$：这是低电平有效的片选信号。当 8155 的引脚$\overline{CE}$＝0 时，器件才允许被启用，否则为禁止使用。

（5）IO/$\overline{M}$：为 I/O 转接口或存储器的选择信号。当 IO/$\overline{M}$＝1 时，选择 I/O 电路，当 IO/$\overline{M}$＝0 时，选择存储器件。

（6）$\overline{WR}$（写）：在片选信号有效的情况下（即$\overline{CE}$＝0），该引脚上输入一个低电平信号（$\overline{WR}$＝0）时，将 AD0～AD7 线上的数据写入 RAM 某一单元内（当 IO/$\overline{M}$＝0 时），或写入某一 I/O 端口电路（当 IO/$\overline{M}$＝1 时）。

（7）$\overline{RD}$（读）：在片选信号有效的情况下（即$\overline{CE}$＝0），如果该引脚上输入一个低电平信号（$\overline{RD}$＝0）时，将 8155RAM 某单元的内容读至数据总线（当 IO/$\overline{M}$＝0 时），或将某一 I/O 口电路的内容读至数据总线（当 IO/$\overline{M}$＝1 时）。

由于系统控制的作用，$\overline{WR}$（写）和$\overline{RD}$（读）信号不会同时有效。根据上面分析：

1）写 RAM 的必要条件是：（IO/$\overline{M}$＝0）•（$\overline{WR}$＝0）•（$\overline{CE}$＝0）；

2）写 I/O 端口电路的必要条件是：（IO/$\overline{M}$＝1）•（$\overline{WR}$＝0）•（$\overline{CE}$＝0）；

3）读 RAM 的必要条件是：（IO/$\overline{M}$＝0）•（$\overline{RD}$＝0）•（$\overline{CE}$＝0）；

4）读 I/O 端口电路的必要条件是：（IO/$\overline{M}$＝1）•（$\overline{RD}$＝0）•（$\overline{CE}$＝0）。

（8）PA0～PA7：这是一组 8 根通用的 I/O 端口线，其数据输入或输出的方向由可编程序的命令寄存器的内容决定。

（9）PB0～PB7：这是一组 8 位的通用 I/O 端口，其数据输入或输出的方向由可编程序的命令寄存器的内容所决定。

（10）PC0～PC5：这是一组 6 位的既具有通用 I/O 端口功能，又具有对 PA 和 PB 起某种控制作用的 I/O 电路。各种功能的实现均由可编程序的命令寄存器的内容所决定。

PA、PB 和 PC 各 I/O 端口的状态，可由读出状态寄存器的内容而得到。

（11）TIMER IN：这是 14 位二进制减法计数器的输入端。

（12）TIMER OUT：这是一个计时器的输出引脚。可由计量器的工作方式决定该输出信号的波形。

（13）V_{CC}为＋5V 电源引脚。

（14）V_{SS}为＋5V 电源的地线。

3. 8155 的工作原理

8155 的内部结构较复杂。这里主要介绍它的三组 I/O 端口电路及 14 位二进制减法器的工作原理。

（1）8155 I/O 端口工作原理。8155 的三组 I/O 端口电路的工作方式，均由可编程序的命令寄存器的内容所规定，而其状态可由读出状态寄存器的内容而获得。上面已经叙述，8155 的命令寄存器和状态寄存器分别为各自独立的 8 位寄存器。在 8155 的器件内部，从逻辑上来说，只允许写入命令寄存器和读出状态寄存器内容。而实际上，读命令寄存器内容及写入状态寄存器的操作是不可能同时实现的。因此完全可将命令寄存器和状态寄存器的地址合用一个通道地址，以减少器件占用的通道地址；同时将两个寄存器简称为命令/状态寄存器，有时以 C/S 寄存器来表示。

1）8155 的命令字格式。命令寄存器由 8 位组成，每一位都能锁存。其中低 4 位（0～3 位）用来定义 PA、PB 和 PC 接口的工作方式；当 PC 用作控制 PA 或 PB 的端口工作时，第 4、5 两位分别用来允许或禁止 PA 和 PB 的中断，而最高两位（第 6、7 两位）则和来定义计数器/计时器的工作方式。利用输出指令，可以将对命令寄存器的各位编码打入其中。8155 命令寄存器各位的定义如图 6-24 所示。

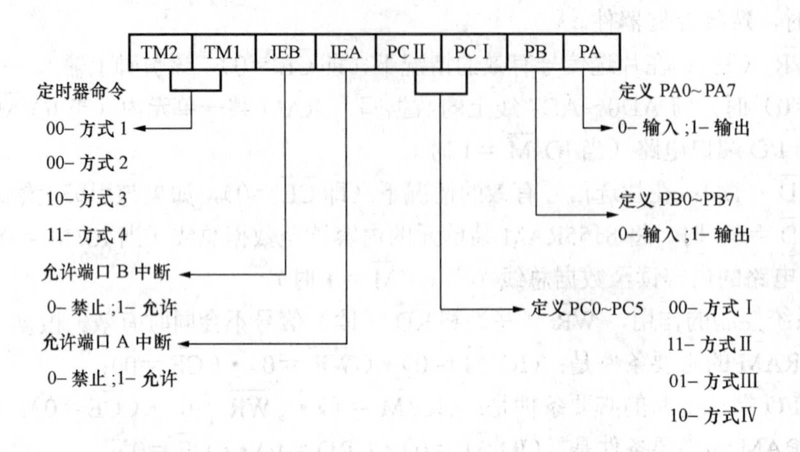

图 6-24 8155 命令寄存器定义

①第 0 位（PA），定义 PA0～PA7 数据信息传送的方向。“0”——输入方式；“1”——输出方式。

②第 1 位（PB）。定义 PB0～PB7 数据信息传送方向。“0”——输入方式；“1”——输出方式。

③第 3，2 位（PCⅡ，PCⅠ）。定义 PC0～PC5 的工作方式。“00”——方式Ⅰ，“11”——方式Ⅱ；“01”——方式Ⅲ，“10”——方式Ⅳ。方式Ⅰ～Ⅳ时，PC0～PC5 的各位功能如表 6-4 所示。

表 6-4　端口 C 控制分配表

PCⅡPCⅠ	00	11	01	10
方式	Ⅰ	Ⅱ	Ⅲ	Ⅳ
PC0	输入	输出	AINTR	AINTR
PC1	输入	输出	ABF	ABF
PC2	输入	输出	$\overline{\text{ASTB}}$	$\overline{\text{ASTB}}$
PC3	输入	输出	输出	BINTR
PC4	输入	输出	输出	BBF
PC5	输入	输出	输出	$\overline{\text{BSTB}}$

④第 4 位（IEA）。在端口 C 对 PA0～PA7 起控制作用的工作方式时，IEA 位用来定义允许端口 A 的中断。“0”——禁止；“1”——允许。

⑤第 5 位（IEB）。当端口 C 工作在对 PB0～PB7 起控制作用的工作方式时，IEB 位用来定义允许端口 B 的中断。“0”——禁止；“1”——允许。

⑥第 7，6 位（TM2，TM1）。用来定义定时器/计数器工作的命令。有四种情况，分别如表 6-5 所示。

表 6-5　　　　　　　　　　　　计时器/计数器工作方式定义表

TM2TM1	方　式
0 0	不影响定时器工作
0 1	若计数器未启动，则无法操作；若计数器已运行，则停止计数
1 0	达到当前计数 TC 后，立即停止，如未启动定时器，则无法操作
1 1	装入方式和计数值后，立即启动定时器，如定时器已在运行，则达到当计数值后，按新的方式和长度予以启动

2）8155 的状态字格式。状态寄存器为 8 位，各位均可锁存，其中最高位为任意位，低 6 位用于指定接口的状态，另一位用作指示定时器/计数器的状态之用。

通过读 C/S 寄存器的操作(即用指令系统的输入指令)，可读出状态寄存器的内容，8155 的状态字格式如图 6-25 所示。

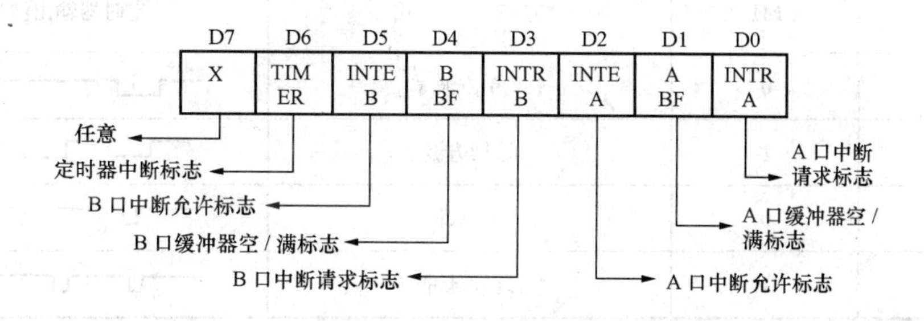

图 6-25　8155 状态字格式

3）8155 的端口电路。8155 器件的 I/O 部件由 5 个寄存器组成。其中两个是命令/状态寄存器（C/S），地址为×××××000。如前所述，当写操作期间选中 C/S 寄存器时，就把一个命令（按图 6-24 的定义）写入命令寄存器中，并且命令寄存器的状态不能通过其引脚来读取；当读操作期间选中 C/S 寄存器时，将 I/O 端口和定时器的状态信息（按图 6-25 格式）读出。

另外，两个寄存器为 PA 和 PB。根据 C/S 寄存器的内容，分别对 PA0～PA7 和 PB0～PB7 编程，使相应的 I/O 电路处于基本的输入或输出方式，或选通方式。PA 和 PB 寄存器的地址分别为×××××001 和×××××010。

最后一个寄存器是 PC，其地址为×××××011。该寄存器仅 6 位，可以对 I/O 端口电路 PC0～PC5 进行编程，或对命令寄存器命令字的第 2、3 位（PC1 和 PC11）进行适当编程，使其成为 PA 和 PB 的控制信号，详见表 6-4。

（2）8155 定时器/计数器工作原理。8155 的定时器是一个 14 位的减法计数器，它能对输入定时器的脉冲进行计数，在达到最后计数值时，有一矩形波或脉冲输出。

为了对定时器进行程序控制，首先装入计数长度。由于计数长度为 14 位（第 0～13 位），因每次装入的长度只能是 8 位，所以必须分两次装入。装入计数长度寄存器的值为 2H～3FFFH。而第 14、15 位用来规定定时器的输出方式。定时器格式如图 6-26 所示。

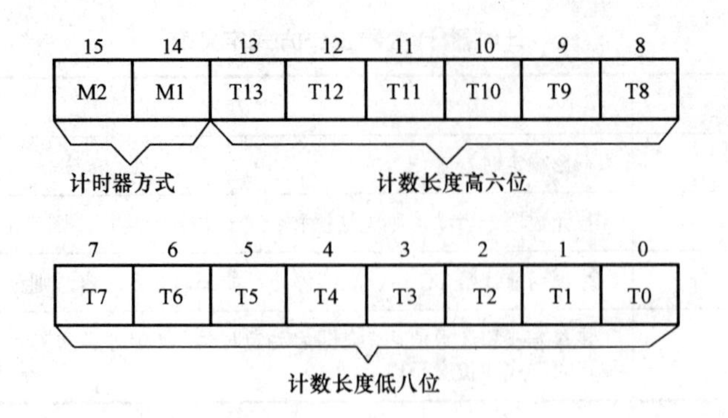

图 6-26　定时器格式

图 6-26 中最高两位（M2，M1）定义的定时器方式如表 6-6 所示。

表 6-6　　定时器方式定义表

M2	M1	方　　式	定时器输出波形
0	0	单方波	
0	1	连续方波	
1	0	单脉冲	
1	1	连续脉冲	

应该注意，硬件复位信号的到达，会使 8155 计数器停止计数，直至由 C/S 寄存器发出启动定时器命令为止。

4. MCS-51 和 8155 的接口方法和应用

MCS-51 单片机可以和 8155 直接连接，不需要任何外加电路，对系统增加 256 个字节的 RAM、22 位 I/O 线及一个计数器。8031 和 8155 的接口方法如图 6-27 所示。I/O 口地址由表 6-7 得到，即 7F00H～7F05H。

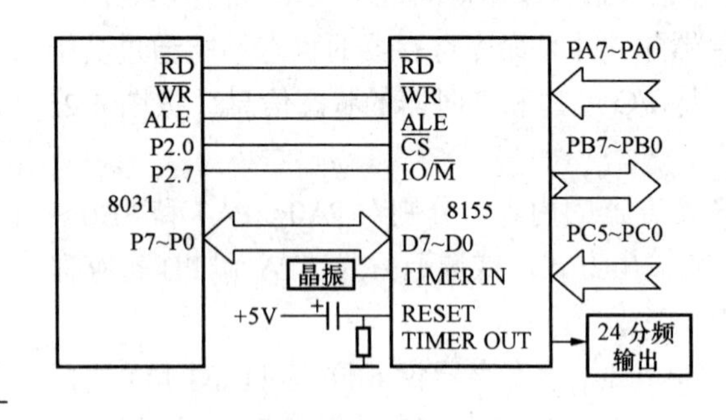

图 6-27　8155 与 8031 连接

若 A 口定义为基本输入方式，B 口定义为基本输出方式，定时器作为方波发生器，对 8031 的晶振频率进行二十四分频（但需注意 8155 的最高计数频率约 4MHz），则

表 6-7　　I/O 口编址表

A15	A14	A13	A12	A11	A10	A9	A8	A7	A6	A5	A4	A3	A2	A1	A0	I/O 口
0	×	×	×	×	×	×	1	×	×	×	×	×	0	0	0	命令状态口
0	×	×	×	×	×	×	1	×	×	×	×	×	0	0	1	PA 口
0	×	×	×	×	×	×	1	×	×	×	×	×	0	1	0	PB 口
0	×	×	×	×	×	×	1	×	×	×	×	×	0	1	1	PC 口

续表

A15	A14	A13	A12	A11	A10	A9	A8	A7	A6	A5	A4	A3	A2	A1	A0	I/O 口
0	×	×	×	×	×	×	1	×	×	×	×	×	1	0	0	定时器低 8 位口
0	×	×	×	×	×	×	1	×	×	×	×	×	1	0	1	定时器高 8 位口

8155I/O 口初始化程序如下：

```
STAT: MOV   DPTR,#7F04H     ;定时器低 8 位送#18H（24D）
      MOV   A,#18H
      MOVX  @DPTR,A
      INC   DPTR            ;DPTR+1→DPTR=#7F05H
      MOV   A,#40H          ;定时高 6 位送 000000B 工作方式为连续方波;对 f 晶振 24
                             分频
      MOVX  @DPTR,A
      MOV   DPTR,#7FOOH     ;命令状态口
      MOV   A,#OC2H
      MOVX  @DPTR,A
        ⋮
```

在同时需要扩展 RAM 和 I/O 口及计数器的 MCS-51 应用系统中选用 8155 是特别经济的。8155 的 RAM 可以作为数据缓冲器，8155 的 I/O 口可以外接打印机、A/D、D/A、键盘等控制信号的输入输出。8155 的定时器可以作为分频器或定时器。

第二节　键盘/显示器接口扩展

键盘和显示器是单片机系统的中最重要的组成部分，键盘为输入设备，通过键盘可以设置系统的参数或输命令；显示器则为输出设备，单片机通过显示器显示采集的数据或处理结果。本节首先介绍单片机系统扩展键盘和 LED 显示技术。

一、键盘接口扩展

1. 按键的去抖动处理

键盘是一组按钮开关矩阵，通常情况下，按钮开关处于断开状态，当按下键时它们才闭合（短路），如图 6-28（a）所示。按照识别按键的方法不同，键盘可分为编码键盘和非编码键盘。按键的识别由专用的硬件实现，并能产生键值的称为编码键盘，自编软件识别的键盘称为非编码键盘。由于采用非编码键盘可以降低成本，在单片机系统中，当按键数量不多时，大家更喜欢采用非编码键盘。

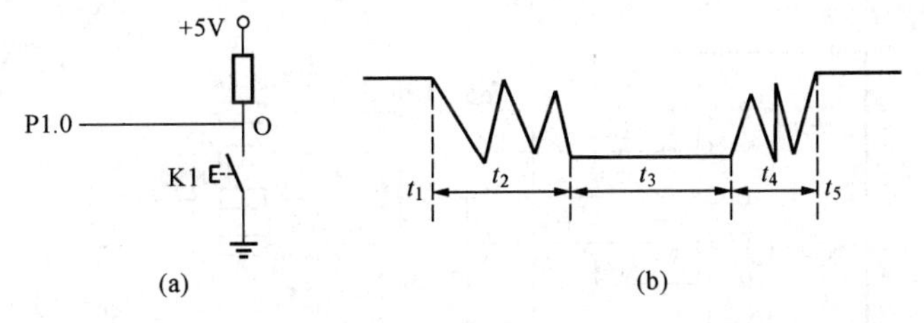

图 6-28　键盘按键原理

（a）键盘按钮开关电路；（b）按键抖动波形

通常情况下，当按下和松开按钮开关 K1 时，由于机械触点的弹性作用，图 6-28（a）中 O 点的电压变化如图 6-28（b）所示。没按键时，O 点为高电平（t_1）；按下的瞬间，O

点的电压处于一种不稳定（抖动）状态（t_2）；然后，进入闭合期，O 点电压为低电平（t_3）；当松开的瞬间，O 点的电压再一次处于抖动状态（t_4）；最后，O 点电压恢复为高电平（t_5）。按一次键要经过两个抖动期 t_1 和 t_2，每次抖动的时间大约在 5～10ms 之间。由于单片机工作在微秒数量级，必须进行去抖动处理，否则，按键一次会造成单片机的多次响应。常用的去抖动方法有两种：一种是采用硬件电路如滤波电路、双稳态电路等实现去抖；另一种是通过软件实现，即发现有键按下时，延时 10～20ms 再查询一次，若仍为低电平说明确实有键被按下，然后，等待按键的释放，即查询到图 6-28（a）中的 O 点为高电平时，还要延时 10～20ms，当 O 点仍为高电平时，才为一次按键结束。如果不检测按键的释放，当按键时间很长时，同样可能一次按键造成单片机的多次处理。

2. 键盘的结构与工作原理

非编码键盘按照结构的不同可分为：独立式键盘和行列式键盘。独立式键盘的处理程序简单，适合于键数较少的场合，行列式键盘处理程序稍复杂点，适合于键数较多的场合。

（1）独立式键盘及其工作原理。独立式键盘是各按键互相独立，分别接一条输入数据线，各按键的状态互不影响，结构如图 6-29 所示。

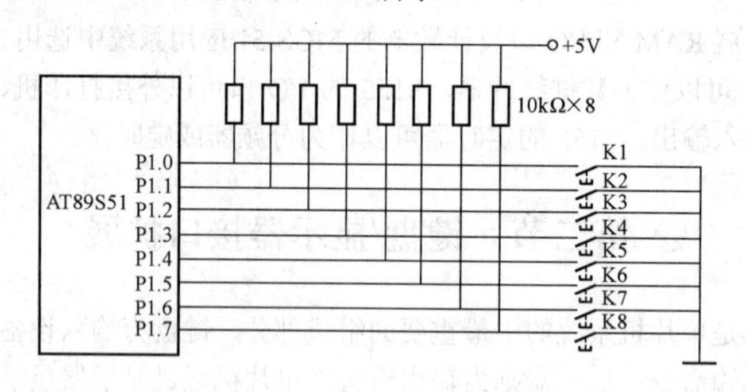

图 6-29　独立式键盘结构

当没有键被按下时，由于外边有上拉电阻，读得 P1 口的值为 0FFH，当有键被按下时，如 K4 被按下，则读得 P1 口的值为 0F7H。只要读得数据口的值即可知道是否有键被按下，或按下了哪个键。

（2）行列式键盘的结构与工作原理。键数较多时，独立式键盘结构需要占用很多 I/O 口线，会浪费许多资源，这时，常采用行列式键盘结构，即将键盘排列成行、列矩阵式，如图 6-30 所示。

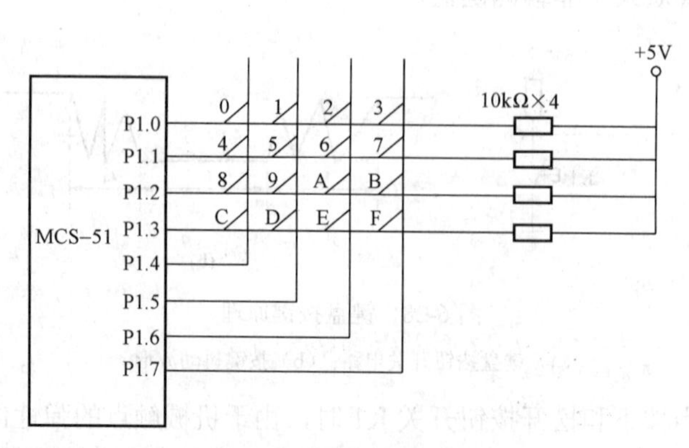

图 6-30　行列式键盘结构

在图 6-30 中，每一水平线（行线）与垂直线（列线）的交叉处连接一个按钮开关，即开关的两端分别接在行线和列线上，N 个行线和 M 个列线可组成 M×N 个按键的键盘。工作原理为所有行线输出为高电平，所有列线输出为低电平，读行线，若有键闭合，读回的行线值不全为高。

对按键的识别方法如下：

（1）确定是否有键被按下。具体方法为所有的行线输出高电平，所有的列线输出低电平，读行线，若行线中有低电平，延时 20ms 再读一次行线（去抖动），若仍为低电平说明有键闭合，把读到的四位行线状态保存起来。

（2）当确认有键闭合时，使所有的行线输出低电平，所有的列线输出高电平，然后，读列线状态。

（3）将第一次读得的四位行线值作为低 4 位，第二次读得的 4 位列线值作为高 4 位组成一个字节，然后，将该字节取反得到的值称为键值。

键值和键号是两个不同的概念，键值即当有键按下时，单片机读得的值，键号是印在键帽上的值，两者存在一一对应的关系。在图 6-30 中，设键号为“6”的键闭合，则第一次读的行线 P1.3、P1.2、P1.1、P1.0 的状态为 1101；第二次的列线 P1.7、P1.6、P1.5、P1.4 的状态为 1011，列、行状态组合后为 10111101B，取反后为 01000010B，以十六进数计为 42H，即键号为“6”的键对应的键值为 42H。同理可以求出图 6-30 中的其他键号与键值的对应关系，如表 6-8 所示。

表 6-8　　键号与键值对应关系表

键号	0	1	2	3	4	5	6	7	8	9	A	B	C	D	E	F
键值	11	21	41	81	12	22	42	82	14	24	44	84	18	28	48	88

表 6-8 中的键值由两位十六进制数组成，高位和低位分别为闭合键所在列号和行号，1、2、4、8 分别表示第 1、2、3、4 行或列，如果需要，可以通过软件将键值转成键号。

【例 6-5】 某单片机系统的键盘电路如图 6-30 所示，编写程序当有键闭合时，将闭合键的键号存于键盘缓冲 KEYBUFF 单元，并将按键标志 KPRESSED 置 1。

解：设键盘缓冲 KEYBUFF 为 30H 单元，按键标志 KPRESSED 的位地址为 00H，系统的晶体振荡器频率为 6MHz，子程序段如下：

```
KEYBUFF  EQU 30H
KPRESSED EQU 00H
KEYHAND:
        MOV     P1, #0FH            ;行线为高电平,列线为低电平
        MOV     A, P1
        ANL     A, #0FH
        XRL     A, #0FH
        JZ      NOKEY               ;NO key pressed,退出
        ACALL   DLY20MS             ;延时 20ms ，执行去抖动操作
        MOV     A, P1
        ANL     A, #0FH
        MOV     KEYBUFF, A
        XRL     A, #0FH
        JZ      NOKEY               ;没键闭合，退出
        MOV     P1, #0F0H           ;列线为高电平,行线为低电平
```

```
    MOV     A, P1
    ANL     A, #0F0H
    ORL     A, KEYBUFF
    CPL     A                       ;得到键值
    MOV     B ,  A                  ;暂保存键值到寄存器 B
    MOV     KEYBUFF, #0             ;键号单元清 0
ROW:
    CLR     C
    RRC     A
    JC      LINE
    XCH     A , KEYBUFF
    ADD     A , #4                  ;相邻两行同列键号相差为 4
    XCH     A , KEYBUFF
    SJMP    ROW
LINE:
     MOV    A , B
     SWAP   A
     LINE1:
     CLR    C
     RRC    A
     JC     KEY
     INC    KEYBUFF                 ;同一行相邻两列的键号差 1
     SJMP   LINE1
KEY: SETB   KPRESSED
WAIT:
     MOV    A, P1                   ;等待按键释放
     ANL    A, #0F0H
     CJNE   A, #0F0H, WAIT
     SJMP   EXIT
NOKEY: CLR  KPRESSED
EXIT: RET
     ;;;;;;;;;;;;;;;;;;;;;;;;;;;;;;;;;;;;;;;
     ;;;;;;  ;;;;;;;;;;;;;;;;;;;;;;;;;;;;;;;;;
     ;; DLY20ms: 20ms 延时程序
     ;;;;;;;;;;;;;;;;;;;;;;;;;;;;;;;;;;;;;;;
     ;;;;;;;;;;;;;;;;;;;;;;;;;;;;;;;;;;;;;;;
DLY20MS:
         MOV      R7, #40
         DEL1:    MOV R6, #125
         DEL2:    DJNZ R6, DEL2    ; 4*125=500μs
         DJNZ     R7, DEL1
         RET
```

二、数码管显示器 LED 简介

显示器是单片机系统中最重要的输出设备，用来显示系统的运行结果与运行状态等。常见的显示器主要有 LED 数码管显示器、LCD 液晶显示器和 CRT 显示器。由于 LED 数码显示器具有显示清晰、亮度高、使用电压低、寿命长的特点，因此使用非常广泛。本节将介绍 LED 显示器的结构、工作原理。

1. LED 显示器的结构与原理

LED 显示器是由发光二极管组成的显示器件，其外形、引脚及结构如图 6-31 所示。

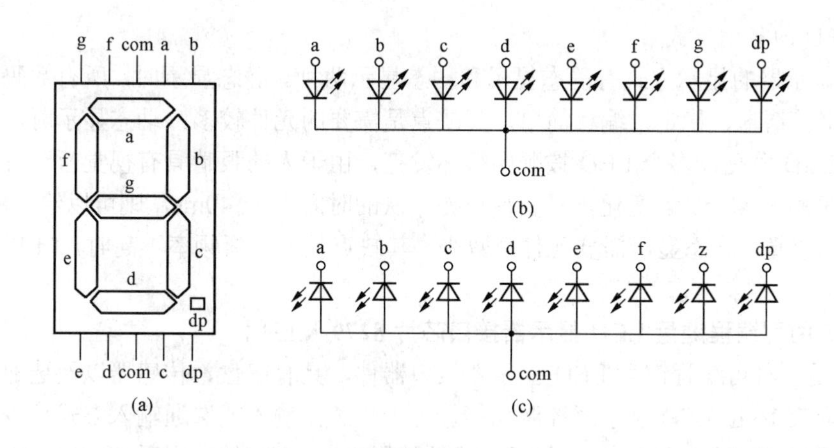

图 6-31　LED 显示器外形、引脚及结构

（a）引脚分布；（b）共阴极 8 段数码管显示器；（c）共阳极 8 段数码管显示器

8 段 LED 显示器由 8 个发光二极管组成，其中，7 个条形发光二极管排列成“日”字形，另一个圆点形的发光二极管位于显示器的右下角，用作显示小数点。每个 LED 显示器通过不同的发光管组合可以显示数字 0～9、A～F、小数点“.”以及一些特殊的字样。

LED 显示器可以分为两种类型，一种是 8 个发光二极管的阳极连在一起，称为共阳极 LED 显示器；另一种是 8 个发光二极管的阴极连在一起的，称为共阴极 LED 显示器。两种类型的 LED 显示器各笔画（段）的安排位置是相同的，当二极管导通时相应的笔画发光（发亮），由发亮的笔画组合显示各种字符。

为了显示字符，必须给 LED 的 a、b、c、d、e、f、g 和 dp 端一个确定的电平，如对于共阴极 LED，为了显示‘0’，则要求 a、b、c、d、e、f 端为高电平，g 和 dp 端为低电平，用数据表示即为 11111100。习惯上，大家常喜欢将 D7 连接至 dp，D6 连接至 g，依次类推，将 D0 连接到 a，这样显示‘0’时对应的“数据”为 00111111（3FH），这里的数据“3FH”常被称为字形码，有的书上称之为“段码”。显然，将共阳极 LED 的段码按位取反即可得到共阴极 LED 的段码。8 段共阴 LED 的段码如表 6-9 所示。

表 6-9　　　　8 段共阴极 LED 段码

字符	dp	g	f	e	d	c	b	a	段码	字符	dp	g	f	e	d	c	b	a	段码
0	0	0	1	1	1	1	1	1	3F	9	0	1	1	0	1	1	1	1	6F
1	0	0	0	0	0	1	1	0	06	A	0	1	1	1	0	1	1	1	77
2	0	1	0	1	1	0	1	1	5B	b	0	1	1	1	1	1	0	0	7c
3	0	1	0	0	1	1	1	1	4F	c	0	0	1	1	1	0	0	1	39
4	0	1	1	0	0	1	1	0	66	d	0	1	0	1	1	1	1	0	5E
5	0	1	1	0	1	1	0	1	6D	E	0	1	1	1	1	0	0	1	79
6	0	1	1	1	1	1	0	1	7D	F	0	1	1	1	0	0	0	1	71
7	0	0	0	0	0	1	1	1	07	P	0	1	1	1	0	0	1	1	73
8	0	1	1	1	1	1	1	1	7F	=	1	1	0	0	1	0	0	0	C8

2. LED 的显示方式

LED 显示器的显示方式有静态显示和动态显示两种。静态显示时，所有数码管同时发亮，显示字符清晰、稳定，编程简单，其缺点是需要的元件较多；动态显示时，每一时刻只有一个 LED 发亮，多个 LED 按顺序循环发亮，由于人的眼睛具有视觉暂留特性，只能分辨出时间大于 40ms 的变化，只要循环亮一次的时间小于 40ms，则可以给人所有 LED 都在发亮的感觉。动态显示需要元件个数少，其缺点是当刷新频率不高时，LED 显示有点闪烁。

三、专用可编程键盘/LED 显示器接口芯片 8279 及应用

8279 是一种可编程键盘/LED 显示器接口器件，具有键盘、传感器以及选通三种输入方式和 8 位或 16 位 LED 显示器控制功能，由于传感器输入或选通输入方式很少使用，在本节只介绍其键盘输入和 LED 的显示方式的使用方法。实际的应用系统中采用 8279 芯片，不仅可以大大地节省 CPU 处理键盘或显示操作的时间，减轻 CPU 的负担，而且显示稳定，编程简单。

1. 8279 的内部结构和工作原理

按功能分类，8279 的内部结构可分为 3 个部分，如图 6-32 所示。

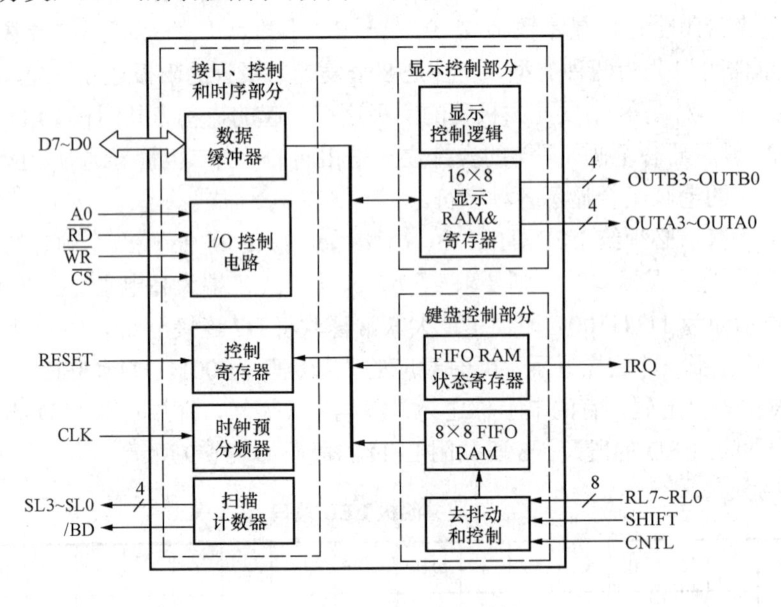

图 6-32　8279 的内部结构

（1）接口、时序和控制部分。

1）数据缓冲器。8279 中有一个双向的数据缓冲器，用于连接内、外部总线，实现单片机和 8279 之间交换信息（命令和数据）。

2）I/O 控制电路。I/O 控制电路接收系统的 $\overline{RD}$、$\overline{WR}$、$\overline{CS}$ 和 A0 信号，实现对 8279 进行读写操作。其中 A0 用于区别信息类型，当 A0＝1 时，表示写入 8279 的信息为命令，从 8279 读出的信息为状态；当 A0＝0 时，表示写入或读出 8279 的信息均为数据。

3）控制寄存器。8279 中有多个控制寄存器，用于指定键盘和显示器的工作方式，这些控制寄存器共用一个地址，由于 8279 的每个命令字中都含有特定的信息，使得写入 8279 的命令会被送到不同的控制寄存器中，然后，通过译码产生相应的信号，从而完成相应的功能。

4）时钟预分频器。8279 内部工作的时钟频率为 100kHz，为了得到这个时钟，有一个专门的时钟分频器（计数器），通过编程指定该分频器对外部 CLK 信号进行 2～31 级分频，以便得到内部所需的 100kHz 时钟。

5）扫描计数器。8279 通过扫描计数器产生键盘和显示器的扫描信号（SL3～SL0），扫描计数器可输出两种不同的扫描信号。当键盘工作在编码方式时，扫描计数器作二进制计数，从 SL3～SL0 输出的是 4 位二进制计数状态，必须通过外部译码电路产生对键盘和显示器的扫描信号；当键盘工作在译码方式时，由 8279 的内部对计数器的最低两位进行译码，从 SL3～SL0 输出的就是对键盘或显示器的扫描信号，在这种情况下，只能有 4 位 LED 显示器。

6）显示控制部分。显示控制部分主要由显示控制逻辑电路和 16 个字节的显示 RAM 以及显示寄存器组成。显示 RAM 用来存放显示数据；显示寄存器分为两组，OUTA3～OUTA0 和 OUTB3～OUTB0 可以单独 4 位输出，也可以合成为 8 位（一个字节）输出，以字节输出时，OUTA3 对应数据总线的 D7，OUTB0 对应数据总线的 D0。8279 工作时，显示寄存器不停地从显示 RAM 中读出显示数据，然后，从 OUTA3～OUTA0 和 OUTB3～OUTB0 输出，与输出的扫描信号（SL3～SL0）配合实现多位 LED 的循环显示。

7）键盘控制部分。键盘控制部分主要由去抖动控制电路、8 个字节的先进先出（FIFO）RAM 和 FIFO RAM 状态寄存器组成。

①去抖动控制电路。键盘工作方式中，回复线 RL7～RL0 是行列式键盘的输入线，当 8279 发现有键闭合时，就把回复线的状态锁存到回复缓冲器中，延时 10ms（内部时钟频率为 100kHz 时），再一次检测闭合键的状态，如果仍然闭合，就把闭合键的信息以及 SHIFT 和 CNTL 引脚的状态一起形成一个键盘数据送入 FIFO RAM。

②FIFO RAM。在键盘方式时，FIFO RAM用于存放键盘数据。键盘数据的格式如下：

D7	D6	D5	D4	D3	D2	D1	D0
CNTL	SHIFT	SCAN			RETURN		

D2～D0：指出闭合键所在行号（RL7～RL0 的状态）。

D5～D3：指出闭合键所在列号（扫描计数器的值）。

D7、D6：分别为控制线 CNTL 和移位线 SHIFT 的状态。

CNTL 线和 SHIFT 线外部可单独接一个开关键，类似于计算机的键盘，通过 CNTL 和 SHIFT 线可以使 8279 外接 64 个按键扩充到 256 个。

③FIFO RAM 状态寄存器。在键盘输入方式时，FIFO RAM 状态寄存器中含有 FIFO RAM 中闭合键的个数以及是否出错等信息，其状态寄存器内容为：

D2～D0（NNN），表示 FIFO RAM 中键盘数据的个数。

D3（F），当 F=1 时，表示 FIFO RAM 已满（即 FIFO RAM 已有 8 个键盘数据）。

D4（U），当 FIFO RAM 中没有数据，单片机对 FIFO RAM 执行读操作时，则置 U 为“1”。

D5（O），当 FIFO 已满，又有键闭合时，FIFO RAM 溢出，置 O 为“1”。

D6（S/E），用于传感器方式时，当几个传感器同时闭合时被置“1”。

D7（DU），在执行清除命令期间 DU=1，当 DU=1 时，对显示 RAM 的写操作无效。因此，在执行清除命令后，需要读 FIFO RAM 状态寄存器，只有在清除命令执行完成后（DU=0），才能进行对显示 RAM 的写操作。

当 FIFO RAM 中有键盘数据时，IRQ 被 8279 置为高电平，程序可以通过查询 IRQ 确认是否有键被按下；IRQ 信号取反后也可以作为中断请求信号，当有键闭合时，单片机通过中断方式读取键值。

2. 8279 与 MCS-51 单片机接口与编程

对 8279 的编程一般可分成三部分，第一部分对 8279 初始化编程，规定其键盘和显示器的工作方式以及对外部 CLK 信号的分频系数等；第二部分为检查键盘情况，当有键按下时，读取键值，然后，进行相应的处理；第三部分为显示部分，即将待显示字符的段码送写入显示 RAM 进行显示。相应地，8279 的接口电路也大致可分为三部分，即与单片机的接口，与键盘的接口和与显示器的接口。常见的由 8279 组成的 8 位 LED 显示器、16 个按键接口电路如图 6-33 所示。

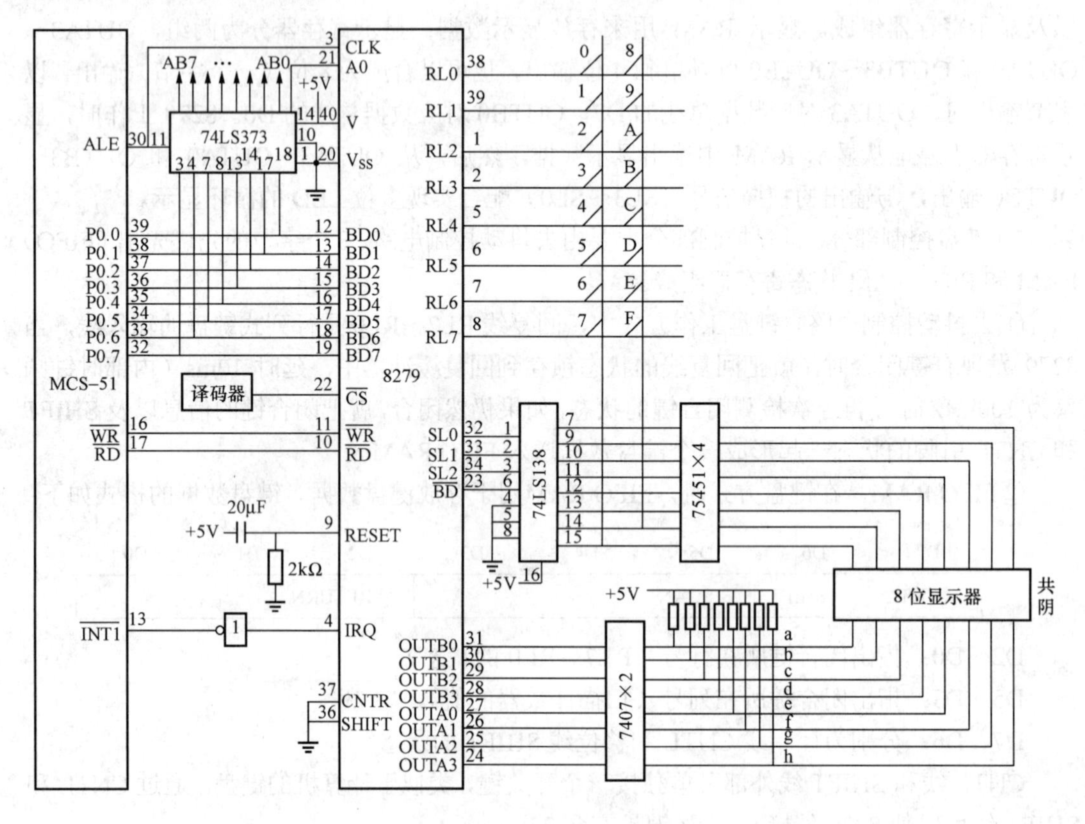

图 6-33　8279 与 MCS-51 单片机连接电路图

电路工作原理如下：

（1）与单片机接口。DB7～DB0 直接接至 P0 口；读引脚 $\overline{RD}$ 接单片机的读信号（$\overline{RD}$）；写引脚 $\overline{WR}$ 接单片机的写信号（$\overline{WR}$）；CLK 引脚接单片机的 ALE 信号，ALE 信号的频率为系统晶体振荡器频率的 1/6；A0 接地址总线 A0。当有键闭合时，IRQ 变为高电平，可以通过中断或查询方式读取键值。

（2）键盘的接口电路。16 个按键接成矩阵形式，由 RL7～RL0 组成行线，外部译码器 74LS138 的输出 Y0 和 Y1 组成列线（或扫描线）。当有键闭合时，读入的 RL7～RL0 不全为零，根据 RL7～RL0 和 SL2～SL0 的状态即可确定闭合键所在的位置。

由于图 6-33 中，CNTL 和 SHIFT 接地，键值字节的最高两位为 00；第一列（74LS138 的第 15 引脚 Y0）对应的 SCAN 为 000，第二列对应的 SCAN 为 001；当 RL7～RL0 的状态分别为：11111110、11111101、11111011、11110111、11101111、11011111、10111111 和 01111111 时，对应的 RETURN 分别为：000、001、010、011、100、101、110 和 111。如图中的“5”号键闭合时，CNTL＝0、SHIFT＝0、SCAN＝000、RETURN＝101，组成一个字节后为：00000101B＝5H，同理可以求出其他的键值，如图 6-34 所示。

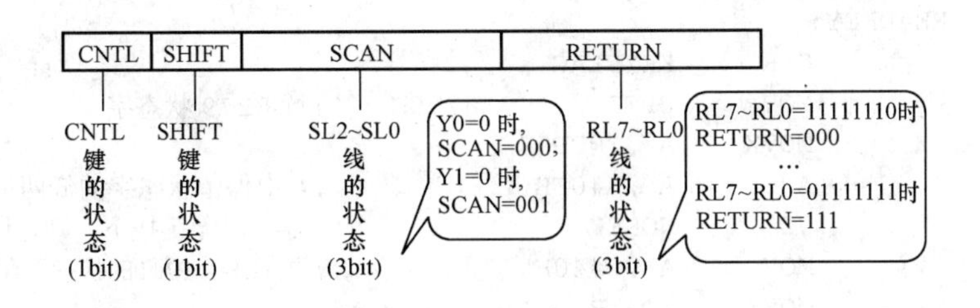

图 6-34　键盘的键值

（3）显示器的接口。图 6-33 中的显示器为 8 位共阴极 LED 显示器，74LS138 输出的 8 条线用于对显示器进行位扫描，75451 和 7407 用于对 LED 进行驱动。

【例 6-6】 电路如图 6-33 所示。编程从键盘输入一个十进制数，并通过 LED 显示出来，按 A～F 时，清除屏幕，输入另一个十进制数。

解：设系统晶振频率为 6MHz，则 CLK 的频率为 1MHz，为了得到 100kHz 的内部时钟，分频系数为 10。内部 RAM 单元 30H～37H 为显示缓冲区。程序如下：

```
CS8279C EQU 0FFFFH
CS8279D EQU 0FFFEH
KEYVALUE EQU 38H
KEYFLAG BIT 00H
    ORG    0000H
    MOV    SP,#60H
    MOV    DPTR , #CS 8279C                   ;8279 初始化
    MOV    A , #00H                           ;8 字符显示,左入口,编码扫描,双键互锁
    MOVX   @DPTR , A
    MOV    A , #2AH                           ;ALE/10=1MHz/10=100kHz
    MOVX   @DPTR , A
    ACALL CLRSCR
    MAINLP :ACALL READKEY
            JNB    KEYFLAG , MAINLP
            MOV    A , KEYVALUE               ;把键值送给 ACC
            CJNE   A , #0AH , NO_A            ;判断是否按下 F1～F6 键
            SJMP   KEY_AF
NO_A:JC      NUMKEY
    KEY_AF :ACALL CLRSCR
             SJMP  MAINLP                     ;若按下 F1～F6 键，则清除已输入的数字
    NUMKEY :MOV    R7 , #7
             MOV    R0 , #37H                 ;将 30H～36H 的内容移至 31H～37H 单元
             MOV    R1 , #36H
    SHIFT  :MOV    A , @R1
             MOV    @R0 , A
             DEC    R0
             DEC    R1
             DJNZ   R7 , SHIFT
```

```
            MOV   30H , KEYVALUE     ;把键值送入显示缓存的第一个单元30H
            ACALL DISPLAY       SJMP MAINLP
;****************************************************************
; READKEY: 读闭合键值
; 出口参数:有键闭合时,键值被存放在KEYVALUE,并置KEYFLAG为1
;****************************************************************
      READKEY:
            CLR     KEYFLAG
            MOV     DPTR , #CS 8279C     ;读8279状态字
            MOVX    A , @DPTR
            ANL     A , #0FH             ;A中保留状态字的低四位
            JZ      NOKEY                ;A=0时无键按下，则返回
            MOV     A , #40H             ;读FIFO RAM的状态寄存器命令字
            MOVX    @DPTR , A
            MOV     DPTR , #CS8279D
            MOVX    A , @DPTR            ;读键值
            MOV     KEYVALUE , A         ;键值码送入KEYVALUE单元
            SETB    KEYFLAG              ;设置键闭合标志
     NOKEY: RET
; ******** 显示子程序 *******************
     DISPLAY:
            MOV     DPTR , #CS 8279C
            MOV     A , #90H             ;写显示RAM命令字
            MOVX    @DPTR , A
            MOV     R7 , #6              ;循环计数初值给R7
            MOV     DPTR , #CS8279D
            MOV     R0 , #30H
       DISP1:PUSH   DPL
            PUSH    DPH
            MOV     A , @R0
            MOV     DPTR , #TAB          ;取段码
            MOVC    A , @A+DPTR
            POP     DPH
            POP     DPL
            MOVX    @DPTR , A            ;送段码显示
            INC     R0
            DJNZ    R7 , DISP1
            RET
;*****************************************
; CLRSCR: 功能 清除屏幕
;*****************************************
     CLRSCR :MOV   R0,#30H
     MOV    R7 , #8
     MOV    A , #0AH                     ;全灭的段码偏移量给ACC
 CS1: MOV   @R0 , A
     INC    R0
     DJNZ   R7 , CS1
     ACALL  DISPLAY
     RET
     TAB :DB 3FH,06H,5BH,4FH,66H,6DH,7DH,07H,7FH,6FH,00H ;0~9 全灭
     END
```

第三节　单片机系统存储器的扩展

MCS-51 单片机的内部集成了 CPU、RAM、程序存储器、定时器/计数器、I/O 接口以及串行通信接口等，使用起来非常方便，对于简单的控制及检测系统利用一片单片机就够了，但对于一些较大的复杂应用系统，往往还需要扩展一些外围芯片，如存储器、A/D、D/A 以及各种接口芯片等以补充片内硬件资源的不足。本节主要介绍外部存储器的扩展方法，其他的接口芯片在将在别的章节中讨论。

单片机外部的存储器分为（程序）存储器和数据存储器，它们使用不同的读信号，地址互相重叠，都为 64KB 的地址空间。

一、访问外部程序存储器的时序

MCS-51 单片机扩展外部程序存储器的硬件电路如图 6-35 所示。

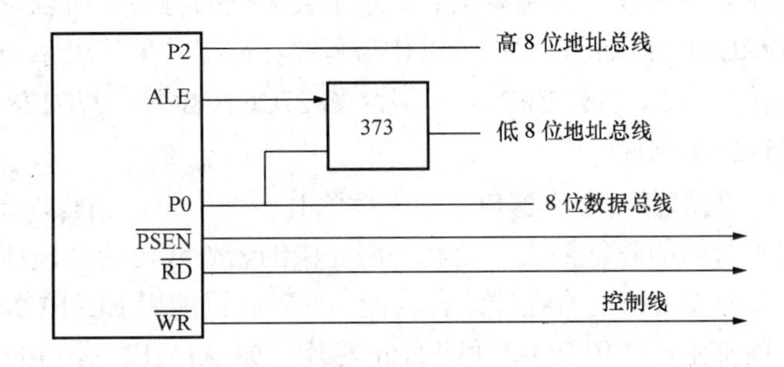

图 6-35　MCS-51 单片机扩展外部程序存储器硬件电路

在 CPU 访问外部程序存储器时，P2 口输出地址高 8 位（PCH），P0 口分时输出地址低 8 位（PCL）和送指令字节，其定时波形如图 6-36 所示。

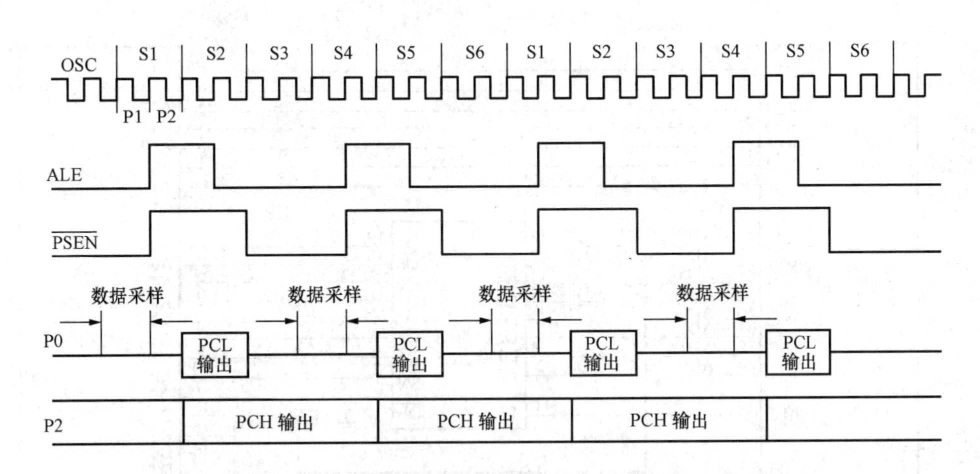

图 6-36　CPU 访问外部程序存储器

控制信号 ALE 上升为高电平后，P0 口输出地址低 8 位（PCL），P2 口输出地址高 8 位（PCH），由 ALE 的下降沿将 P0 口输出的低 8 位地址锁存到外部地址锁存器中。接着 P0 口由输出方式变为输入方式即浮空状态，等待从程序存储器读出指令，而 P2 口输出的高 8 位地址信息不变，紧接着程序存储器选通信号 $\overline{\text{PSEN}}$ 变为低电平有效，由 P2 口和地址锁存器输出的地址对应单元指令字节传送到 P0 口上供 CPU 读取。从图 6-36 中还可以看到 MCS-51 的 CPU 在访问外部程序存储器的机器周期内，控制线 ALE 上出现两个正脉冲，程序存储器选通线 $\overline{\text{PSEN}}$ 上出现两个负脉冲，说明在一个机器周期内 CPU 访问两次外部程序存储器。对于时钟选为 12MHz 的系统，$\overline{\text{PSEN}}$ 的宽度为 230ns，在选 EPROM 芯片时，除了考虑容量之外，还必须使 EPROM 的读取时间与主机的时钟匹配。

外部程序存储器可选用 EPROM 或 EEPROM。下面分别介绍这两种形式的存储器与 MCS-51 系列芯片的连接。

二、存储器的扩展

1. 程序存储器（EPROM/EEPROM/Flash）扩展

MCS-51 单片机内部有 4KB Flash，当程序大于 4KB 时，就需要扩展程序存储器。由于 MCS-51 是基于总线的单片机，因此，作为程序存储器的芯片首先必须是并行接口的芯片，其次，程序存储器还须具有系统掉电后信息不会丢失的特性，所以，前面讨论的并行接口 EPROM、EEPROM、Flash 芯片都可以作为程序存储器。单片机系统中最常见的程序存储器是用紫外线擦除的 27 系列 EPROM 芯片，如 27C64（8KB）、27C128（16KB）、27C256（32KB）以及 27C512（64KB）等。

27 系列芯片上一般都有一个小窗口，用于擦除其中的信息，当写入调试好的程序后，一定要将小窗口用不透明的胶纸贴上，否则，阳光中的紫外线可能会破坏其中的信息；在一些特殊的场合，可能需要系统有在线编程功能，这时就只能用 EEPROM 和 Flash 作为程序存储器。很多厂商都生产 EEPROM 和 Flash 芯片，如 ATMEL 公司的 AT28C64（8KB EEPROM）、AT28C256（32KB EEPROM）以及 AT29C256（32KB Flash）、AT29C512（64KB Flash）等。程序存储器的“片选（$\overline{\text{CE}}$）”信号一般都是直接接地，不存在译码的问题。单片机系统最多可扩展 64KB 的外部程序存储器。扩展 32KB 程序存储器的电路如图 6-37 所示。

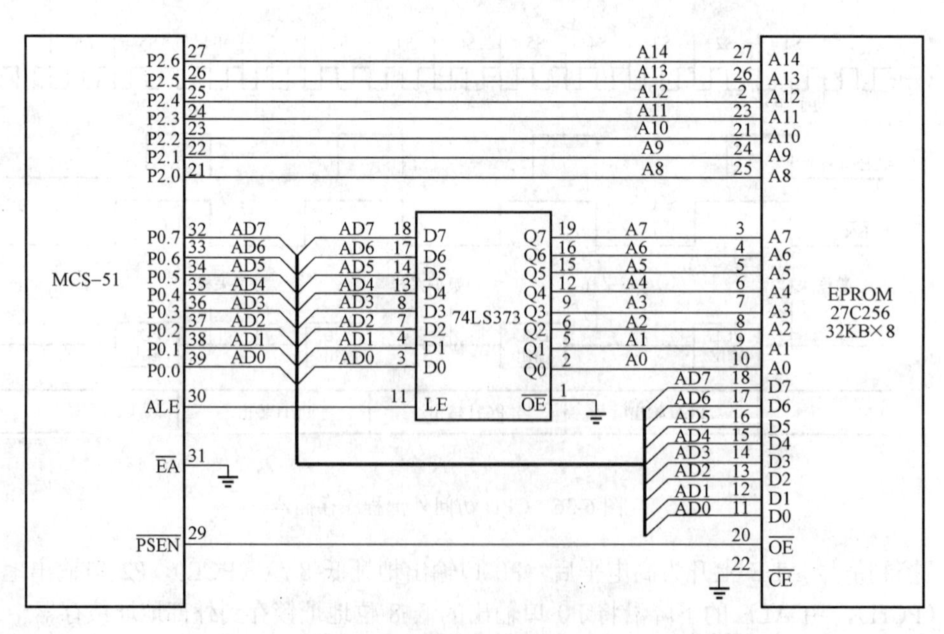

图 6-37　扩展 32KB 程序存储器电路图

单片机扩展程序存储器，$\overline{EA}$引脚必须接地，由 P2 口和锁存器共同组成 16 位的地址总线，P0 为数据总线，$\overline{PSEN}$为控制总线。

27C256 是一个容量为 32KB EPROM 芯片，引脚定义如图 6-38 所示，它共有 28 个引脚，分别是：电源(V_{CC})、数字地(GND)、地址引脚（A14～A0)、数据引脚（O7～O0)、/片选信号（$\overline{CE}$)、输出允许（$\overline{OE}$）和编程电源 V_{PP}。27C256 作为程序存储器时，其地址引脚 A14～A0 分别接地址总线的 A14～A0，数据引脚 D7～D0 分别接数据总线的 D7～D0，片选信号$\overline{CE}$接地，输出允许（$\overline{OE}$）接程序选通允许$\overline{PSEN}$。V_{CC}接＋5V 电源，GND 接数字地，V_{PP}接＋5V 电源。

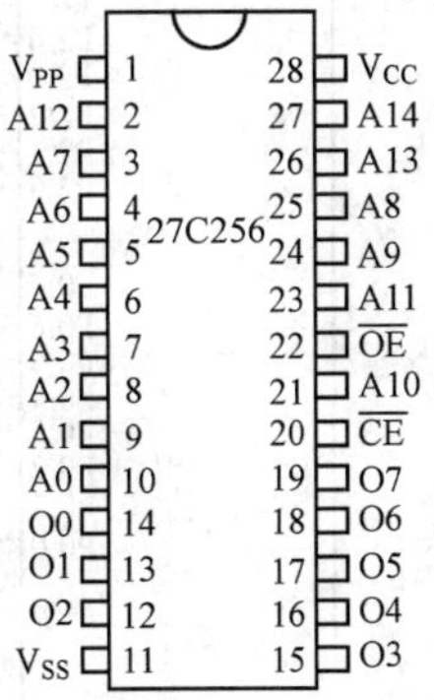

引脚	名称	引脚	名称
1	V_{PP}	28	V_{CC}
2	A12	27	A14
3	A7	26	A13
4	A6	25	A8
5	A5	24	A9
6	A4	23	A11
7	A3	22	$\overline{OE}$
8	A2	21	A10
9	A1	20	$\overline{CE}$
10	A0	19	O7
14	O0	18	O6
13	O1	17	O5
12	O2	16	O4
11	V_{SS}	15	O3

图 6-38　27C256 引脚分布

2. 数据存储器的扩展设计

MCS-51 芯片虽内部具有 128 个字节 RAM 存储器，它们可以作为工作寄存器、堆栈、软件标志和数据缓冲器。CPU 对其内容 RAM 有丰富的操作指令，因此这个 RAM 是十分珍贵的资源，我们应合理地、充分地使用片内 RAM 存储器，发挥它的作用。在诸如数据采集处理的应用系统中，仅仅片内的 RAM 存储器往往是不够的，在这种情况下，可利用 MCS-51 系列的三个产品扩展外部 RAM 存储器，他们的扩展方法是相同的。

单片机系统扩展数据存储器按存储器接口类型可分为两种，即扩展并行接口的数据存储器和扩展串行接口的数据存储器。传统的扩展数据存储器的方法即是指扩展并行接口的数据存储器，扩展串行接口数据存储器的方法将在后面的内容中介绍。

并行数据存储器的扩展和程序存储器的扩展方法基本相同，即地址总线和数据总线的连接和程序存储器完全一样，访问数据存储器时的控制总线主要由$\overline{RD}$、$\overline{WR}$等组成。SRAM、EEPROM、Flash 芯片都可以作为数据存储器，单片机系统最常见的 SRAM 型数据存储器有 6264(8KB)、62256(32KB)628128(128KB)，前面提到的 AT28C64、AT28C256、AT29C256 等也都可用作外部 RAM，但用 EEPROM 和 FLASH 芯片作外部 RAM 时，写操作的速度要比 SRAM 慢得多。

（1）MCS-51 访问外部 RAM 的定时波形。图 6-39 给出了单片机扩展 RAM 的电路结构。图中 P0 口为分时传送的 RAM 低 8 位地址/数据线，P2 口的高 8 位地址线用于对 RAM 进行页寻址。在外部 RAM 读/写周期，CPU 产生$\overline{RD}$/$\overline{WR}$信号。

MCS-51 单片机与外部 RAM 单元之间数据传送的定时波形如图 6-40 所示。

在图 6-40（a）的外部数据存储器读周期中，P2 口输出外部 RAM 单元的高 8 位地址（页面地址)，P0 口分时传送低 8 位地址及数据。当地址锁存允许信号 ALE 为高电平时，P0 口输出的地址信息有效，ALE 的下降沿将此地址打入外部地址锁存器，接着 P0 口变为输入方式，读信号$\overline{RD}$有效，选通外部 RAM，相应存储单元的内容出现在 P0 口上，由 CPU 读入累加器。

外部数据存储器写周期波形，如图 6-40（b）所示，其操作过程与读周期类似。写操作时，在 ALE 下降为低电平以后，$\overline{WR}$信号才有效，P0 口上出现的数据写入相应的 RAM 单元。常用的数据存储器有静态 SRAM 和动态 DRAM 两种，由于静态 SRAM 无需考虑刷新问题，所以接口简单是最常用的。

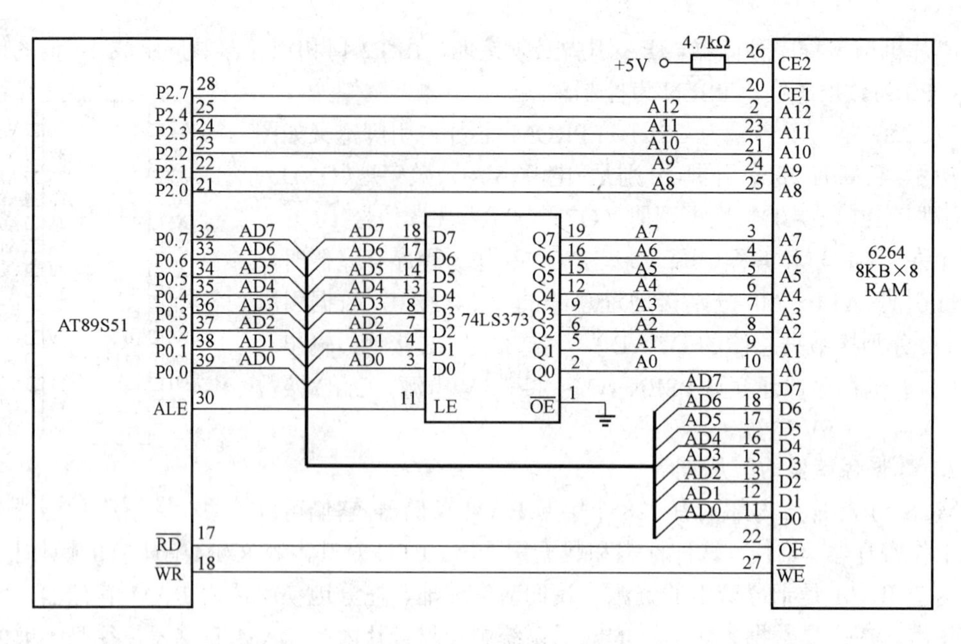

图 6-39　单片机扩展 RAM 的电路结构

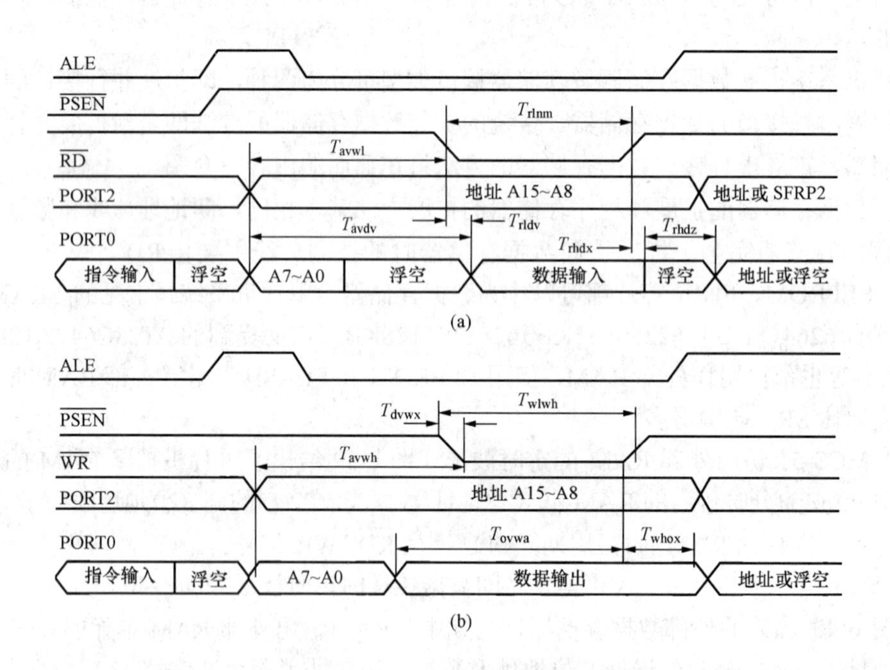

图 6-40　MCS-51 单片机与外部 RAM 单元之间数据传送波形

（a）读周期波形；（b）写周期波形

（2）静态 SRAM 存储器。6264 是 8KB×8 位的静态随机存储器芯片，它采用 CMOS 工艺制造，由单一+5V 供电，额定功耗 200mW，典型存取时间 200ns，其管脚配置如图 6-41 所示。

SRAM 6264 有 28 个引脚，即电源和地引脚（V_{CC}、GND）、13 个地址引脚（A12～A0）、8 个数据引脚（D7～D0）、2 个片选引脚（$\overline{CE1}$、CE2）、1 个写信号引脚（$\overline{WR}$）、1 个输出允许（$\overline{OE}$）信号引脚。一般情况下，当存储器的“片选（$\overline{CE}$）”信号无效时，D7～

D0 为三态输出。并行接口的存储器芯片引脚基本相同，大容量的芯片地址线增加，除了电源和地外，其余的引脚可分成三类，即接地址总线的引脚（A12～A0）、接数据总线的引脚（D7～D0）以及接控制总线的引脚（$\overline{OE}$、$\overline{WR}$、$\overline{CE}$、$\overline{RD}$）等。单片机数据存储器最大可扩展 64KB，可以用多片 SRAM 芯片实现，也可以用一片 64KB 容量的芯片实现，但需要注意，一般的单片机系统除了扩展外部 RAM，可能还需要扩展各种端口，如 A/D、D/A 转换或用于键盘或显示的 I/O 端口等，由于单片机系统的外部 RAM 和端口是统一编址的，即是说如果一个地址用作外部存储器单元，则将不能再用作端口地址，反之亦然，所以，实际应用中很少有扩展 64KB 外部 RAM 的，如果实际应用系统确实需要 64KB 或更大的外部 RAM 空间，则可以通过存储器分页技术或采用扩展串行接口的外部 RAM 解决。

引脚	名称	名称	引脚
1	NC	V_{CC}	28
2	A12	$\overline{WE}$	27
3	A7	CE2	26
4	A6	A8	25
5	A5	A9	24
6	A4	A11	23
7	A3	$\overline{OE}$	22
8	A2	A10	21
9	A1	$\overline{CE1}$	20
10	A0	D7	19
11	D0	D6	18
12	D1	D5	17
13	D2	D4	16
14	GND	D3	15

图 6-41　6264 管脚分布

（3）RAM 的掉电保护。单片机在某些测量、控制等领域的应用中，常要求单片机内部和外部 RAM 中的数据在电源掉电时不丢失，重新加电时 RAM 中的数据能够保存完好。这就要求对单片机系统加掉电保护电路。

掉电保护通常可采用以下两种方法：其一，加装不间断的电源，让整个系统在掉电时继续工作。其二，采用备份电源，掉电后保护系统中全部或部分数据存储单元的内容。由于第一种方法体积大、成本高，对单片机系统来说，不宜采用。第二种方法是根据实际需要，在掉电时保存一些必要的数据，使微机在电源电压恢复后，能够继续执行程序，因而经济实用。

在具有掉电保护功能的单片机系统中，一般的采用 CHMOS 单片机和 CMOSRAM。在掉电过程中，RAM 应处于数据保持状态，如 6264RAM、5101RAM 等，这种 RAM 芯片上有一个 CE2 引脚，在一般情况下需将此引脚拉至高电位。当把该引脚拉至小于或等于 0.2V 时，RAM 就进入数据保持状态。

实用的静态 RAM 掉电保护电路现在都采用专用的芯片 X25045/43，2000 年 XICOR 又全面升级所有电源管理芯片，新面世的 X5045/43 在原 X25045/43 的基础上增加多种复位门限并且在一定范围内可通过编程设定。与此同时，又推出 I^2C 总线的 X4045/43，所有 X4043/54、X5043/45 系列，根据功能和存储容量不同还有多种型号,自带可编程的看门狗定时器。

3. 译码电路的设计方法

外围扩展电路可以大大增强单片机的功能，实际应用中，单片机应用系统中一般都包含了许多外围接口芯片，所有的外围并行接口芯片都是通过三组总线和单片机相连，任何时刻，单片机只能和选中的其中一个进行数据交换，而未选中的芯片为输出为高阻状态，换句话说，在任何时候，单片机系统中的所有外围接口芯片只能有一个的片选信号（$\overline{CE}$ 或 $\overline{CS}$）为低电平，其余的均为高电平，实现这种功能的电路被称为“译码电路”，各外围芯片的地址由译码电路决定。译码电路的输入为地址和控制信号，输出为各外围接口芯片的片选信号。单片机系统中常见的译码方法有两种，即线选法和全地址译码法，前者直接用高位地址作为片选信号，后者用专用的译码逻辑电路如 74LS138 或 GAL16V8 和 GAL20V8 等实现译码。

（1）线选法进行译码。线选法就是把高位地址线单独接到外围接口芯片的片选（$\overline{CE}$、$\overline{CS}$）端，只要高位地址线为低电平即可选取中芯片，如图 6-42 所示。

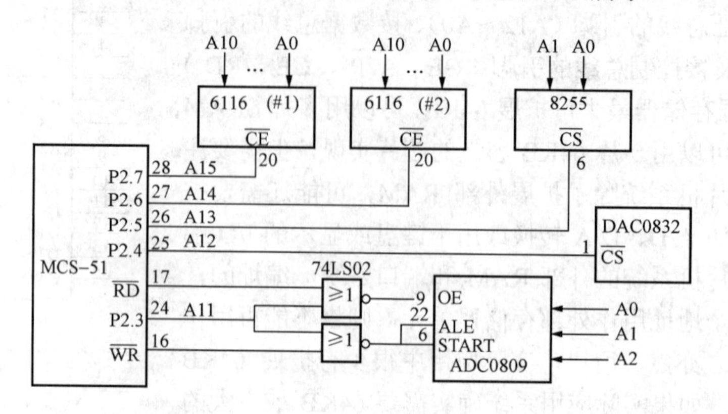

图 6-42　线选法译码

在图 6-42 中，共扩展了 5 个外围芯片，即两片 RAM 芯片（6116），1 个并行 I/O 接口芯片，1 个 A/D 转换芯片（ADC0809）和 1 个 D/A 转换芯片，其地址如表 6-10 所示。

表 6-10　图 6-41 的地址表

外围器件	地址选择线	片内单元数（字节）	地址
6116（#1）	0111 1××× ×××× ××××	2K	7800H～7FFFH
6116（#2）	1011 1××× ×××× ××××	2K	0B800H～0B8FFH
8255	1101 1111 1111 11××	4	0DFFCH～0DFFFH
DAC0832	1110 1111 1111 1111	1	0EFFFH
ADC0809	1111 0111 1111 1×××	8	0F7F8H～0F7FFH

使用线选法时，要注意以下问题：

1）线选法中有非常严重的地址重叠现象。图 6-42 中，只要向 A12 为 0 的地址写数据，一定能写到 DAC0832 中，只要向 A15 为 0 的单元写数据则一定能写到第一片 6116 中，那么，如果向 6800H 地址单元写数据，这时，A15 为 0，则第一片 6116 被选中，而 A12 也为 0，则 0832 也同时被选中，这时就会出现数据冲突和发生错误，因此，用线选法时，一定要把没用到的地址位取 1，如表 6-10 所示，这样才不会出现混乱。

2）用线选法时，虽然硬件简单，但所用的片选线只能是高位地址线，如果将图 6-42 中的数据存储器芯片换成 6264（8KB），由于 6264 有 13 条地址线（A12～A0），则只剩下三条线 P2.7、P2.6、P2.5 可用于片选信号，即系统最多只能扩展 3 个包含 6264 在内的外围芯片，这主要是因为高位地址线的权重很大，图 6-42 中用 P2.7 作为第一片 6116 的片选，占用了低 32KB 的空间，而 6116 实际上只用了 2KB，剩余的 30KB 被浪费掉了。

为了解决线选法存在的问题，在实际应用中，常采用全地址译码法，用专门的译码器如 74LS139（双 2－4 译码器）、74LS138（3－8 译码器）以及 74LS154（4－16 译码器）等产生片选信号。

（2）使用专用译码器 74LS138 进行译码。74LS138 为 3－8 译码器，即它有 3 个地址输入端（C、B、A），3个控制端（$\overline{E1}$、$\overline{E2}$、E3）和8个输出端（Y7～Y0），其引脚定义如图6-43所示，其真值表如表6-11所示。

表 6-11　　　　74LS138 译码器真值表

输　入						输　出							
$\overline{E1}$	$\overline{E2}$	E3	C	B	A	Y0	Y1	Y2	Y3	Y4	Y5	Y6	Y7
H	×	×	×	×	×	H	H	H	H	H	H	H	H
×	H	×	×	×	×	H	H	H	H	H	H	H	H
×	×	L	×	×	×	H	H	H	H	H	H	H	H
L	L	H	L	L	L	L	H	H	H	H	H	H	H
L	L	H	L	L	H	H	L	H	H	H	H	H	H
L	L	H	L	H	L	H	H	L	H	H	H	H	H
L	L	H	L	H	H	H	H	H	L	H	H	H	H
L	L	H	H	L	L	H	H	H	H	L	H	H	H
L	L	H	H	L	H	H	H	H	H	H	L	H	H
L	L	H	H	H	L	H	H	H	H	H	H	L	H
L	L	H	H	H	H	H	H	H	H	H	H	H	L

利用74LS138可以把一块存储器空间分成8个连续的小块。例如，利用74LS138可把64KB的外部RAM分成8个8KB的空间，如图6-43所示。

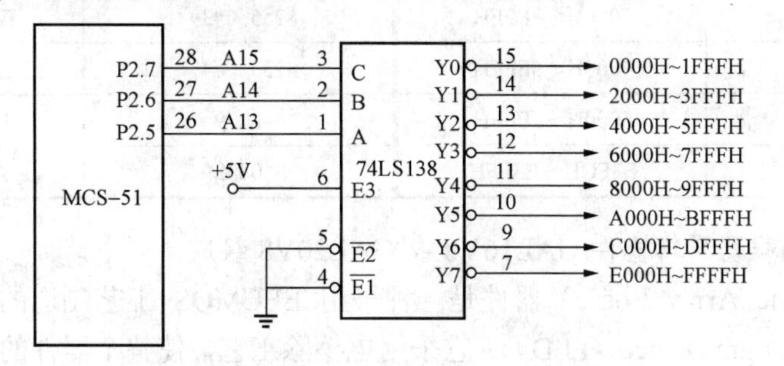

图6-43　由64KB产生8个8KB译码电路

当要使用74LS138产生4KB的空间时，相当于把32KB的空间分成了8块，把高32KB的分成8个4KB存储器块的连接方法如图6-44所示。

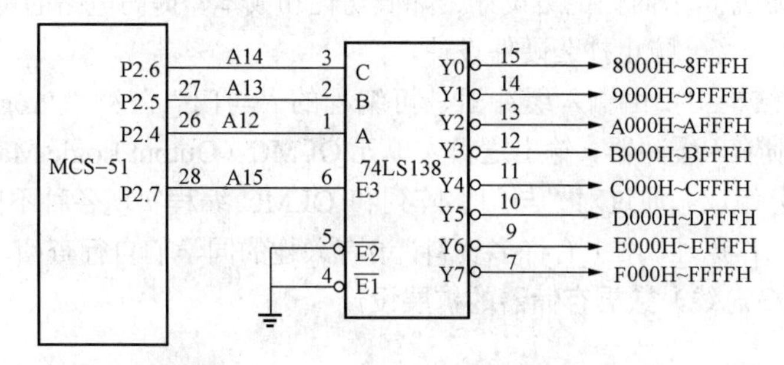

图6-44　由32KB产生8个4KB译码电路

依次类推，如果74LS138的C、B、A引脚分别接到地址总线的A2、A1和A0，则译出的地址为0000H～0007H。一片74LS138只能产生8个片选信号，当单片机应用系统外围接口芯片很多时，可以采用多片74LS138（74LS139或74LS154等）分级进行译码。

【例6-7】 设某单片机应用系统有4片SRAM 6264、4片8255、1片8279和1片DAC0832，试用74LS138设计译码电路。

解： 由于系统有10个外围芯片，故用两个译码器实现，具体电路如图6-45所示。各芯片地址如表6-12所示。

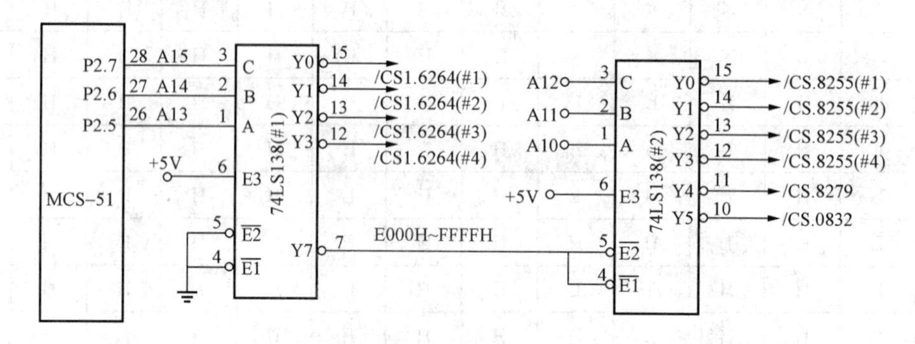

图6-45　具体电路

表6-12　　**芯　片　地　址**

接口芯片	地址空间	接口芯片	地址空间
6264（#1）	0000H～1FFFH	8255（#2）	E7FCH～E7FFH
6264（#2）	2000H～3FFFH	8255（#3）	EBFCH～EBFFH
6264（#3）	4000H～5FFFH	8255（#4）	EFFCH～EFFFH
6264（#4）	6000H～7FFFH	8279	F3FEH～F3FFH
8255（#1）	E3FCH～E3FFH	0832	F7FFH

4. 使用可编程器逻辑器件GAL16V8或GAL20V8组成译码电路

GAL（Generic Array Logic）器件是一种采用EECMOS工艺制造的可编程逻辑器件（Programmable Logic Device，PLD）。它采用电擦除工艺，使整个器件的逻辑功能可重新配置，具有实现组合逻辑电路和时序逻辑电路的多种功能，即通过编程可实现多种门电路，如触发器、寄存器、计数器、比较器、译码器、多路开关等功能，在电路中可取代74LS系列或CD4000系列的CMOS芯片。GAL具有集成度高、速度快，功耗低等优点。在电路设计使用GAL芯片可以简化电路设计、降低功耗和成本、提高电路的可靠性和灵活性，同时还可实现硬件加密、防止抄袭硬件设计。

GAL的内部结构主要由输入缓冲器、可编程的“与门”阵列（Programmable AND Array）、输出反馈输入缓冲器、输出逻辑宏单元OLMC（Output Logic Macrocell）以及输出缓冲器5个部分组成。通过对“与门”阵列和OLMC编程实现各种不同的功能。关于GAL芯片详细的工作原理，网上有许多资料，请有兴趣的同学们自行查阅，这里不再赘述。

三、串行（I²C总线）数据存储器的扩展设计

1. 概述

I²C总线是英文INTER IC BUS或IC TO IC BUS的简称，由飞利浦公司推出，

是近年来在微电子通信控制领域广泛采用的一种新型总线标准。它是同步通信的一种特殊形式，具有接口线少，控制方式简化，器件封装形式小，通信速率较高等优点。在主从通信中，可以有多个 I^2C 总线器件同时接到 I^2C 总线上，所有 I^2C 兼容的器件都有标准的接口，通过地址来识别通信对象，使它们可以经由 I^2C 总线互相直接通信。此总线设计对系统设计及仪器制造都有利，因为可增加硬件的效率及简化电路，同时可提高仪器设备的可靠性，以及解决很多在设计数字控制电路上所遇到的接口问题。

I^2C 总线是由数据线 SDA 和时钟 SCL 构成的串行总线，可发送和接收数据。在 CPU 与被控 IC 之间、IC 与 IC 之间进行双向传送，最高传送速率为 400kb/s。各种被控制电路均并联在这条总线上，就像电话机一样只有拨通各自的号码才能工作，所以每个电路和模块都有唯一的地址。在信息的传输过程中，I^2C 总线上并接的每一模块电路既是主控器（或被控器），又是发送器（或接收器），这取决于它所要完成的功能。CPU 发出的控制信号分为地址码和数据码两部分，地址码用来选址，即接通需要控制的电路，确定总线通信的器件；数据码是通信的内容。这样，各控制电路虽然挂在同一条总线上，却彼此独立，互不干扰。

I^2C 总线始终和先进技术保持同步，但仍然保持其向下兼容性。并且最近还增加了高速模式，其速度可达 3.4Mb/s。它使得 I^2C 总线能够支持现有以及将来的高速串行传输应用，例如，EEPROM 和 Flash 存储器。

随着I^2C总线技术的推出，Philips及其他一些电子、电气厂家相继推出了许多带I^2C接口的器件。除大量用于视频、音像、通信领域的器件外，有一批I^2C接口的通用器件，可广泛用于单片机应用系统之中，如RAM、EEPROM、I/O接口、LED/LCD驱动控制、A/D、D/A以及日历时钟等。表6-13给出了常用的通用I^2C接口器件的种类、型号及寻址字节等。

表 6-13　　常用 I^2C 接口通用器件的种类、型号及寻址字节

种类	型号	器件地址及寻址字节	备　注
256×8/128×8静态RAM	PCF8570/71	1010　A2 A1 A0 R/W	三位数字引脚地址A2 A1 A0
256×8静态RAM	PCF8570C	1011　A2 A1 A0 R/W	三位数字引脚地址A2 A1 A0
256B EEPROM	PCF8582	1010　A2 A1 A0 R/W	三位数字引脚地址A2 A1 A0
256B EEPROM	AT24C02	1010　A2 A1 A0 R/W	三位数字引脚地址A2 A1 A0
512B EEPROM	AT24C04	1010　A2 A1 P0 R/W	二位数字引脚地址A2 A1 A0
1024B EEPROM	AT24C08	1010　A2 P1 P0 R/W	一位数字引脚地址A1
2048B EEPROM	AT24C16	1010　P2 P1 P0 R/W	无引脚地址，A2 A1 A0悬空处理
8位I/O口	PCF8574	0100　A2 A1 A0 R/W	三位数字引脚地址A2 A1 A0
	PCF8574A	0111　A2 A1 A0 R/W	三位数字引脚地址A2 A1 A0
4位LED驱动控制器	SAA1064	0111　0 A1 A0 R/W	二位模拟引脚地址A1 A0
160段LCD驱动控制器	PCF8576	0111　0 0 A0 R/W	一位数字引脚地址A0
点阵式LCD驱动控制器	PCF8578/79	0111　1 0 A0 R/W	一位数字引脚地址A0
4通道8位A/D、1路D/A转换器	PCF8591	1001　A2 A1 A0 R/W	三位数字引脚地址A2 A1 A0
日历时钟（内含256×8RAM）	PCF8583	1010　0 0 A0 R/W	一位数字引脚地址A0

在I^2C总线器件中EEPROM拥有最多类型的厂家系列，除了Philips早期推出的PCF88582外，NS公司的NM24C02L/C04L，NM24C03L/C05L和ATMEL公司的AT24C02/04/08/16都是优异的带I^2C接口的EEPROM器件，且结构与工作原理相似。本节重点介绍AT24C系列。

2. I^2C 总线的数据传输

在传输数据开始前，主控器件应发送起始位，通知从接收器件做好接收准备；在传输数据结束时，主控器件应发送停止位，通知从接收器件停止接收。这两种信号是启动和关闭 I^2C 器件的信号。以下分别为所需的起始位及停止位的时序条件（见图 6-46）。

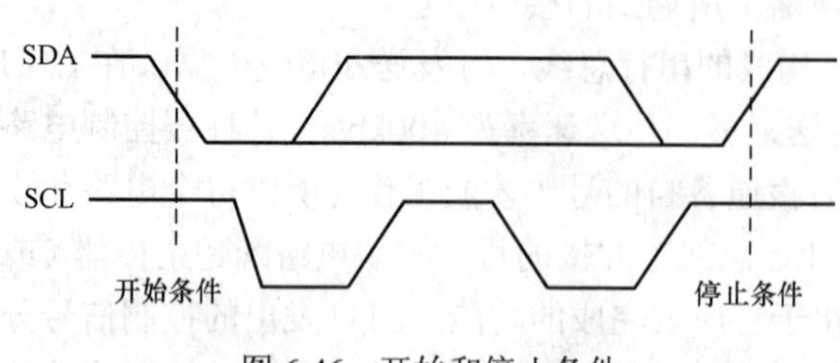

图 6-46　开始和停止条件

起始位时序：当 SCL 线在高位时，SDA 线由高转换至低。

停止位时序：当 SCL 线在高位时，SDA 线由低转换至高。

开始和停止条件由主控器产生。使用硬件接口可以很容易地检测开始和停止条件，没有这种接口的单片机必须以每时钟周期至少两次的频率对 SDA 取样，以便检测这种变化。

SDA 线上的数据在时钟高位时必须稳定；数据线上高低状态只有当 SCL 线的时钟信号为低电平时才可变换，如图 6-47 所示。输出到 SDA 线上的每个字节必须是 8 位，每次传输的字节不受限制，每个字节必须有一个确认位（又称应答位 ACK）。如果一接收器件在完成其他功能（如一内部中断）前不能接收另一数据的完整字节，它可以保持时钟线 SCL 为低，以促使发送器进入等待状态，当接收器件准备好接收数据的其他字节并释放时钟 SCL 后，数据传输继续进行。

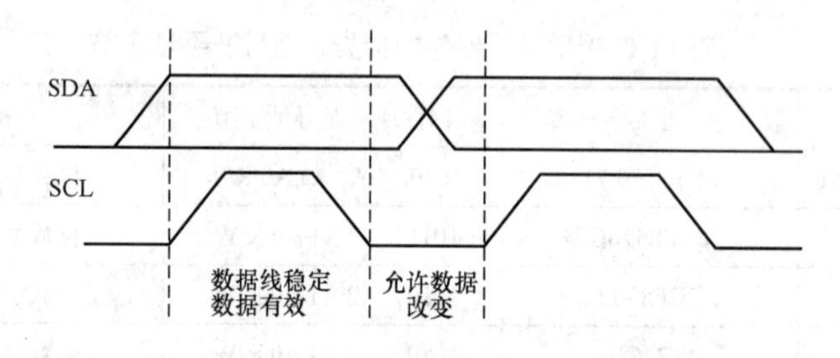

图 6-47　I^2C 总线中的有效数据位

数据传送必须有确认位。与确认位对应的时钟脉冲由主控器产生，发送器在应答期间必须下拉 SDA 线，如图 6-48 所示。

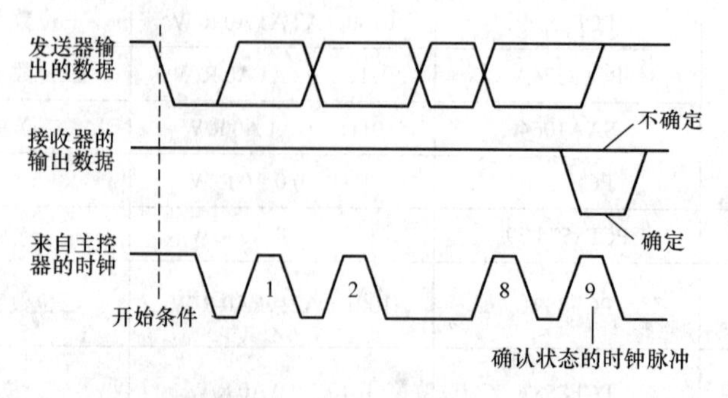

图 6-48　I^2C 总线的确认位

当不能确认寻址的被控器件时，数据线保持为高，接着主控器产生停止条件终止传输。在传输结束时，主控接收器必须发出一个数据结束信号给被控发送器，被控发送器必须释放数据线，以允许主控器产生停止条件。合法的数据传输格式如下：

起始位	被控接收器地址	R/W	确认位	数据	确认位	……	停止位

I^2C 总线在起始位（开始条件）后的首字节决定哪个被控器将被主控器选择，例外的是“通用访问”地址，它可以寻址所有器件。当主控器输出一地址时，系统中的每一器件都将起始位后的前七位地址和自己的地址进行比较，如果相同，该器件认为自己被主控器寻址。该器件是作为被控接收器或是被控发送器则取决于第 8 位（R/W 位）。它是一个数据方向位（读 / 写），“0”代表发送（写入）；“1”代表需求数据（读入）。数据传送通常以主控器所发出的停止位（停止条件）而终结，时序关系如图 6-49 所示。

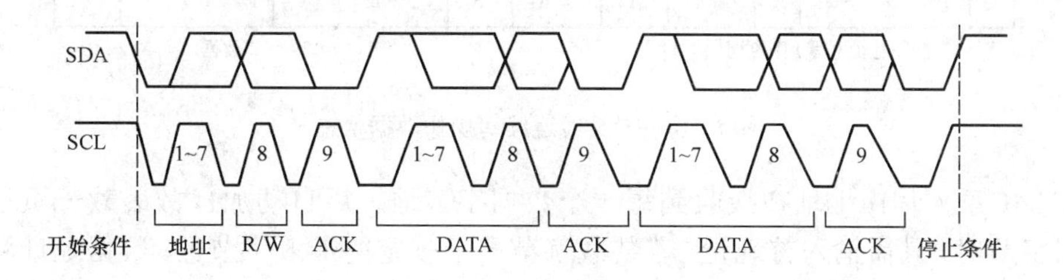

图 6-49　时序图

3. 24C 系列串行 EEPROM 的应用

（1）AT24C 系列串行 EEPROM 简介。AT24C 系列串行 EEPROM 具有 I^2C 总线接口功能，其功耗小，电源电压宽（根据不同型号 2.5～6.0V），工作电流约为 3mA，静态电流随电源电压不同为 30～110μA，存储容量如表 6-14 所示。

表 6-14　　AT24C 系列串行 EEPROM 参数

型号	容量	器件寻址字节（8 位）	一次装载字节数
AT24C01	128×8	1010A2A1A0R/W	4
AT24C02	256×8	1010A2A1A0R/W	8
AT24C04	512×8	1010A2A1P0R/W	16
AT24C08	1024×8	1010A2P1P0R/W	16
AT24C16	2048×8	1010P2P1P0R/W	16

1）AT24C 系列 EEPROM 接口及地址选择。由于 I^2C 总线可挂接多个串行接口器件，在 I^2C 总线中每个器件应有唯一的器件地址，按 I^2C 总线规则，器件地址为 7 位数据（即一个 I^2C 总线系统中理论上可挂接 128 个不同地址的器件），它和 1 位数据方向位构成一个器件寻址字节，最低位 D0 为方向位（读/写）。器件寻址字节中的最高 4 位（D7～D4）为器件型号地址，不同的 I^2C 总线接口器件的型号地址是厂家给定的，如 AT24C 系列 EEPROM 的型号地址皆为 1010，器件地址中的低 3 位为引脚地址 A2A1A0，对应器件寻址字节中的 D3、D2、D1 位，在硬件设计时由连接的引脚电平给定。

对于 EEPROM 的容量小于 256B 的芯片（AT24CO1/02），8 位片内寻址（A0～A7），

即可满足要求。然而对容量大于 256B 的芯片，8 位片内寻址范围不够，如 AT24C16，相应的寻址位数应为 11 位（$2^{11}=2048$）。若以 256B 为 1 页，则多于 8 位的寻址视为页面寻址。在 AT24C 系列中，对页面寻址位采取占用器件引脚地址（A2、A1、A0）的办法，如 AT24C16 将 A2、Al、A0 作为页地址。凡在系统中引脚地址用作页地址后，该引脚在电路中不得使用，作悬空处理。AT24C 系列中行 EEPROM 的器件地址寻址字节如表 6-13 所示，表中 P0P1P2 表示页面寻址位。

2）AT24C 系列 EEPROM 读写操作。对 AT24C 系列，EEPROM 的读写操作完全遵守 I^2C 总线的主收从发和主发从收的规则。连续写操作是对 EEPROM 连续装载 *n* 个字节数据的写入操作，*n* 随型号不同而不同，一次可装载的字节数见表 6-14。SDA 线上连续写操作的数据状态如图 6-50 所示，S 表示 START 起始位，A 表示 ACK 应答位。

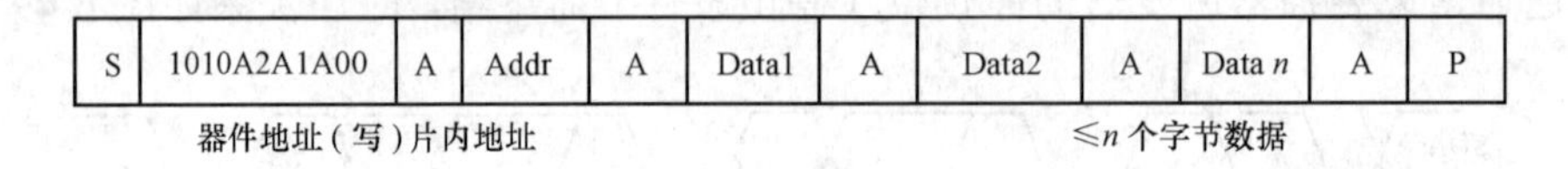

图 6-50　SDA 线连续写操作数据状态

AT24C系列片内地址在接收到每一个数据字节地址后自动加1，故装载一页以内规定数据字节时，只需输入首地址，若装载字节多于规定的最多字节数，数据地址将“上卷”，前面的数据被覆盖。

连续读操作是为了指定首地址，需要两个“伪字节写”来给定器件地址和片内地址，重复一次启动信号和器件地址（读），就可读出该地址的数据。由于“伪字节写”中并未执行写操作，因此地址没有加 1。以后每读取一个字节，地址自动加 1。在读操作中，接收器接收到最后一个数据字节后不返回肯定应答（保持 SDA 高电平），随后发停止信号。SDA 上连读操作的数据状态如图 6-51 所示。

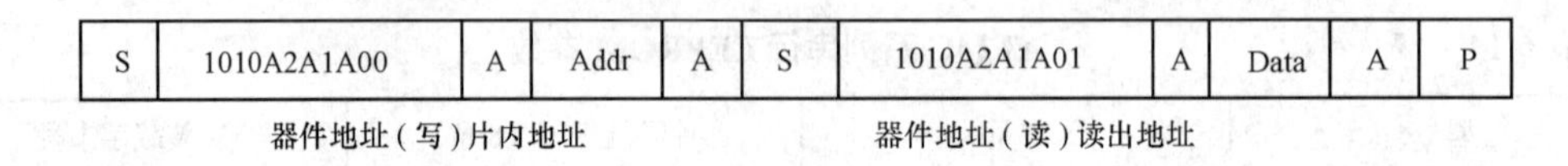

图 6-51　SDA 线连续读操作数据状态

（2）51单片机与AT24C16通信的硬件实现及汇编语言程序。

1）硬件电路。图6-52所示是用51单片机P1口模拟I^2C总线与EEPROM连接的电路图（以AT24C16为例）。由于AT24C16是漏极开路，图中R_1、R_2为上拉电阻（5.1kΩ）；A0～A2为地址引脚、TEST为测试脚，它们均悬空。

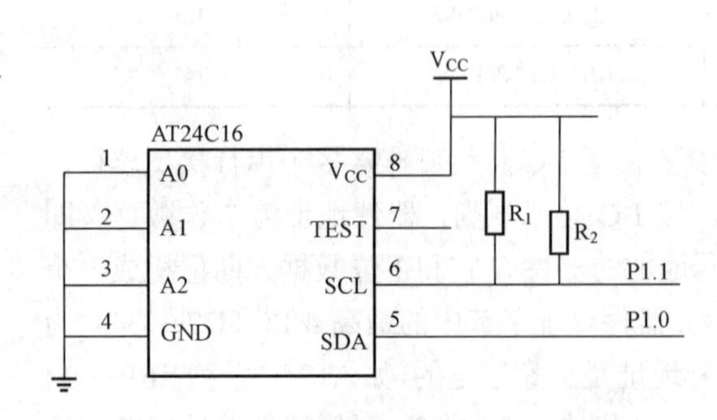

图 6-52　51 单片机 P1 口与 EEPROM 连接电路图

2）软件实现。由前面分析和图6-52的硬件电路，可编制EEPROM的读写子程序。两者的主要区别在于读子程序需发送器件地址（写）和片内地址作为伪字节，之后再发送一次开始信号和器件地址（读命令）。

【例6-8】 写串行EEPROM子程序EEPW。

```
;(R3)=器件地址
;(R4)=片内字节地址
;(R1)=欲写数据存放地址指针
;(R7)=连续写字节数n
EEPW:   MOV     P1,#0FFH
        CLR     P1.0            ;发开始信号
        MOV     A,R3            ;送器件地址
        ACALL   SUBS
        MOV     A,R4            ;送片内字节地址
        ACALL   SUBS
AGAIN:  MOV     A,@R1
        ACALL   SUBS            ;调发送单字节子程序
        INC     R1
        DJNZ    R7,AGAIN        ;连续写n个字节
        CLR     P1.0            ;SDA置0,准备送停止信号
        ACALL   DELAY           ;延时以满足传输速率要求
        SETB    P1.1            ;发停止信号
        ACALL   DELAY
        SETB    P1.0
        RET
SUBS:   MOV     R0,#08H         ;发送单字节子程序
LOOP:   CLR     P1.1
        RLC     A
        MOV     P1.0,C
        NOP
        SETB    P1.1
        ACALL   DELAY
        DJNZ    R0,LOOP         ;循环8次送8个位
        CLR     P1.1
        ACALL   DELAY
        SETB    P1.1
REP:    MOV     C,P1.0
        JC      REP             ;判应答到否,未到则等待
        CLR     P1.1
        RET
DELAY:  NOP
        NOP
        RET
```

【例6-9】 读串行EEPROM子程序EEPR。

```
;(R1)=欲读数据存放地址指针
;(R3)=器件地址
;(R4)=片内字节地址
;(R7)=连续写字节数n
EEPR: MOV   P1,#0FFH
      CLR   P1.0                ;发开始信号
      MOV   A,R3                ;送器件地址
      ACALL SUBS                ;调发送单字节子程序
      MOV   A,R4                ;送片内字节地址
      ACALL SUBS
      MOV   P1,#0FFH
```

```
        CLR     P1.0            ;再发开始信号
        MOV     A,R3
        SETB    ACC.0           ;发读命令
        ACALL   SUBS
MORE:   ACALL   SUBR
        MOV     @R1,A
        INC     R1
        DJNZ    R7,MORE
        CLR     P1.0
        ACALL   DELAY
        SETB    P1.1
        ACALL   DELAY
        SETB    P1.0            ;送停止信号
        RET
SUBR:   MOV     R0,#08H         ;接收单字节子程序
LOOP2:  SETB    P1.1
        ACALL   DELAY
        MOV     C,P1.0
        RLC     A
        CLR     P1.1
        ACALL   DELAY
        DJNZ    R0,LOOP2
        CJNE    R7,#01H, LOW
        SETB    P1.0            ;若是最后一个字节,置A=1
        AJMP    SETOK
LOW:    CLR     P1.0            ;否则置A=0
SETOK:  ACALL   DELAY
        SETB    P1.1
        ACALL   DELAY
        SETB    P1.1
        ACALL   DELAY
        CLR     P1.1
        ACALL   DELAY
        SETB    P1.0            ;应答完毕,SDA置1
        RET
```

在程序中，多处调用了DELAY子程序（仅两条NOP指令），这是为了满足I^2C总线上数据传送速率的要求，即只有当SDA数据线上的数据稳定下来之后才能进行读写（即SCL线发出正脉冲）。另外，在读最后一个数据字节时，置应答信号为“1”，表示读操作即将完成。

A/D、D/A 转换设计

A/D 转换器（Analog to Digital Converter，ADC）是一种能把模拟量转换成数字量的电子器件，A/D 转换器在单片机控制系统中主要用于数据采集，提供被控对象的各种实时参数，以便单片机对被控对象进行监视。在单片机控制系统中，A/D 转换器占有极为重要的地位。

第一节　A/D 转换接口设计

一、A/D 转换的基本知识

A/D 转换器是一种用来将连续的模拟信号转换成能进行数字处理的二进制数的器件，可以认为，A/D 转换器是一个将模拟信号编制成对应的二进制码的编码器。与此对应，D/A 转换器则是一个解码器。

常用的 A/D 转换器按电路的工作原理分类有：计数式 A/D 转换器、双积分式 A/D 转换器、逐位比较式 A/D 转换器及并行直接比较式 A/D 转换器、∑/ΔA/D 转换器等几种。

一个完整的 A/D 转换器应该包含这样一些输入、输出信号：

（1）模拟输入信号 V_{in} 和参考电压 V_{ref} 。

（2）数字输出信号。

（3）启动转换信号。

（4）转换完成（结束）信号或者“忙”信号，输出。

（5）数据输出允许信号。

单片微机对 A/D 转换的控制一般分为以下三个过程：

（1）单片微机通过控制口发出启动转换信号，命令 A/D 转换器开始转换。

（2）单片微机通过状态口读入 A/D 转换器的状态，判断它是否转换结束。

（3）一旦转换结束，CPU 发出数据输出允许信号，读入转换完成的数据。

A/D 转换电路型号很多，在精度、价格及速度等方面也千差万别。根据 A/D 电路的工作原理，主要有三种类型：

（1）双积分 A/D 转换器。一般具有抗干扰能力强、精度高及价格便宜等优点；但缺点是转换速度慢。

（2）逐步逼近式 A/D 转换器的精度、速度及价格均适中。

（3）并行 A/D 转换器是用编码技术实现的高速 A/D 转换器。

二、A/D 转换器原理及主要技术指标

随着大规模集成电路计数的迅速发展，A/D 转换器新品不断推出。下面介绍最常用的

逐次逼近式 ADC 和双积分式 ADC 的转换原理。

1. 逐次逼近式 ADC 的转换原理

图 7-1 所示是逐次逼近式 ADC 的工作原理图。由图可知，ADC 由比较器、D/A 转换器、逐次逼近寄存器和控制逻辑组成。

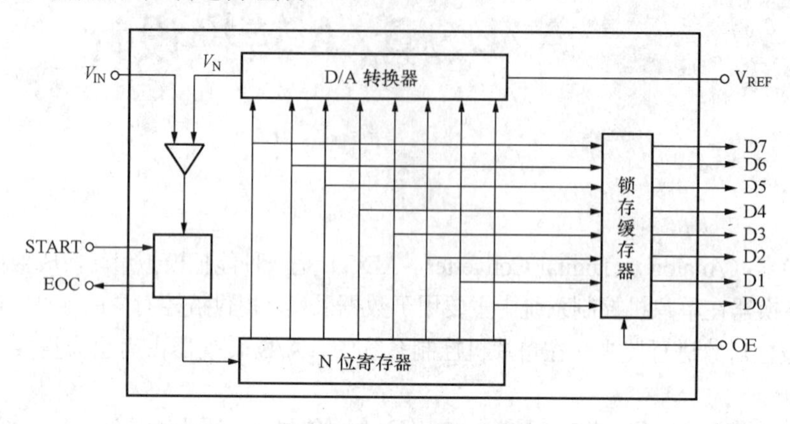

图 7-1 逐次逼近式 ADC 原理图

在时钟脉冲的同步下，控制逻辑先使 N 位寄存器的 D7 位置 1（其余位为 0），此时该寄存器输出的内容为 80H，此值经 DAC 转换为模拟量输出 V_N，与待转换的模拟输入信号 V_{IN} 相比较，若 V_{IN} 大于等于 V_N，则比较器输出为 1。于是在时钟脉冲的同步下，保留 D7=1，并使下一位 D6＝1，所得新值（C0H）再经 DAC 转换得到新的 V_N 再与 V_{IN} 比较，重复前述过程。反之，若使 D7＝1 后，经比较，若 V_{IN} 小于 V_N，则使 D7＝0，D6＝1，所得新值 V_N 再与 V_{IN} 比较，重复前述过程。依次类推，从 D7 到 D0 都比较完毕，转换便结束。转换结束时，控制逻辑使 EOC 变为高电平，表示 A/D 转换结束，此时的 D7～D0 即为对应于模拟输入信号 V_{IN} 的数字量。

2. 双积分式 ADC 的转换原理

图 7-2 所示是双积分式 ADC 的工作原理图。控制逻辑先对未知的输入模拟电压 V_{IN} 进行固定时间 T 的积分，然后转为对标准电压进行反向积分，直至积分输出返回初始值。对标准电压的积分时间 T_1（或 T_2）正比于模拟输入电压 V_{IN}。输入电压大，则反向积分时间长。用高频率标准时钟脉冲来测量积分时间 T_1（或 T_2），即可得到对应于模拟电压 V_{IN} 的数字量。

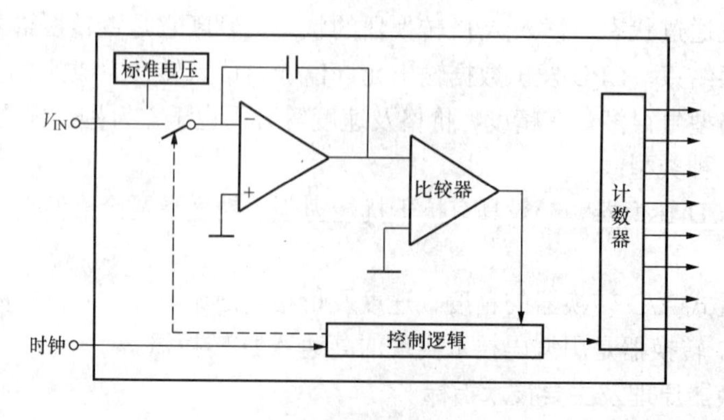

图 7-2 双积分式 ADC 原理图

三、A/D 转换器的主要技术指标

1. 分辨率

ADC 的分辨率是指使输出数字量变化一个相邻数码所对应的输入模拟电压的变化量，常用二进制的位数表示。例如，12 位 ADC 的分辨率就是 12 位，或者说分辨率为满刻度 FS 的$1/2^{12}$。一个 10V 满刻度的 12 位 ADC 能分辨输入电压变化最小值时 $10V\times1/2^{12}=2.4mV$。

2. 量化误差

ADC 把模拟量变为数字量，用数字量近似表示模拟量，这个过程称为量化。量化误差是 ADC 的有限位数对模拟量进行量化而引起的误差。实际上，要准确表示模拟量，ADC 的位数需很大甚至无穷大。一个分辨率有限的 ADC 的阶梯状转换特性曲线与具有无限分辨率的 ADC 转换特性曲线（直线）之间的最大偏差即是量化误差。量化误差和分辨率有相应的关系，分辨率高的 A/D 转换器具有较小的量化误差。

3. 偏移误差

偏移误差是指输入信号为零时，输出信号不为零的值，所以有时又称为零值误差。假定 ADC 没有非线性误差，则其转换特性曲线各阶梯中点的连线必定是直线，这条直线与横轴相交点所对应的输入电压值就是偏移误差。

4. 满刻度误差

满刻度误差又称为增益误差。ADC 的满刻度误差是指满刻度输出数码所对应的实际输入电压与理想输入电压之差。

5. 线性度

线性度有时又称为非线性度，它是指转换器实际的转换特性与理想直线的最大偏差。

6. 绝对精度

在一个转换器中，任何数码所对应的实际模拟量输入与理论模拟输入之差的最大值，称为绝对精度。对于 ADC 而言，可以在每一个阶梯的水平中点进行测量，它包括了所有的误差。

7. 转换速率

ADC 的转换速率是能够重复进行数据转换的速度，即每秒转换的次数。而完成一次 A/D 转换所需的时间（包括稳定时间），则是转换速率的倒数。

四、ADC0809 芯片及其与单片机的接口

ADC0809 芯片是 8 位逐次逼近式、单片 COMS 集成 A/D 转换器。主要性能为：

（1）分辨率为 8 位。

（2）精度：ADC0809 小于±1LSB。

（3）单＋5V 供电，模拟输入电压范围 0～＋5V。

（4）具有锁存控制的 8 路输入模拟开关。

（5）可锁存三态输出，输出与 TTL 电平兼容。

（6）功耗为 15mW。

（7）不必进行零点和满度调整。

（8）转换速度取决于芯片外界的时钟频率。时钟频率范围：10～1280kHz。典型值为时钟频率 640kHz，转换时间约为 100μs。

1. ADC0809 的内部结构及引脚功能

ADC0809 由 8 路模拟量开关、通道地址锁存与译码器、8 位 A/D 转换器以及三态输出

数据锁存器等组成。图 7-3 和图 7-4 给出了 ADC0809 的逻辑结构和引脚图。

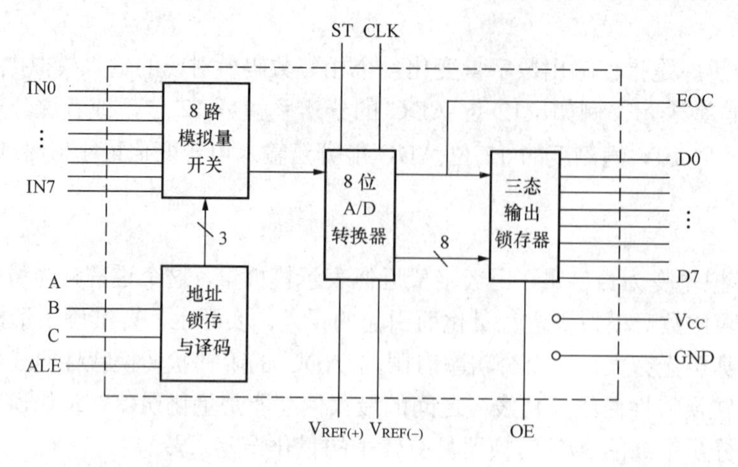

图 7-3 ADC0809 的逻辑结构图

ADC0809 的引脚功能如下：

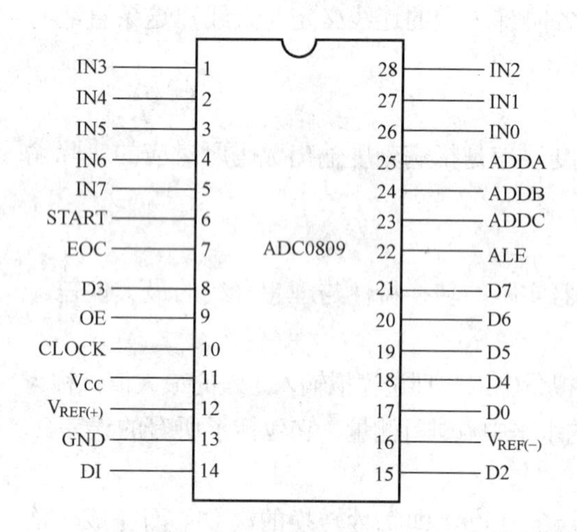

图 7-4 ADC0809 的引脚图

（1）IN0～IN7，8 路模拟量输入通道。

（2）D7～D0，8 位三态数据输出线。

（3）A、B、C，通道选择输入线，其中 C 为高位，A 为低位。其地址状态与通道的对应关系如表 7-1 所示。

（4）ALE，通道锁存控制信号输入线，ALE 电平正跳变时把 A、B、C 指定的通道地址锁存到片内通道地址寄存器中。

（5）START，启动转换控制信号输入线，该信号的上升沿清除内部寄存器（复位），下降沿启动控制电路开始转换。

（6）CLK，转换时钟输入线，CLK 的典型值为 640kHz，超过该频率时，转换精度会下降。

（7）EOC，转换结束信号输出线，转换结束后 EOC 线输出高电平，并将转换结果锁存到三态输出锁存器。（复位）启动 0809 转换后约 10 个 CLOCK 周期，EOC 线输出低电平。

（8）OE，输出允许控制信号线，OE 为高电平时把转换结果送数据线 D7～D0。

（9）V_{CC}，主电源+5V。

（10）GND，数字地。

（11）$V_{REF\ (+)}$，参数电压输入线，典型值为 $V_{REF\ (+)}$=+5V。

（12）$V_{REF\ (-)}$，参数电压输出线，典型值为 $V_{REF\ (-)}$=0V。

表 7-1　　ADC0809 地址状态与通道的关系

通道	0	1	2	3	4	5	6	7
A	0	1	0	1	0	1	0	1
B	0	0	1	1	0	0	1	1
C	0	0	0	0	1	1	1	1

2. ADC0809 与单片机的接口

ADC0809 与单片机的接口可以采用查询方式和中断方式。

(1) 查询方式。ADC0809 与单片机的接口电路如图 7-5 所示。由于 ADC0809 片内无时钟，一般用 80C51 提供的地址锁存允许信号 ALE 经 D 触发器二分频后获得。

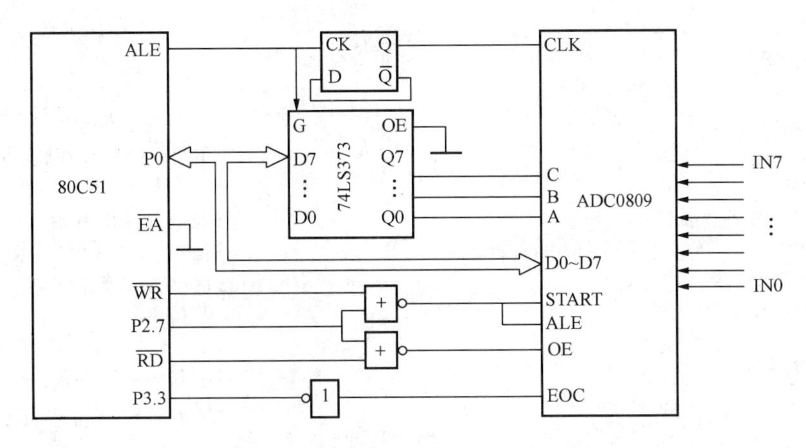

图 7-5 ADC0809 与单片机的接口电路

ALE 引脚的频率是单片机时钟频率的 1/6，如果单片机时钟频率为 6MHz，则 ALE 引脚的频率为 1MHz。再经二分频后为 500kHz，所以 ADC0809 能可靠工作。

由于 ADC0809 具有输出三态锁存器，故其 8 位数据输出线可直接与单片机数据总线相连。单片机的低 8 位地址信号在 ALE 作用下锁存在 74LS373 中。74LS373 输出的低 3 位信号分别加到 ADC0809 的通道选择端 A、B、C 上，作为通道编码。单片机的 P2.7 作为片选信号，与 $\overline{RD}$ 和 $\overline{WR}$ 进行或非操作，得到一个正脉冲，加到 ADC0809 的 ALE 和 START 引脚上。由于 ALE 和 START 连接在一起，因此 ADC0809 在锁存通道地址的同时也启动转换。在读取转换结果的同时，用单片机的读信号 $\overline{RD}$ 和 P2.7 引脚经或非门后产生的正脉冲作为 OE 信号，用以打开三态输出锁存器。显然，上述操作时，P2.7 应为低电平。ADC0809 的 EOC 端经反相器连接到单片机的 P3.3（$\overline{INT1}$）引脚，作为查询或中断信号。

下面的程序采用查询方式，分别对 8 路模拟信号轮流取样一次，并依次把转换结果存储到片内 RAM 以 DATA 为起始地址的连续单元中。

```
MAIN: MOV     R1,#DATA       ;置数据区首地址
      MOV     DPTR,#7FF8H    ;指向 0 通道
      MOV     R7,#08H        ;置通道数
LOOP: MOVX    @DPTR,A        ;启动 A/D 转换
HER:  JB      P3.3,HER       ;查询 A/D 转换结束
      MOVX    A,@DPTR        ;读取 A/D 转换结果
      MOV     @R1,A          ;存储数据
      INC     DPTR           ;指向下一通道
      INC     R1             ;修改数据区指针
      DJNZ    R7,LOOP        ;8 个道转换完否
```

对于上面的程序，也可以采用软件延时的方法读取每次的 A/D 转换结果，即在启动 A/D 后，延时 100μs 左右，等待转换结果。上面的程序可自行修改。

（2）中断方式。采用中断方式可大大节省 CPU 的时间。当转换结束时，EOC 向单片机发出中断申请信号。响应中断请求后，由中断服务子程序读取 A/D 转换结果并存储到 RAM 中，然后启动 ADC0809 的下一次转换。

下面的程序采用中断方式，读取IN0通道的模拟量转换结果，并送至片内RAM以DATA为首地址的连续单元中。

```
       ORG      0013H                          ; INT1 中断服务程序入口
       AJMP     PINT1
       ORG      2000H
MAIN:  MOV      R1,#DATA                       ;置数据区首地址
       SETB     IT1                            ; INT1 为边沿触发方式
       SETB     EA                             ;开中断
       SETB     EX1                            ;允许 INT1 中断
       MOV      DPTR,#7FF8H                    ;指向 IN0 通道
       MOVX     @DPTR,A                        ;启动 A/D 转换
LOOP:  NOP                                     ;等待中断
       AJMP     LOOP
       ORG      2100H                          ;中断服务程序入口
PINT1: PUSH     PSW                            ;保护现场
       PUSH     ACC
       PUSH     DPL
       PUSH     DPH
       MOV      DPTR,#7FF8H
       MOVX     A,@DPTR                        ;读取转换后数据
       MOV      @R1,A                          ;数据存入以DATA为首地址的RAM中
       INC      R1                             ;修改数据区指针
       MOVX     @DPTR,A                        ;再次启动 A/D 转换
       POP      DPH                            ;恢复现场
       POP      DPL
       POP      ACC
       POP      PSW
       RETI                                    ;中断返回
```

五、MC14433 芯片及其与单片机的接口

MC14433 是美国 Motorola 公司生产的 3 位半双积分式 A/D 转换器，是目前市场上广为流行的、典型的 A/D 转换器。MC14433 具有抗干扰性能好、转换精度高（相当于 11 位二进制数）、自动校零、自动极性输出、自动量程控制信号输出、动态字位扫描 BCD 码输出、单基准电压、外接元件少、价格低廉等特点。但其转换速度约 1～10 次/s。在不要求高速转换的场合，如温度控制系统中，被广泛采用。5G14433 与 MC14433 完全兼容，可以互换使用。

1. MC14433 的内部结构及引脚功能

图 7-6 和图 7-7 给出了 MC14433 的逻辑结构框图和引脚图。

MC14433 的引脚功能如下：

（1）V_{DD}，主电源，＋5V。

（2）V_{EE}，模拟部分的负电源，－5V；V_{EE} 是整个电路的电压最低点，此引脚的电流约为 0.8mA，驱动电流并不流经此引脚，故对提供此负电压的电源供给电流要求不高。

（3）V_{SS}，数字电路的负电源引脚。V_{SS} 工作电压范围为 $V_{EE} \leq V_{SS} \leq V_{DD} - 5V$。除 CLK0 外，所有输出端均以 V_{SS} 为低电平基准。

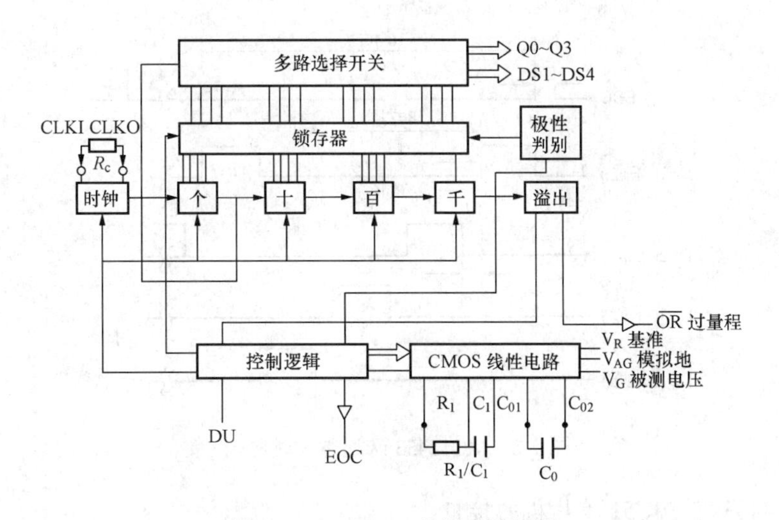

图 7-6　MC14433 的逻辑结构图

（4）V_R，基准电压输入线，为 200mV 或 2V。

（5）V_X，被测电压输入线，最大为 199.9mV 和 1.999V。

（6）V_{AG}，模拟地，为高科技阻输入端，被测电压和基准电压的接入地。

（7）R_1，积分电阻输入线，当 V_X 量程为 2V 时，R_1 取 470kΩ；当 V_X 量程为 200mV 时，R_1 取 27kΩ。

（8）C_1，积分电容输入线，C_1 一般取 0.1μF 的聚丙烯电容。

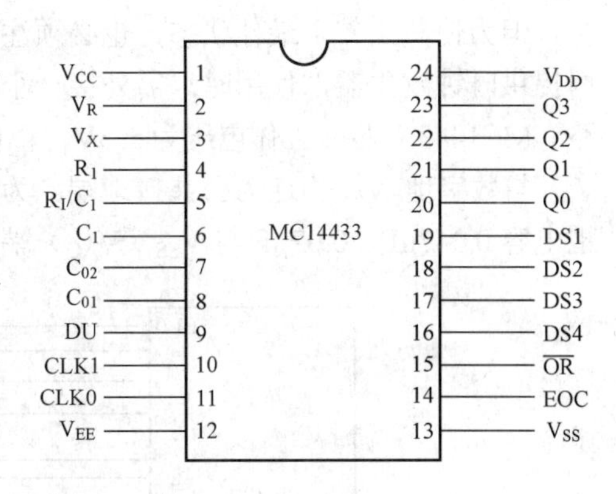

图 7-7　MC14433 引脚图

（9）R_1/C_1，R_1 和 C_1 的公共连接端。

（10）C_{01}、C_{02}，外接失调补偿电容端，电容一般选 0.1uF 聚酯薄膜电容即可。

（11）CLK1、CLK0，外接振荡器时钟频率调节电阻 R_C，其典型值是 300kΩ；时钟频率随 R_C 值上升而下降。

（12）EOC，转换结束状态输出线，EOC 是一个宽为 0.5 个时钟周期的正脉冲。

（13）DU，更新转换控制信号输入线，DU 若与 EOC 相连，则每次 A/D 转换结束后自动启动新的转换。

（14）$\overline{OR}$，过量程状态信号输出线，低电平有效，当 $|V_X| > V_R$ 时 $\overline{OR}$ 有效。

（15）DS4～DS1，分别是个、十、百、千位的选通脉冲输出线。这 4 个正选通脉冲宽度为 18 个时钟周期，相互之间的间隔时间为两个时钟周期，如图 7-8 所示。

（16）Q3～Q0，BCD 码数据输出线，动态地输出千位、百位、十位、个位值，即 DS4 有效时，Q3～Q0 表示的是个位值（0～9）；DS3 有效时，Q3～Q0 表示的是十位值（0～9）；DS2 有效时，Q3～Q0 表示的是百位值（0～9）；DS1 有效时，Q3 表示的是千位值（0 或 1）、Q2 表示转换极性（0 负 1 正）、Q1 无意义、Q0 为 1 而 Q3 为 0 表示过量程（太大）、Q0 为 1 且 Q3 为 1 表示欠量程（太小）。

当转换值大于 1999 时，出现过量程；当转换值小于 180 时，出现欠量程。

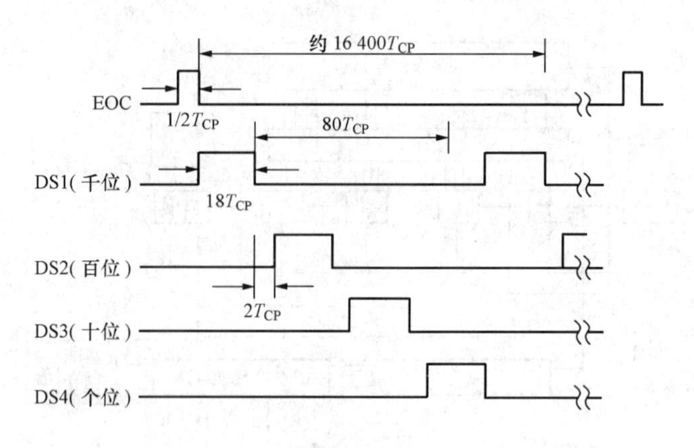

图 7-8　MC14433 选通脉冲时序图

2. MC14433 与 80C51 单片机的接口

MC14433 与 80C51 单片机的接口电路如图 7-9 所示。尽管 MC14433 需外接的元件很少，但为使其工作于最佳状态，也必须注意外部电路的连接和外接元器件的选择。由于片内提供时钟发生器，使用时只需外接一个电阻。也可采用外部输入时钟或外接晶体振荡电路。MC14433 芯片工作电压为±5V，正电源接 V_{DD}，模拟部分负电源端接 V_{EE}，模拟地 V_{AG} 与数字地 V_{SS} 相连为公共接地端。为了提高电源的抗干扰能力，正、负电源分别经去耦电容 0.047μF、0.02μF 与 V_{SS}（V_{AG}）端相连。

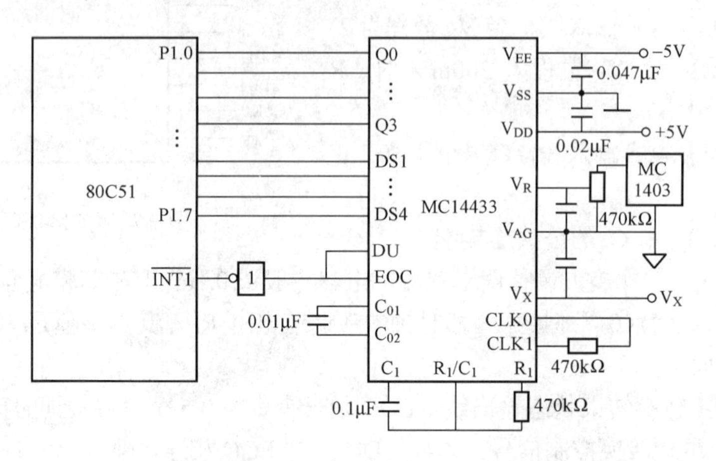

图 7-9　MC14433 与 80C51 单片机的接口电路

MC14433 芯片的基准电压需外接，可由 MC1403 通过分压提供＋2V 或＋200mV 的基准电压。在一些精度不高的小型智能化仪表中，由于＋5V 电源是经三端稳压器稳压的，工作环境又比较好，这样就可以通过电位器对＋5V 直接分压得到。

EOC 是 A/D 转换结束的输出标志信号，每一次 A/D 转换结束时，EOC 端都输出一个 1/2 时钟周期宽度的脉冲。当给 DU 端输入一个正脉冲时，当前 A/D 转换周期的转换结果将被送至输出锁存器，经多路开关输出，否则将输出锁存器中原来的转换结果。所以 DU 端与 EOC 端相连，已选择连续转换方式，每次转换结果都送至输出锁存器。

由于 MC14433 的 A/D 转换结果是动态分时输出的 BCD 码，Q0～Q3 和 DS1～DS4 都不是总线式的。因此，80C51 单片机只能通过并行 I/O 口或扩展 I/O 接口与其相连。对于

80C31 单片机的应用系统来说，MC14433 可以直接和其 P1 口或扩展 I/O 口 8155/8255 相连。图 7-9 中是 MC14433 与 80C51 单片机 P1 口直接相连。

80C51 读取 A/D 转换结果可以采用中断方式或查询方式。采用中断方式时，EOC 端与 80C51 外部中断输入端 $\overline{\text{INT 0}}$ 或 $\overline{\text{INT 1}}$ 相连。采用查询方式时 EOC 端可接入 80C51 任一个 I/O 口或扩展 I/O 口。图 7-9 中采用中断方式（接 $\overline{\text{INT 1}}$）。

根据图 7-9 的接口电路，将 A/D 转换结果由 80C51 控制采集后送入片内 RAM 中的 2EH、2FH 单元，并给定数据存放格式为：

	D7	D6	D5	D4	D3	D2	D1	D0
2EH	符号	×	×	千位	百位			
2FH	十位				个位			

MC14433 上电后，即对外部模拟输入电压信号进行 A/D 转换。由于 EOC 与 DU 端相连，每次转换完毕都有相应的 BCD 码及相应的选通信号出现在 Q0～Q3 和 DS1～DS4 上。当 80C51 开放 CPU 中断，允许 $\overline{\text{INT1}}$ 中断申请，并置外部中断为边沿触发方式，在执行下列程序后，每次 A/D 转换结束时，都将把 A/D 转换结果数据送入片内 RAM 中的 2EH、2FH 单元。这两个单元均可位寻址。

初始化程序如下：

```
INT1: SETB    IT1                  ;选择INT1为边沿触发方式
      MOV     IE,#10000100B        ;CPU开中断,外部INT1中断允许
      ...     ...
```

$\overline{\text{INT1}}$ 中断服务程序如下：

```
PINT1: MOV    A,P1
       JNB    ACC.4,PINT1          ;等待DS1选通信号
       JB     ACC.0,PEr            ;查是否过量程或欠量程,是则转PEr
       JB     ACC.2,PL1            ;查结果是正或负,1为正,0为负
       SETB   77H                  ;负数符号置1,77H为符号位位地址
       AJMP   PL2
PL1:   CLR    77H                  ;正数，符号位置0
PL2:   JB     ACC.3,PL3            ;查千位（1/2位）数为0或1,
                                   ;ACC.3=0时千位数为1
       SETB   74H                  ;千位数置1
       AJMP   PL4
PL3:   CLR    74H                  ;千位数置0
PL4:   MOV    A,P1
       JNB    ACC.5,PL4            ;等待百位BCD码选通信号DS2
       MOV    R0,#2EH
       XCHD   A,@R0                ;百位数送入2EH低4位
PL5:   MOV    A,P1
       JNB    ACC.6,PL5            ;等待十位数选通信号DS3
       SWAP   A                    ;高低4位交换
       INC    R0                   ;指向2FH单元
       MOV    @R0,A                ;十位数送入2FH高4位
PL6:   MOV    A,P1
       JNB    ACC.7,PL6            ;等待个位数选通信号DS4
```

```
        XCHD      A,@R0                         ;个位数送入 2FH 低 4 位
        RETI                                    ;中断返回
  PEr:  SETB      10H                           ;置过、欠量程标志
        RETI                                    ;中断返回
```

第二节　D/A 转换接口设计

一、D/A 转换器的工作原理

D/A 转换器是用来将数字量转换成模拟量的器件。它的基本输出电压 V_0 应该和输入数字量 D 成正比，即 $V_0=DV_R$。其中，V_R 为参考电压，$D=d_{n-1}\times 2^{n-1}+d_{n-2}\times 2^{n-2}+\cdots+d_1\times 2^1+d_0\times 2^0$。

每一个数字量都是数字代码的按位组合，每一个数字代码都有一定的“权”，且对应一定大小的模拟量。为了将数字量转换成模拟量，应该将其每一位都转换成相应的模拟量，然后求和即得到与数字量成正比的模拟量。一般 D/A 转换器都是按这一原理设计的。

D/A 转换器的类型很多，目前在集成化的 D/A 转换器中经常使用的是 T 型网络 D/A 转换器和权电流 D/A 转换器。

1. T 型网络 D/A 转换器

T 型网络 D/A 转换器的电路由 T 型电阻解码网络、模拟电子开关及求和放大器组成，模拟电子开关受数字量的数字代码所控制，T 型网络 D/A 转换器基本电路如图 7-10 所示。代码为 0 时，开关倒向左边，支路中的电阻接地；代码为 1 时，开关倒向右边，支路中的电阻就接到虚地，给运算放大器输入端提供电流。T 型电阻网络用来把每位代码转换成相应的模拟量。

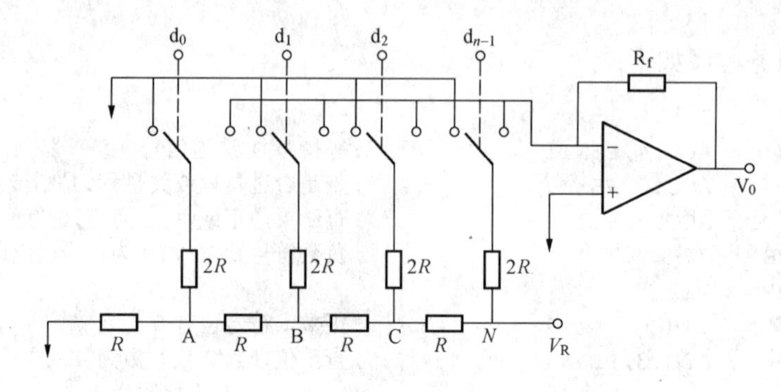

图 7-10　T 型网络 D/A 转换器

这里所用的 T 型电阻网络有个特点，即电阻的种类只有两种：R 或者 $2R$，在集成化实现时比较方便。下面讲述其转换原理。

假设只有 $d_{n-1}=1$，其余各位均为 0，则最左边为两个 $2R$ 电阻并联，他们的等效电阻为 R，接着又是两个 $2R$ 的电阻并联，结果等效电阻又为 R…，以此类推，最后等效于一个数值为 R 的电阻连在参考电压 V_R 上。

这样，就很容易算出，从 N 到 A 各点电位分别为 $-V_R$、$-\frac{1}{2}V_R$、$-\frac{1}{4}V_R$、$-\frac{1}{8}V_R$、$-\frac{1}{2^{n-1}}V_R$。当右边第一个开关 $d_{n-1}=1$ 时，运算放大器得到的输入电流为 $-\frac{1}{2R}V_R$；当右

单片机技术基础及应用

边第二个开关 $d_{n-2}=1$ 时，运算放大器得到的输入电流为 $-\frac{1}{4}RV_R$，以此类推，当一个二进制数据的各位为 $d_0 \sim d_{n-1}$ 时，流入运算放大器的电流为

$$I_r=-\frac{1}{2^n R}V_R(d_{n-1}\times 2^{n-1}+d_{n-2}\times 2^{n-2}+\cdots+d_1\times 2^1+d_0\times 2^0)$$

若运算放大器的反馈电阻为 R_f，输出电压为

$$V_0=I_r\times R_f=-\frac{R_f}{2^n R}V_R(d_{n-1}\times 2^{n-1}+d_{n-2}\times 2^{n-2}+\cdots+d_1\times 2^1+d_0\times 2^0)$$

从而实现了 D/A 转换的基本要求：输出模拟量与输入数字量成正比。

以上分析是在理想情况下进行的。在实际电路中，由于参考电压 V_R 偏离标准值，运算放大器的温度误差、零点漂移、模拟开关的不理想所造成的传输误差以及电阻阻值误差等都可能引起转换误差，使得输出模拟量与输入数字量不完全成比例。为了改进 D/A 转换器的性能，可以采用图 7-11 所示的权电流 D/A 转换器。

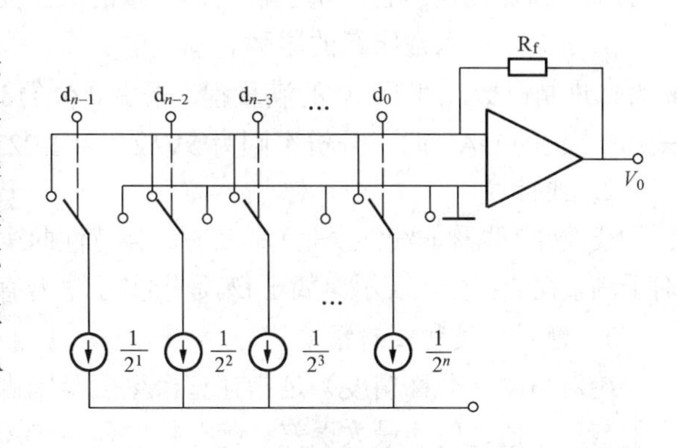

图 7-11 权电流 D/A 转换器

2. 权电流 D/A 转换器

这个电路由电流源解码网络、模拟电子开关和运算放大器组成，即用电流源代替了各分支电路的电阻，各支路的电流源的电流是和代码的权值成正比的。各个支路的电流是直接连到运算放大器的输入端，不像在 T 型网络中要经过网络的传输，因而避免了各支路电流到达运算放大器输入端的输入误差，也有利于提高转换的精度。采用电流源以后，对于模拟开关的要求可以降低，因为支路电流可以不受开关内阻的影响。由图 7-9 不难得出：

$$V_0=-I\times R_f=-\frac{I}{2^n}R_F\ (d_{n-1}\times 2^{n-1}+d_{n-2}\times 2^{n-2}+\cdots+d_1\times 2^1+d_0\times 2^0)$$

从而也实现了按比例 D/A 转换，并改进了性能。

以上介绍的 D/A 转换器都是并行工作的，即各位代码的输入是并行的，各位代码转换成模拟量也是同时进行开始的。因此 D/A 转换的速度一般都是比较快的。这类电路若和单片机及其他微处理器连接，速度配合比较简单，信息传送可以采取无条件传送方式，可以不采用查询或中断方式。

目前，单片 D/A 转换器有很多类型。按照工作原理的不同，D/A 转换器可分成两大类：直接 D/A 转换器和间接 D/A 转换器。

（1）直接 D/A 转换器。直接 D/A 转换器是指直接将输入的数字信号转换为输出的模拟信号，通常由一组权电阻网络或梯形电阻网络与一组控制开关组成。其输入端为一组数据输入线与联络信号线（控制线）。其输出端为模拟信号线。按输入端的结构分类大致又可分为两种：一种是输入端带有数据锁存器，这种 D/A 转换器的数据线可以直接和计算机的数据总线相连；另一种 D/A 转换器的数据输入端不带数据锁存器，这时就需要另外配接数据寄存器。

（2）间接 D/A 转换器。间接 D/A 转换器是先将输入的数字信号转换为某种中间量，然后再把这种中间量转换成为输出的模拟信号。例如可以把输入的数字信号首先转换成为频率一定、宽度随数字信号变化的脉冲信号，然后再利用低通滤波器提取其平均值，从而得出相应的模拟信号。由于这类间接 D/A 转换方式在集成 D/A 转换器中很少使用，因此本节重点介绍直接 D/A 转换器。

二、D/A 转换器的主要性能指标

1. 分辨率

分辨率是指输入数字量的最低有效位（LSB）发生变化时，所对应的输出模拟量（常为电压）的变化量。它反映了输出模拟量的最小变化量。

分辨率与输入数字量的尾数有确定的关系，可以表示成 $FS/2^n$。FS 表示满量程输入值，n 为二进制位数。对于 5V 的满量程，采用 8 位的 DAC 时，分辨率为 $5V/2^8=19.5mV$；当采用 12 位的 DAC 时，分辨率则为 $5V/2^{12}=1.022mV$。显然，位数越多分辨率越高。

2. 线性度

线性度（也称非线性误差）是实际转换特性曲线与理想值线特性之间的最大偏差。常以相对于满量程的百分数表示。如±1%是指实际输出值与理论值之差在满刻度的±1%以内。

3. 绝对精度和相对精度

绝对精度（简称精度）是指在整个刻度范围内，任一输入数码所对应的模拟量实际输出值与理论值之间的最大误差。绝对精度是由 DAC 的增益误差（当输入数码为全 1 时，实际输出值与理想输出值之差）、零点误差（数码输入为全 0 时，DAC 的非零输出值）、非线性误差和噪声等引起的。绝对精度（即最大误差）应小于 1 个 LSB。

相对精度与绝对精度表示同一含义，用最大误差相对于满刻度的百分比表示。

4. 建立时间

建立时间是指输入的数字量发生满刻度变化时，输出模拟信号达到满刻度值的±1/2LSB 所需的时间，是描述 D/A 转换速率的一个动态指标。

电流输出型 DAC 的建立时间短，电压输出型 DAC 的建立时间主要取决于运算放大器的响应时间。根据建立时间的长短，可以将 DAC 分成超高速（<1μs）、高速（1～10μs）、中速（10～100μs）、低速（≥100μs）几挡。

应当注意，精度和分辨率具有一定的联系，但概念不同。DAC 的位数多时，分辨率会提高，对应于影响精度的量化误差会减小。但其他误差（如温度漂移、线性不良等）的影响力仍会使 DAC 的精度变差。

三、DAC0832 芯片及其与单片机的接口

DAC0832 是使用非常普遍的 8 位 D/A 转换器，由于其片内有输入数据寄存器，故可以直接与单片机接口。DAC0832 以电流形式输出，当需要转换为电压输出时，可外接运算放大器。属于该系列的芯片还有 DAC0830、DAC0831，它们可以相互替换。

DAC0832 的主要特性如下：

（1）分辨率 8 位。

（2）电流建立时间 1μs。

（3）数据输入可采用双缓冲、单缓冲或直通方式。

（4）输出电流线性度可在满量程下调节。

（5）逻辑电平输入与 TTL 电平兼容。

（6）单一电源供电（+5～+15V）。

（7）低功耗，20mW。

1. DAC0832的内部结构及引脚

D/A转换器DAC0832的内部逻辑结构和引脚定义如图7-12和图7-13所示。芯片内有一个8位输入锁存器，一个8位DAC寄存器，形成两级缓冲结构。这样可使DAC转换输出前一个数据的同时，将下一个数据传送到8位输入锁存器，以提高D/A转换的速度。在一些场合（比如X-Y绘图仪的单片微机控制），能够使多个D/A转换器同时输出模拟电压。

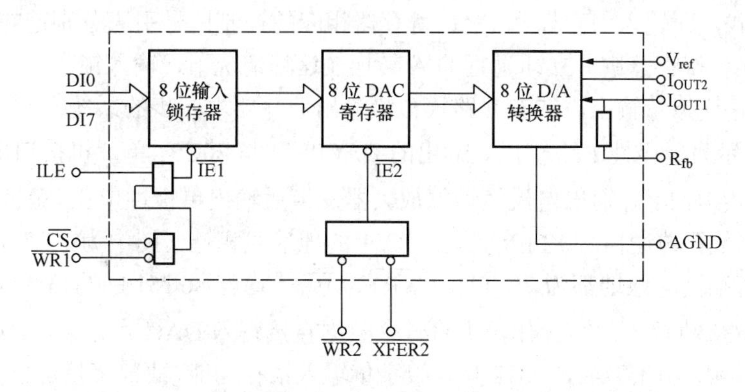

图7-12　DAC0832内部逻辑结构

（1）$\overline{CS}$：片选，低电平有效。$\overline{CS}$与I_{LE}信号结合，可对$\overline{WR_1}$是否起作用进行控制。

（2）I_{LE}：允许数据输入锁存，高电平有效。

（3）$\overline{WR1}$：写信号1，输入，低电平有效。用于CPU数据总线送来的数据锁存在8位输入锁存器中，$\overline{WR1}$有效时，$\overline{CS}$和I_{LE}必须同时有效。

（4）$\overline{WR2}$：写信号2，输入，低电平有效，用于将输入锁存器中的数据传送到DAC寄存器中，当$\overline{WR2}$有效时，$\overline{XFER}$也必须同时有效。

（5）$\overline{XFER}$：传送控制信号，低电平有效。用来控制$\overline{WR2}$，选通DAC寄存器。

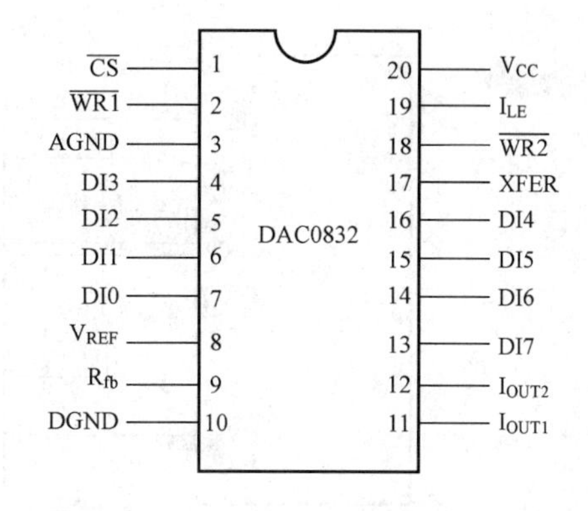

图7-13　DAC0832引脚图

（6）DI7～DI0：8位数字输入，DI7为最高位，DI0为最低位。

（7）I_{OUT1}：DAC电流输出1，当数字量为全1时，输出电流最大；当数字量为全0时，输出电流最小。

（8）I_{OUT2}：DAC电流输出2，其与I_{OUT1}的关系为

$$I_{OUT1}+I_{OUT2}=\frac{V_{OUT1}}{R}\left(1-\frac{1}{16}\right)=常数$$

（9）R_{fb}：反馈电阻（15kΩ），已固化在芯片中。因为DAC0832是电流输出型D/A转换器，为得到电压输出，使用时需在两个电流输出端接运算放大器。R_{fb}作为运算放大器反馈电阻，为DAC提供电压输出。

（10）V_{ref}：参考电压输入，通过它将外加高精度电压源与内部的电阻网络相连接。V_{ref}

可在$-10\sim+10V$范围内选择。

（11）V_{CC}：数字电路电源。

（12）DGND：数字地。

（13）AGND：模拟地。

2. DAC0832与单片机的接口

DAC0832可工作于单缓冲、双缓冲和直通3种方式。

（1）单缓冲工作方式。

单缓冲方式，即输入锁存器和DAC寄存器相应的控制信号引脚分别连在一起，使数据直接写入DAC寄存器中，立即进行D/A转换（这种情况下，输入锁存器不起作用）。此方式适用于一路模拟量输出，或有几路模拟量输出但并要求同步的系统。

图7-14所示为单极性1路模拟量输出的DAC0832与80C51单片机接口电路。图中I_{LE}接$+5V$，I_{OUT2}接地，I_{OUT1}输出电流经运算放大器变换后输出单极性电压，范围为$0\sim+5V$。片选信号$\overline{CS}$和数据传送信号$\overline{XFER}$都与80C51的地址线相连（图中为P2.7），因此输入锁存器和DAC寄存器的地址都为7FFFH。$\overline{WR1}$、$\overline{WR2}$均与80C51的写信号线$\overline{WR}$相连。CPU对DAC0832执行一次写操作，则将一个数据直接写入DAC寄存器，DAC0832的输出模拟量随之变化。由于DAAC0832具有数字量输入锁存功能，故数字量可以直接从80C51的P0口送入。

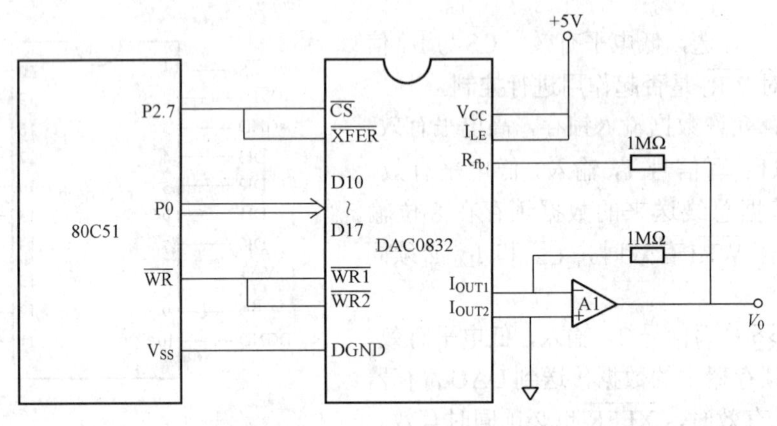

图7-14 DAC0832单缓冲方式接口

执行下面的几条指令就能完成一次D/A转换：

```
MOV     DPTR，#7FFFH   ;指向DAC0832口地址（P2.7为0）
MOV     A,#data
MOVX    @DPTR,A        ;启动D/A转换
```

单极性输出电压$V_{OUT}=-DV_{REF}/2^n$，D为输入数字量，V_{REF}为基准电压。可见，单极性输出V_{OUT}的正负极性由V_{REF}的极性确定。当V_{REF}的极性为正时，V_{OUT}为负；当V_{REF}的极性为负时，V_{OUT}为正。

在某些应用场合，还需要双极性模拟输出电压，因此需要在编码和电路方面做些改变。图7-15所示为采用偏移二进制码实现DAC双极性输出的原理图。

所谓偏移二进制码，就是将二进制数的补码的符号位取反，就得到偏移二进制码。由图7-15中可见，此时输出V_{OUT}是两部分的代数和，一部分是由V_D引起的V_{OUTD}，另一部分

是由 V_{REF} 经运放 A2 放大得到的 V_{OUTR}，于是可得

$$V_{OUT}=-（V_{OUTD}+V_{OUTR}）=-（-2RV_D/R+2RV_{REF}/2R）=2V_D-V_{REF}$$
$$=2DV_{REF}/2^n-V_{REF}=（D/2^{n-1}-1）V_{REF}=（D-2^{n-1}）V_{REF}/2^{n-1}$$

将待转换的数字量的偏移二进制码代替上式中的 D，可求出双极性输出 V_{OUT}。若 V_{REF} 由正改为负，那么 V_{OUT} 也反相。例如，数字量 D 的十进制为+127，对应的带符号二进制为 0111 1111B，偏移二进制码则为 1111 1111B，此时输出 V_{OUT}（假设 V_{REF} 为正）为

$$V_{OUT}=（255-2^7）V_{REF}/2^7=（127/128）V_{REF}=V_{REF}-1LSB$$

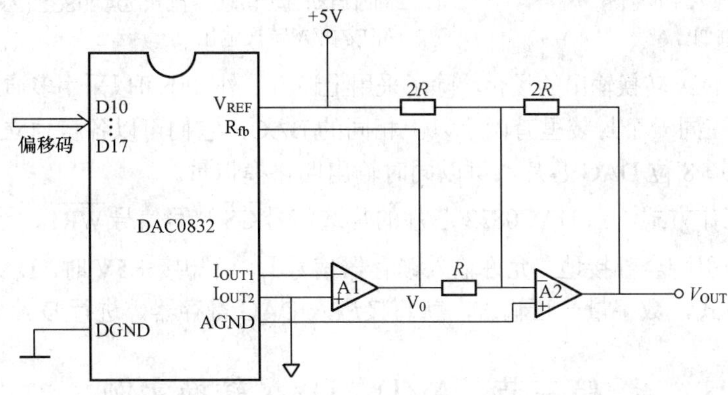

图 7-15 偏移二进制码实现 DAC 双极性输出原理图

同理，当数字量 D 的十进制为-127，对应的带符号二进制为 1111 1111B，偏移二进制码则为 0000 0001B，此时输出 V_{OUT} 为

$$V_{OUT}=（1-2^7）V_{REF}/2^7=（-127/128）V_{REF}=-（V_{REF}-1LSB）$$

在双极性输出中，$1LSB=V_{REF}/2^{n-1}=V_{REF}/128$，而单极性输出 $1LSB=V_{REF}/2^n=V_{REF}/256$。可见，双极性输出时的分辨率比单极性输出时降低 1/2，由于对双极性输出而言，最高位作为符号位，只有 7 位数值位。

另外，还可以采用切换基准电压的方法和输出反相的方法来实现双极性输出，限于篇幅这里不做介绍。

（2）双缓冲器工作方式。对于多路 D/A 转换输出，如果要求同步进行，就应该采用双缓冲器同步方式。DAC0832 工作于双缓冲器工作方式时，数字量的输入锁存器和 D/A 转换是分两步完成的。首先，CPU 的数据总线分时地向各路 D/A 转换器输入要转换的数字量并锁存在各自的输入锁存器中，然后 CPU 对所有的 D/A 转换器发出控制信号，使各个 D/A 转换器将输入锁存器中的数据打入 DAC 寄存器，实现同步转换输出。

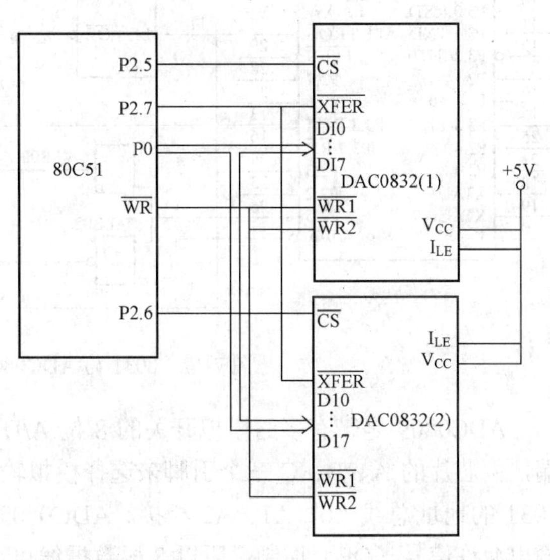

图 7-16 DAC0832 双缓冲方式接口

图 7-16 所示为一个二路同步输出的 D/A 转换接口电路。80C51 的 P2.5 和 P2.6 分别选择两路 D/A 转换器的输入锁存器，

P2.7 连接到两路 D/A 转换器的 $\overline{\text{XFER}}$ 端控制同步转换输出。

完成两路 D/A 同步输出的程序如下：

```
MOV     DPTR,#0DFFFH             ;指向 DAC0832(1)输入锁存器
MOV     A,#data1
MOVX    @DPTR,A                  ;数字 data1 送入 DAC0832(1)输入锁存器
MOV     DPTR,#0BFFFH             ;指向 DAC0832(2)输入锁存器
MOV     A,#data
MOVX    @DPTR,A                  ;数字 data2 送入 DAC0832(2)输入锁存器
MOV     DPTR,#7FFFH              ;同时启动 DAC0832 (1)、DAC0832(2)
MOVX    @DPTR,A                  ;完成 D/A 转换输出
```

在需要多路 D/A 转换输出的场合，除了采用上述方法外，还可以采用多通道 DAC 芯片。这种 DAC 芯片在同一个封装里有两个以上相同的 DAC，它们可以各自独立工作，例如，AD7526 是四通道 8 位 DAC 芯片，可以同时输出四路模拟量。

（3）直通工作方式。当 DAC0832 芯片的片选信号 $\overline{\text{CS}}$、写信号 $\overline{\text{WR1}}$、$\overline{\text{WR2}}$ 及传送控制信号 $\overline{\text{XFER}}$ 的引脚全部接地，允许输入锁存器信号 I_{LE} 引脚接＋5V 时，DAC0832 芯片就处于直通工作方式，数字量一旦输入，就直接进入 DAC 寄存器，进行 D/A 转换。

第三节　A/D、D/A 转换实例

一、ADC0809 与 MCS-51 的接口方法

图 7-17 给出了 8031 与 ADC0809 的接口逻辑电路。

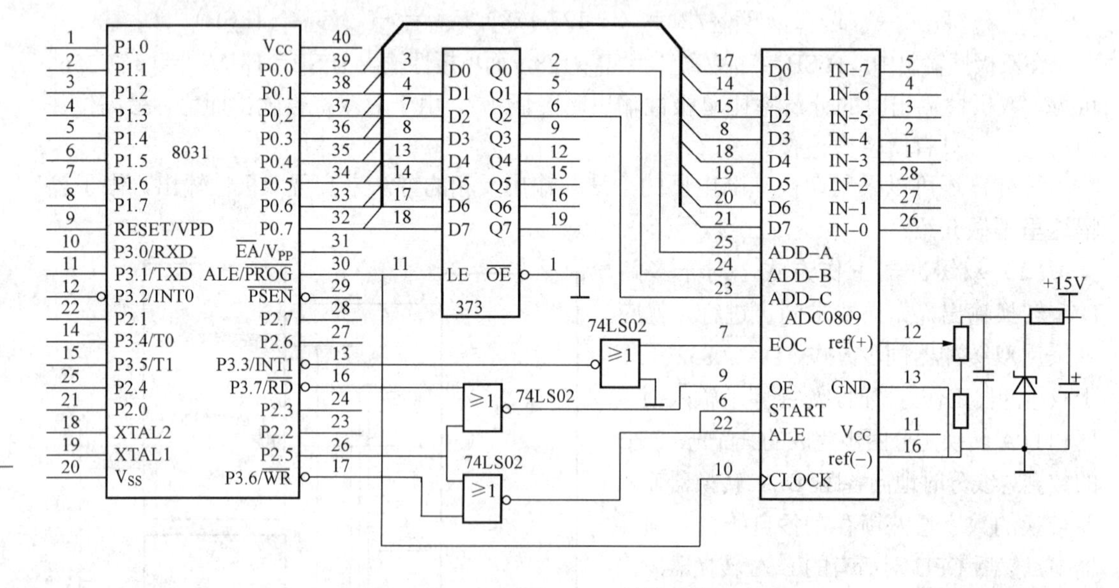

图 7-17　8031 与 ADC0809 的接口逻辑电路

ADC0809 是带有多路模拟开关的 8 位 A/D 转换芯片，所以它可有 8 个模拟量的输入端，由芯片的 A、B、C 三个引脚来选择模拟输入通道中的一个。A、B、C 三端分别与 8031 的地址总线 A0、A1、A2 相接。ADC0809 的 8 位数据输出是带有三态缓冲器的，由输出允许信号（OE）控制，所以 8 根数据线可直接与 8031 的 P0.0～P0.7 相接。地址锁存信号（ALE）和启动转换信号（START）由软件产生（执行一条 MOVX @DPTR，A 指

令），输出允许信号（OE）也由软件产生（执行一条 MOVX A，@DPTR 指令）。ADC0809 的时钟信号 CLK 决定了片子的转换速度，该芯片要求时钟频率小于 640kHz，故可同 8031 的 ALE 信号相接。转换完成信号 EOC 送到 INT1 输入端，8031 在相应的中断服务程序里，读入经 ADC0809 转换后的数据送到以 30H 为首址的内部 RAM 中，以模拟通道 0 为例，操作程序如下：

```
        ORG     8013H
        AJMP    SUB
        ORG     8130H
MAIN:   MOV     R0,#30H
        SETB    IT1                     ;INT1 边沿触发
        SETB    EX1                     ;开放 INT1 中断
        SETB    EA                      ;CPU 开放中断
        MOV     DPTR,#0DFF8H            ;通道 0 口地址
        MOV     A,#00H
        MOVX    @DPTR,A                 ;启动 A/D
LOOP:   NOP                             ;等待中断
        AJMP    LOOP
        ORG     8310H
SUB:    PUSH    PSW
        PUSH    ACC
        PUSH    DPL
        PUSH    DPH
        MOV     DPTR,#0DFF8H
        MOVX    A,@DPTR                 ;读数据
        MOV     @R0,A                   ;数存入以 30H 为首址的内部 RAM
        INC     R0
        MOV     DPTR,#0DFF8H
        MOVX    @DPTR,A                 ;再次启动 A/D
        DOP     DPH
        P0P     DPL
        P0P     ACC
        P0P     PSW
        RETI
```

二、DAC0832 与 MCS-51 单片机的接口

0832 可工作于双缓冲器方式，输入寄存器的锁存信号和 DAC 寄存器的锁存信号分开控制，这种方式适用于几个模拟量需同时输出的系统，每一路模拟量输出需一个 DAC0832，可用多个 DAC0832 构成多路模拟量同步输出的系统，图 7-18 所示为两路模拟量同步输出的系统。

在图 7-18 中，1#0832 输入锁存器地址为 DFFFH，2#0832 输入锁存器地址 BFFFH，1#和 2#DAC0832 的第二级的寄存器地址为 7FFFH，DAC0832 的输出分别接图形显示器的 XY 偏转放大器输入端。

单片机执行下面的程序，将使图形显示器的光栅移动到一个新的位置。

```
MOV  DPTR, #0DFFFH
MOV  A,#X
MOVX @DPTR,A                      ; DATAX 写入 1# 0832 输入寄存器
MOV  DPTR, #0BFFFH
MOV  A,#Y
MOVX @DPTR,A                      ; DATAY 写入 2# 0832 输入寄存器
MOV  DPTR,#7FFFH
MOVX @DPTR,A                      ; 1#、2#输入寄存器内容同时送到 DAC 寄存器
```

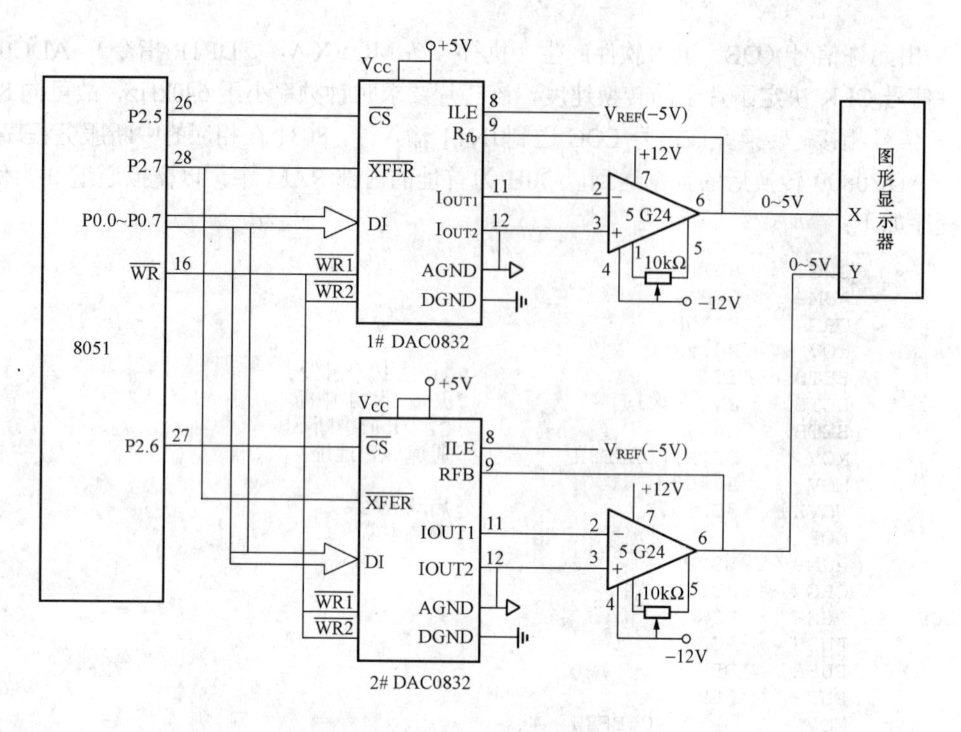

图 7-18　DAC0832 二路模拟量输出电路

MCS-51 单片机应用实例

第一节 MCS-51 单片机简单应用

一、闪烁灯

1. 电路设计

本例电路如图 8-1 所示，在 P1.0 端口上接一个发光二极管 VD，使 VD 在不停地一亮一灭，一亮一灭的时间间隔为 0.2s。

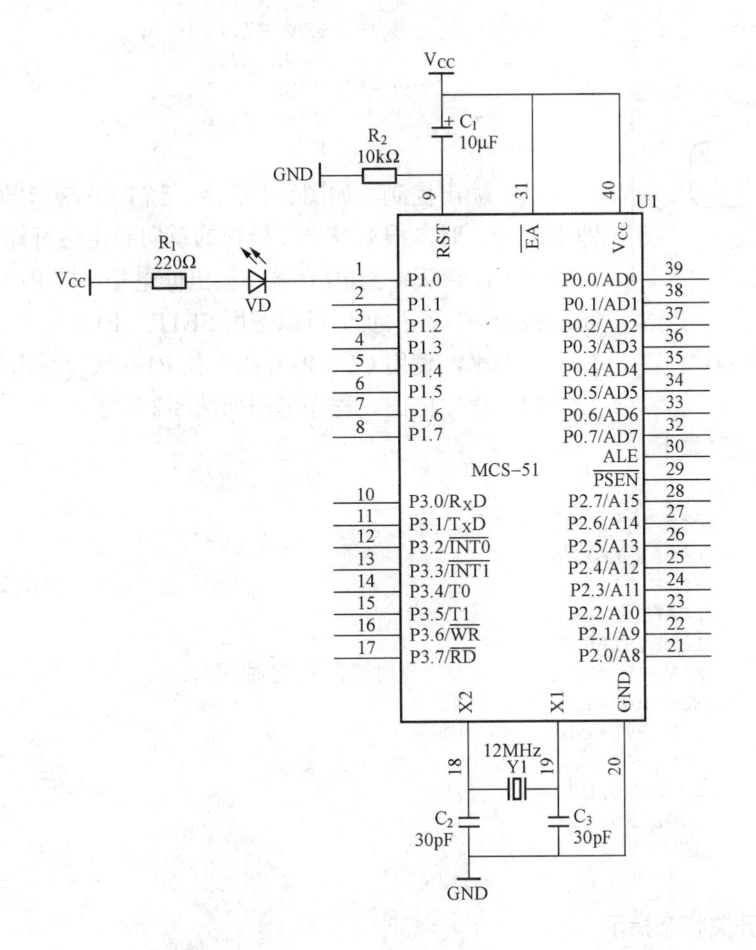

图 8-1 闪烁灯电路图

2. 程序设计

单片机指令的执行时间是很短的，数量大多为微秒级，因此，我们要求的闪烁时间间隔为 0.2s，相对于微秒来说，相差太大，所以我们在执行某一指令时，插入延时程序，来达到我们的要求，但这样的延时程序是如何设计呢？下面具体介绍其原理：

		机器周期	μs	
	MOV R6,#20	2 个	2	
D1:	MOV R7,#248	2 个	2	2＋2×248＝498
	DJNZ R7,$	2 个	2×248	
	DJNZ R6,D1	2 个	2×20＝40	

498×20＋40＋2＝10002

因此，上面的延时程序时间为 10.002ms。由以上可知，当 R6＝10、R7＝248 时，延时 5ms，R6＝20、R7＝248 时，延时 10ms，以此为基本的计时单位。如本实验要求 0.2s＝200ms，10ms×R5＝200ms，则 R5＝20，延时子程序如下：

```
DELAY:          MOV R5,#20
D1:             MOV R6,#20
D2:             MOV R7,#248
                DJNZ R7,$
                DJNZ R6,D2
                DJNZ R5,D1
                RET
```

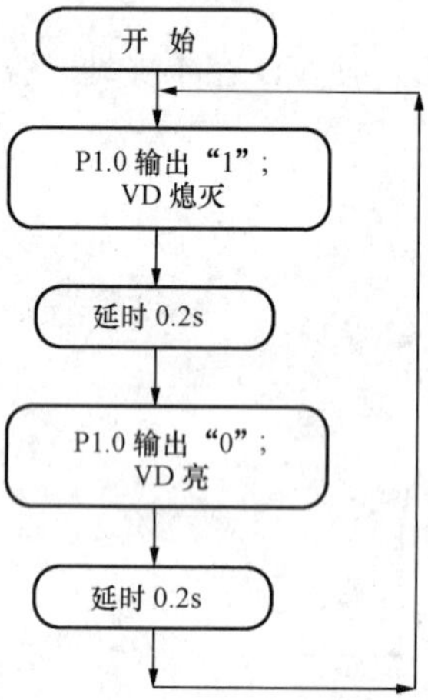

图 8-2　程序框图

（1）输出控制。如图 8-1 所示，当 P1.0 端口输出高电平，即 P1.0＝1 时，根据发光二极管的单向导电性可知，这时发光二极管 VD 熄灭；当 P1.0 端口输出低电平，即 P1.0＝0 时，发光二极管 VD 亮；我们可以使用 SETB　P1.0 指令使 P1.0 端口输出高电平，使用 CLR P1.0 指令使 P1.0 端口输出低电平。

（2）程序框图。程序框图如图 8-2 所示。

（3）汇编程序如下：

```
          ORG 0H
START:    CLR P1.0
          LCALL DELAY
          SETB P1.0
          LCALL DELAY
          LJMP START
DELAY:    MOV R5,#20              ;延时子程序,延时 0.2s
D1:       MOV R6,#20
D2:       MOV R7,#248
          DJNZ R7,$
          DJNZ R6,D2
          DJNZ R5,D1
          RET
END
```

二、多路开关状态指示

1. 电路设计

本例电路如图8-3所示，MCS-51单片机的 P1.0～P1.3接4个发光二极管 VD1～VD4，

P1.4～P1.7接了四个开关K1～K4，编程将开关的状态反映到发光二极管上（开关闭合，对应的灯亮，开关断开，对应的灯灭）。

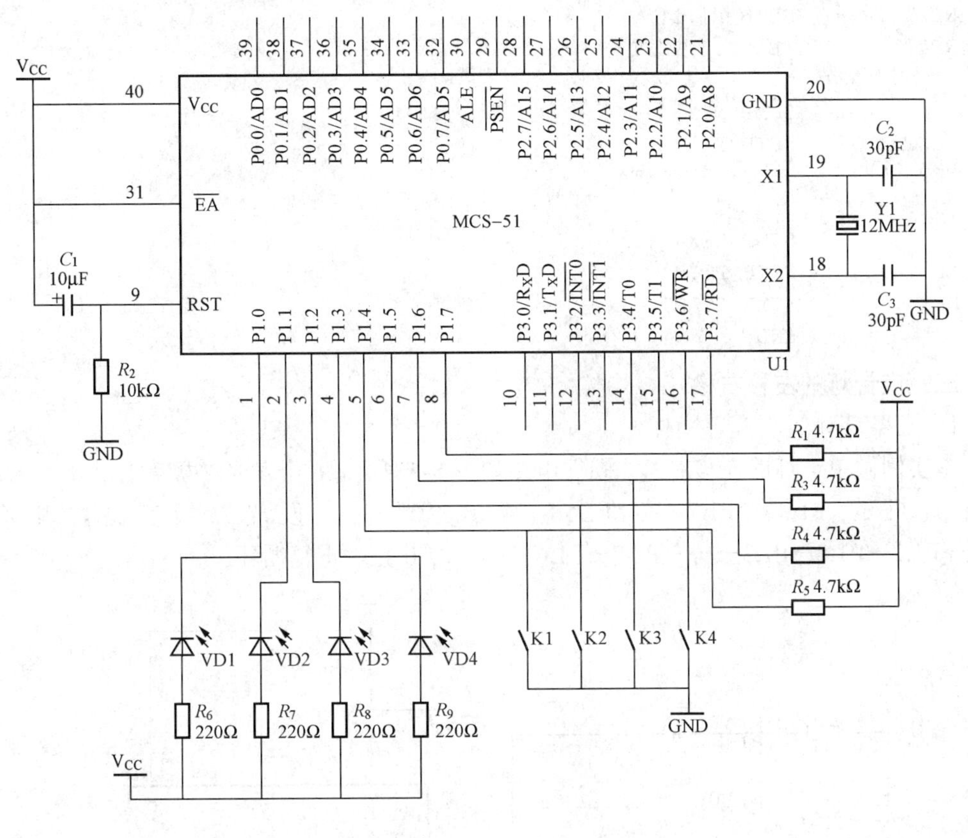

图 8-3　多路开关状态指示电路

2. 程序设计

（1）开关状态检测。对于开关状态检测，相对单片机来说，是输入关系，我们可轮流检测每个开关状态，根据每个开关的状态让相应的发光二极管指示，可以采用 JB　P1.X，REL 或 JNB　P1.X，REL 指令来完成；也可以一次性检测四路开关状态，然后让其指示，可以采用 MOV　A，P1 指令一次把 P1 端口的状态全部读入，然后取高 4 位的状态来指示。

（2）输出控制。根据开关的状态，由发光二极管 VD1～VD4 来指示，我们可以用 SETB　P1.X 和 CLR　P1.X 指令来完成，也可以采用 MOV　P1，＃1111XXXXB 方法一次指示。

（3）程序设计框图。本例的程序设计框图如图 8-4 所示。

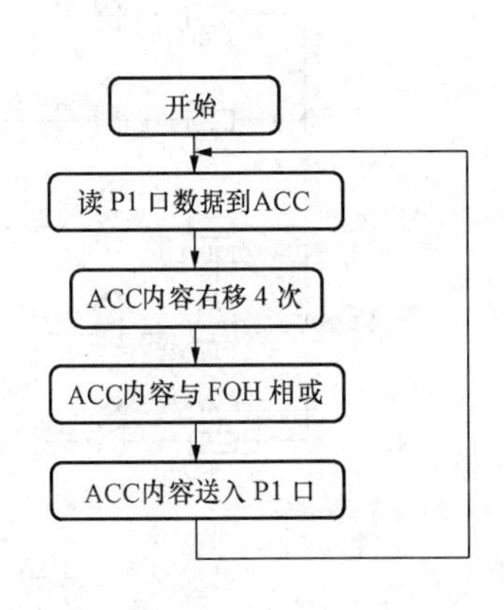

图 8-4　程序设计框图

（4）汇编程序如下：

```
          ORG 00H
START:    JB P1.4,NEXT1
          CLR P1.0
          SJMP NEX1
NEXT1:    SETB P1.0
```

```
NEX1:      JB P1.5,NEXT2
           CLR P1.1
           SJMP NEX2
NEXT2:     SETB P1.1
NEX2:      JB P1.6,NEXT3
           CLR P1.2
           SJMP NEX3
NEXT3:     SETB P1.2
NEX3:      JB P1.7,NEXT4
           CLR P1.3
           SJMP NEX4
NEXT4:     SETB P1.3
NEX4:      SJMP START
           END
```

三、广告灯的左移右移

1. 电路设计

本实例做单一灯的左移右移，硬件电路如图 8-5 所示，8 个发光二极管 L1～L8 分别接在单片机的 P1.0～P1.7 接口上，输出“0”时，发光二极管亮，开始时 P1.0→P1.1→P1.2→P1.3→…→P1.7→P1.6→…→P1.0 亮，重复循环。

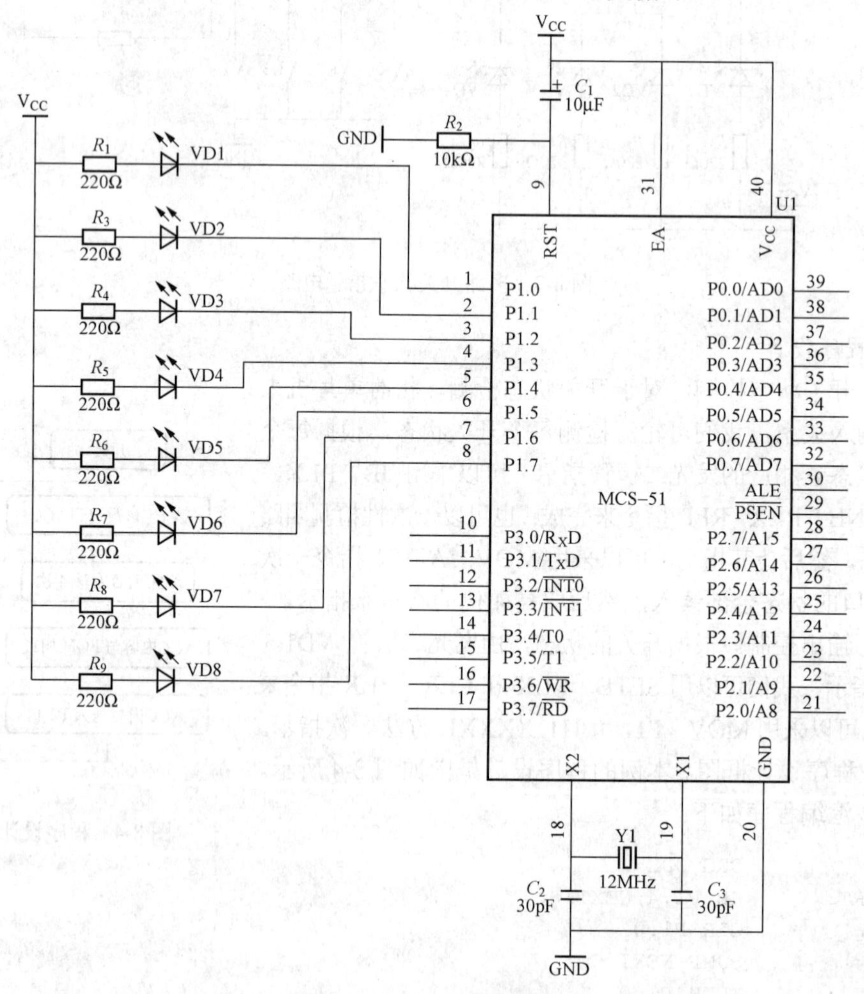

图 8-5　广告灯电路图

2. 程序设计

我们可以运用输出端口指令 MOV P1，A 或 MOV P1，#DATA，只要给累加器值或常数值，然后执行上述的指令，即可达到输出控制的动作。每次送出的数据是不同，具体的数据如表 8-1 所示。

表 8-1 **广告灯数据表**

P1.7	P1.6	P1.5	P1.4	P1.3	P1.2	P1.1	P1.0	说明
VD8	VD7	VD6	VD5	VD4	VD3	VD2	VD1	
1	1	1	1	1	1	1	0	L1 亮
1	1	1	1	1	1	0	1	L2 亮
1	1	1	1	1	0	1	1	L3 亮
1	1	1	1	0	1	1	1	L4 亮
1	1	1	0	1	1	1	1	L5 亮
1	1	0	1	1	1	1	1	L6 亮
1	0	1	1	1	1	1	1	L7 亮
0	1	1	1	1	1	1	1	L8 亮

（1）程序框图。广告灯的程序框图如图 8-6 所示。

（2）汇编源程序如下：

```
        ORG 0H
START:  MOV R2,#8
        MOV A,#0FEH
        SETB C
LOOP:   MOV P1,A
        LCALL DELAY
        RLC A
        DJNZ R2,LOOP
        MOV R2,#8
LOOP1:  MOV P1,A
        LCALL DELAY
        RRC A
        DJNZ R2,LOOP1
        LJMP START
DELAY:  MOV R5,#20
D1:     MOV R6,#20
D2:     MOV R7,#248
        DJNZ R7,$
        DJNZ R6,D2
        DJNZ R5,D1
        RET
        END
```

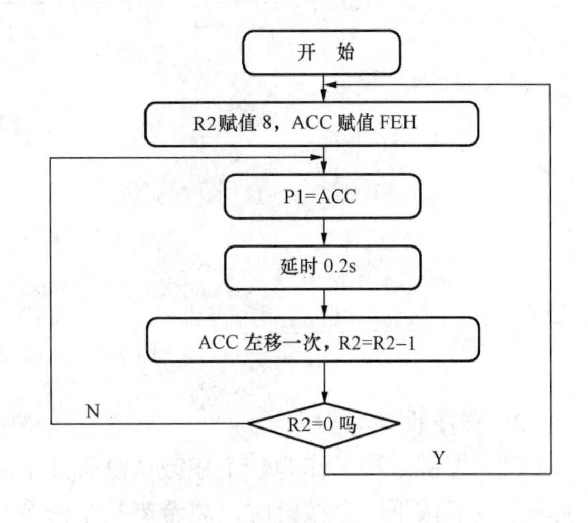

图 8-6 广告灯的程序框图

四、按键识别方法

1. 电路设计

本例电路如图 8-7 所示，每按下一次开关 SP1，计数值加 1，通过 AT89S51 单片机的 P1 端口的 P1.0～P1.7 显示出其的二进制计数值。

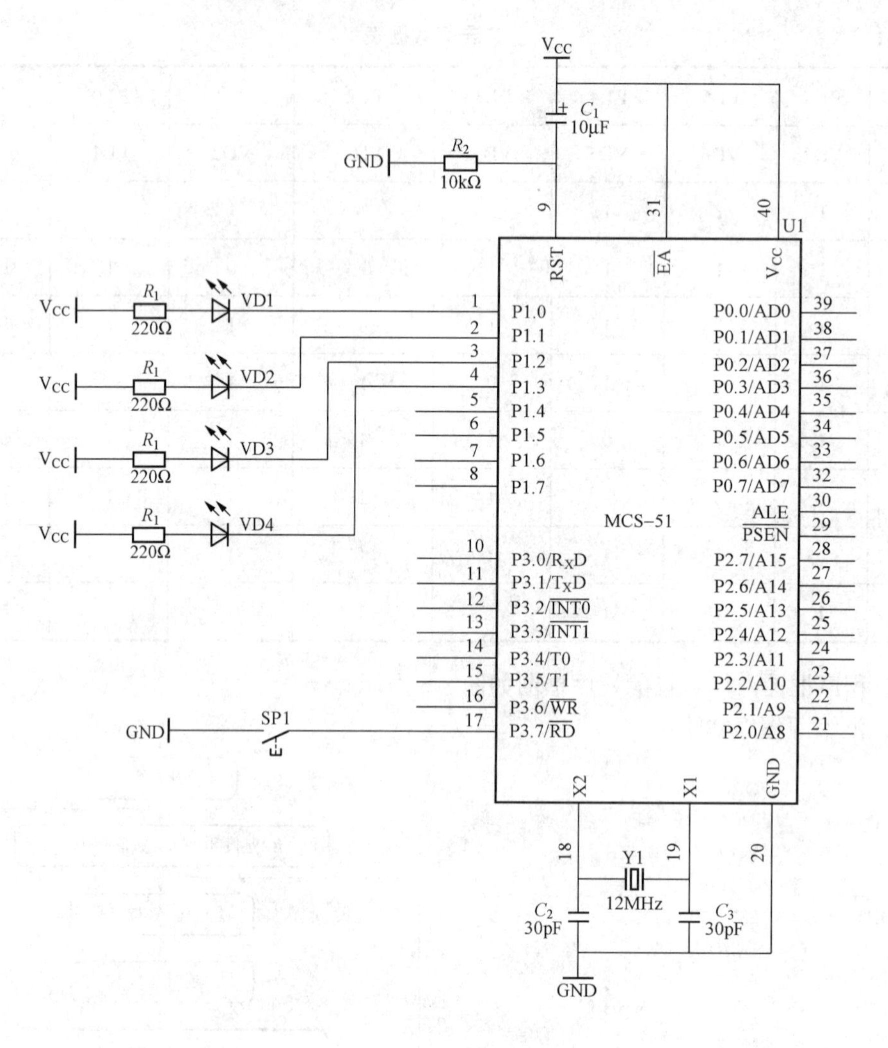

图 8-7　按键识别电路图

2. 程序设计

（1）按键过程。作为一个按键从没有按下到按下以及释放是一个完整的过程，也就是说，当我们按下一个按键时，总希望某个命令只执行一次，而在按键按下的过程中，不要有干扰进来，因为，在按下的过程中，一旦有干扰过来，可能造成误触发过程，这并不是我们所想要的。因此在按键按下的时候，要把我们手上的干扰信号以及按键的机械接触等干扰信号给滤除掉，一般情况下，我们可以采用电容来滤除掉这些干扰信号，但实际上，会增加硬件成本及硬件电路的体积，这是我们不希望的，总得有个办法解决这个问题，因此我们可以采用软件滤波的方法去除这些干扰信号，一般情况下，一个按键按下的时候，总是在按下的时刻存在着一定的干扰信号，按下之后就基本上进入了稳定的状态。具体的一个按键从按下到释放的全过程的信号图如图8-8所示。

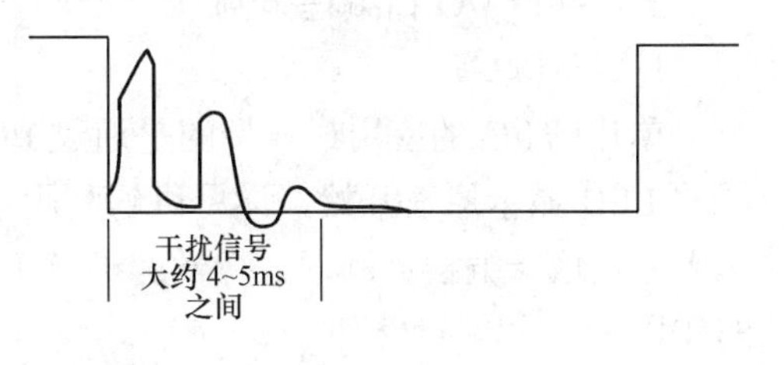

图 8-8 按键过程图

从图8-8中可以看出，我们在程序设计时，从按键被识别按下之后，延时5ms以上，从而避开了干扰信号区域，我们再来检测一次，看按键是否真的已经按下，若真的已经按下，这时肯定输出为低电平，若这时检测到的是高电平，证明刚才是由于干扰信号引起的误触发，CPU就认为是误触发信号而舍弃这次的按键识别过程。从而提高了系统的可靠性。

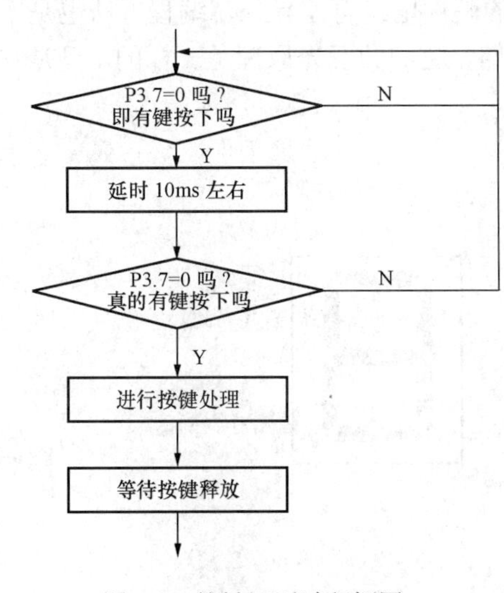

图 8-9 按键识别过程框图

由于要求每按下一次，命令被执行一次，直到下一次再按下的时候，再执行一次命令，因此从按键被识别出来之后，我们就可以执行这次的命令，所以要有一个等待按键释放的过程，显然释放的过程，就是使其恢复成高电平状态。

（2）对于按键识别的指令。我们依然选择指令JB BIT，REL指令是用来检测BIT是否为高电平的，若BIT＝1，则程序转向REL处执行程序，否则就继续向下执行程序。或者是JNB BIT指令，REL指令是用来检测BIT是否为低电平的，若BIT＝0，则程序转向REL处执行程序，否则就继续向下执行程序。对程序设计过程中按键识别过程的框图如图8-9所示。

（3）汇编源程序如下：

```
        ORG 0H
START:  MOV R1,#00H                  ;初始化 R7 为 0,表示从 0 开始计数
        MOV A,R1
        CPL A                        ;取反指令
        MOV P1,A                     ;送出 P1 端口由发光二极管显示
REL:    JNB P1.7,REL                 ;判断 SP1 是否按下
        LCALL DELAY10MS              ;若按下，则延时 10ms 左右
        JNB P1.7,REL                 ;再判断 SP1 是否真得按下
        INC R7                       ;若真得按下，则进行按键处理，使
        MOV A,R7                     ;计数内容加 1，并送出 P1 端口由
        CPL A                        ;发光二极管显示
        MOV P1,A
        JNB P1.7,$                   ;等待 SP1 释放
        SJMP REL                     ;继续对 K1 按键扫描
DELAY10MS:  MOV R6,#20               ;延时 10ms 子程序
L1:         MOV R7,#248
            DJNZ R7,$
            DJNZ R6,L1
            RET
            END
```

五、并行 I/O 口编程范例

1. 设计原理

单片机 I/O 的应用最典型的是通过 I/O 口与 7 段 LED 数码管构成显示电路，我们从常用的 LED 显示原理开始，详尽讲解利用单片机驱动 LED 数码管的电路及编程原理，目的在于通过这一编程范例，让初学者了解 I/O 口的编程原理，意在起到举一反三，抛砖引玉的作用。

7 段 LED 数码管，在一定形状的绝缘材料上，利用单只 LED 组合排列成“8”字型的数码管，分别引出它们的电极，点亮相应的点划来显示出 0～9 的数字。

LED 数码管根据 LED 的接法不同分为共阴和共阳两类，了解 LED 的这些特性，对编程是很重要的，因为不同类型的数码管，除了它们的硬件电路有差异外，编程方法也是不同的。图 8-10 所示是共阴和共阳极数码管的内部电路，它们的发光原理是一样的，只是它们的电源极性不同而已。

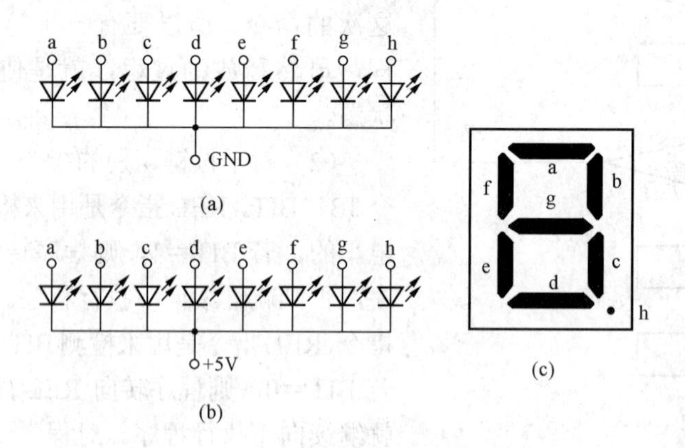

图 8-10 共阴和共阳极数码管的内部电路

（a）共阴极 7 段数码管；（b）共阳极 7 段数码管；（c）7 段 LED 数码管

将多只 LED 的阴极连在一起即为共阴式，而将多只 LED 的阳极连在一起即为共阳式。以共阴式为例，如把阴极接地，在相应段的阳极接上正电源，该段即会发光。当然，LED 的电流通常较小，一般均需在回路中接上限流电阻。假如我们将“b”和“c”段接上正电源，其他端接地或悬空，那么“b”和“c”段发光，此时，数码管显示将显示数字“1”。而将“a”、“b”、“d”、“e”和“g”段都接上正电源，其他引脚悬空，此时数码管将显示“2”。其他字符的显示原理类同，读者自行分析即可。

图 8-11 所示为本例电路图，我们使用 80C51 单片机，电容 C_1、C_2 和 CRY1 组成时钟振荡电路，这部分基本无需调试，只要元件可靠即会正常起振。C_3 和 R_1 为单片机的复位电路，80C51 的并行口 P1.0～P1.7 直接与 LED 数码管的“a～f”引脚相连，中间接上限流电阻 R_3～R_{10}。值得一提的是，80C51 并行口的输出驱动电流并非很大，为使 LED 有足够的亮度，LED 数码管应选用高亮度的器件。

此外，图 8-11 中的 80C51 还可选用 C51 系列的其他单片机，只要它们的指令系统兼容 C51 即可正常运行，程序可直接移植。例如，选用低价 Flash 型的 AT89C1051 或 2051（详细技术手册）等，它们的 ROM 可反复擦写，非常适合作实验用途。

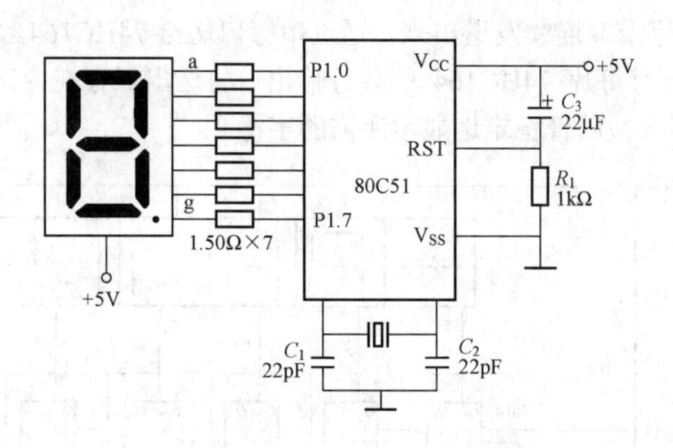

图 8-11　80C51 单片机点亮 7 段 LED 数码管电路图

2. 程序设计

程序如下：

```
START: ORG      0100H                    ;程序起始地址
MAIN: MOV    R0,#00H                     ;从"0"开始显示
MOV    DPTR,#TABLE                       ;表格地址送数据指针
DISP: MOV    A,R0                        ;送显示
MOVC   A,@A+DPTR                         ;指向表格地址
MOV    P1,A                              ;数据送 LED
ACALL  DELAY                             ;延时
INC    R0                                ;指向下一个字符
CJNE   R0,#0AH,DISP                      ;未显示完,继续
AJMP   MAIN                              ;下一个循环
DELAY: MOV     R1,#0FFH                  ;延时子程序,延时时间赋值
LOOP0: MOV     R2,#0FFH
LOOP1: DJNZ    R2,LOOP1
DJNZ   R1,LOOP0
RET                                      ;子程序返回
TABLE:  DB      0C0H                     ;字型码表
        DB      0F9H
        DB      0A4H
        DB      0B0H
        DB      99H
        DB      92H
        DB      82H
        DB      0F8H
        DB      80H
        DB      90H
        END                              ;程序结束
```

六、数码管串行静态显示

1. 设计原理

MCS-51 单片机的串行口的“工作方式 0”为同步移位寄存器方式，串行数据都通过 R_XD（P3.0）输入/输出，T_XD（P3.1）则输出同步移位脉冲，可接收/发送 8 位数据（低位在前）。波特率（每秒传输的位数）固定在 $f_{osc}/12$，即当晶振为 12MHz 时，波特率为 1Mb/s。

如图 8-12 所示，单片机与 6 片串入并出移位寄存器 74HC164 相连。其中，R_XD 作为 74HC164 的数据输入，T_XD 作为 6 片 74HC164 的同步时钟。程序运行时，单片机将 6 个数码管的段码（6 个字节）连续发送出来，通过串行口送给 74HC164。6 位字型码送完后，TxD 保持高电平。此时每片 74HC164 的并行输出口将送出保存在内部移位寄存器中的 8 位的段码给数码管，令数码管稳定地显示所需的字符。

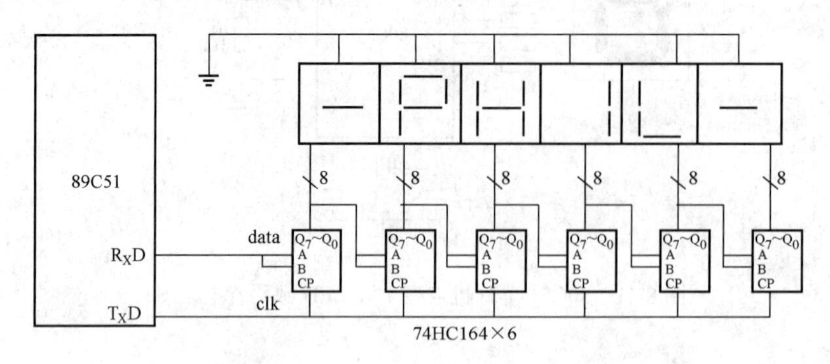

图 8-12　数码管串行静态显示原理图

这样，单片机不必进行不间断的扫描，就能实现数码管的稳定显示，从而减轻了 CPU 的工作负担。同时这种显示方法占用的口线很少（只需 R_XD、T_XD 两根线），使该方法得到了广泛的应用。

当多位数码管显示器工作于静态显示方式时，应将各位的共阴（或共阳）端连接在一起并接地（或＋5V）；每位的段选线（a～dp）分别与一移位寄存器的输出相连。之所以称为静态显示，是由于显示器中的各位相互独立，而且各位的显示字符一经确定，相应的寄存器的输出将维持不变，直到收到其他的显示字符为止。因此要注意，如果要保持数码管的稳定显示，则不应使 TxD 有任何变动，否则将造成 164 内部数据移位，使显示变得混乱。

2. 程序设计

程序如下：

```
 START:  MOV     SCON,#00H               ;设定串行工作模式为 0
         MOV     R1, #06H                ;数码管显示的位数 6
         MOV     R0, #00H                ;字型码首地址偏移量
         MOV     DPTR,#TAB               ;字型码表首地址
LOOP:    MOV     A,R0
         MOVC    A,@A+DPTR               ;取出字型码
         MOV     SBUF,A                  ;发送
WAIT:    JNB     TI,WAIT                 ;等待一帧发送完毕
         CLR     TI
         INC     R0                      ;指向下一字型码
;        ACALL   DELAY                   ;延时
         DJNZ    R1,LOOP
                 ......                  ;6 位显示完毕
TAB:     DB 40H, 0CEH,6eH,60H,1CH        ;显示字型为 PHIL
```

第二节　综 合 应 用 实 例

一、动态扫描 LED 显示编程实例

1. 设计原理

在第一节中我们讲述了单只 LED 与单片机的接口电路及编程实例，目的在于让初学者

了解 LED 在单片机中的应用原理，单只 LED 显示在实际应用中并无多大用途，一般都是多位的 LED 显示。现在我们作进一步学习，本实例讲解的是 8 位 LED 的显示原理及实际的编程方法。这里我们没有采用多 I/O 口的 8051 系列单片机，而是采用了完全兼容 C51 指令系统的质优价廉的 AT89C2051 单片机，它的软件编程与 C51 完全一致。

在多数的应用场合中，我们并不希望使用多 I/O 端口的单片机，原则上是使用尽量少引脚的器件。在没有富余端口的情况下，如何通过扩展电路达到预期的目的呢？通过此例的讲解，希望能够使设计人员在实际应用中了解一点电路扩展的原理，对实际的应用有所帮助。

图 8-13 是显示电路，由于 AT89C2051 外部有 15 个 I/O 引脚，即 P1 口和 P3 口， P3 口的 P3.6 不引出，15 个 I/O 口要直接驱动 8 位 LED 显然是不够的，我们通过一片 74LS273 对地址进行锁存，如果 P1 口仅用于显示驱动，而没有与其他外设进行数据交换，可省略这个锁存器，直接或通过其他驱动电路驱动连接 LED。地址线我们通过一片 74LS1383-8 译码器对 8 位 LED 进行分时选通，这样在任一时刻，只有一位 LED 是点亮的，但只要扫描的频率足够高（一般大于 25Hz），由于人眼的视觉暂留特性，直观上感觉却是连续点亮的，这就是我们常说的动态扫描电路。

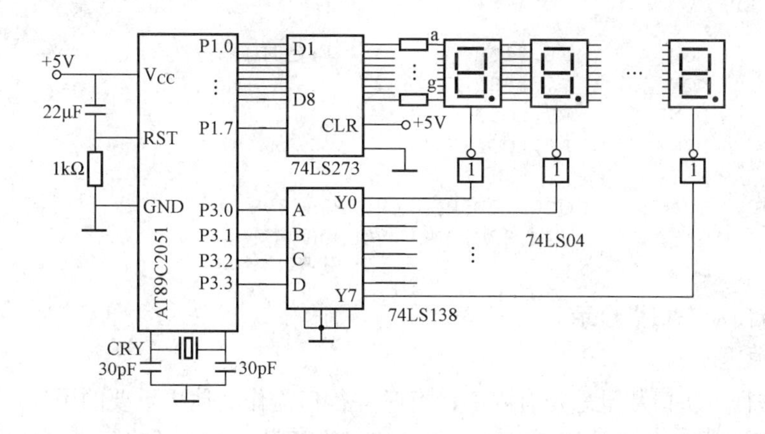

图 8-13　LED 动态扫描电路

在图 8-13 的电路中，74LS273 用于驱动 LED 的 8 位段码，8 位 LED 相应的“a”～“g”段连在一起，它们的公共端分别连至由 74LS138 译码选通后经 74LS04 反相驱动的输出端。这样当选通某一位 LED 时，相应的地址线（74LS04 输出端）输出的是高电平，所以我们的 LED 选用共阳极 LED 数码管。

动态扫描的频率有一定的要求，频率太低，LED 将出现闪烁现象。如频率太高，由于每个 LED 点亮的时间太短，LED 的亮度太低，肉眼无法看清，所以一般均取几个毫秒为宜，这就要求在编写程序时，选通某一位 LED 使其点亮并保持一定的时间，程序上常采用的是调用延时子程序。在 C51 指令中，延时子程序是相当简单的，并且延时时间也很容易更改，可参见程序清单中的 DELAY 延时子程序。

为简单起见，我们只是编写了 8 位 LED 同步显示“00000000”～“11111111”直到“99999999”数字，并且反复循环。

2. 汇编程序

汇编程序如下：

```
        ORG     0100H
MAIN:   MOV     R3,#00H             ;字型码初始地址
LOOP:   MOV     DPTR,#TABLE         ;字型码送数据指针
        MOV     A,R3
        MOV     A,@A+DPTR
        MOV     P1,A                ;送显示
        MOV     R4,#0E8H            ;循环显示某个字符 1s
DELAY:  ACALL   DISPLAY             ;显示
        DJNZ    R4,DELAY            ;延时时间未到，继续
        INC     R3                  ;显示下一个字符
        CJNE    R3,#0AH,LOOP        ;未显示到 9,继续
        AJMP    MAIN                ;返回主程序
DISPLAY:
        MOV       R1,#08H           ;共显示 8 位
        MOV       R5,#00H           ;从第一位开始显示
DISP:   MOV       A,R5
        MOV       P3,A              ;送地址数据
        ACALL     DELAY1            ;每位显示 15ms
        INC       R5                ;指向下一位 LED
        DJNZ      R1,DISP           ;8 位未显完,继续
        RET
DELAY1:
        MOV       R6,#10H           ;延时子程序
LOOP1:  MOV       R7,#38H
LOOP2:  DJNZ      R7,LOOP2
        DJNZ      R6,LOOP1
        RET
TABLE:DB          0C0H,0F9H,0A4H,0B0H,99H
        DB        92H,82H,0F8H,80H90H
        END                         ;程序结束
```

二、串行口动态扫描显示

1. 设计原理

单片机并行 I/O 口数量总是有限的，有时并行口需作其他更重要的用途，一般也不会用数量众多的并行 I/O 口专门用来驱动显示电路，能否用 80C51 的串行通信口加上少量 I/O 及扩展芯片用于显示电路呢？答案是肯定的。

80C51 的串行通信口是一个功能强大的通信口，而且是相当好用的通信口，用于显示驱动电路再合适不过了，下面我们就根据这种需要设计一个用两个串行通信口线加上两根普通 I/O 口，设计一个 4 位 LED 显示电路。当然只要再加上两根 I/O 口线即可轻易实现 8 位 LED 的显示电路。

图 8-14 所示是电路原理图，本例采用 C2051 单片机，同时用相对便宜的 74LS164 和 74LS138 作为扩展芯片。74LS164 是一个 8 位串行输入、并行输出的移位寄存器，此处的功能是将 C2051 串行通信口输出的串行数据译码并在其并口线上输出，从而驱动 LED 数码管。74LS138 是一个 3—8 译码器，它将单片机输出的地址信号译码后动态驱动相应的 LED。但 74LS138 电流驱动能力较小，为此，我们使用了末级驱动三极管 2SA1015 作为地址驱动。

将 4 只 LED 的段位都连在一起，它们的公共端则由 74LS138 分时选通，这样任何一个时刻，都只有一位 LED 点亮，也即动态扫描显示方式，其优点在第一节中我们已经阐述。使用串行口进行 LED 通信，程序编写相当简单，用户只需将需显示的数据直接送串口发送缓冲器，等待串行中断即可。

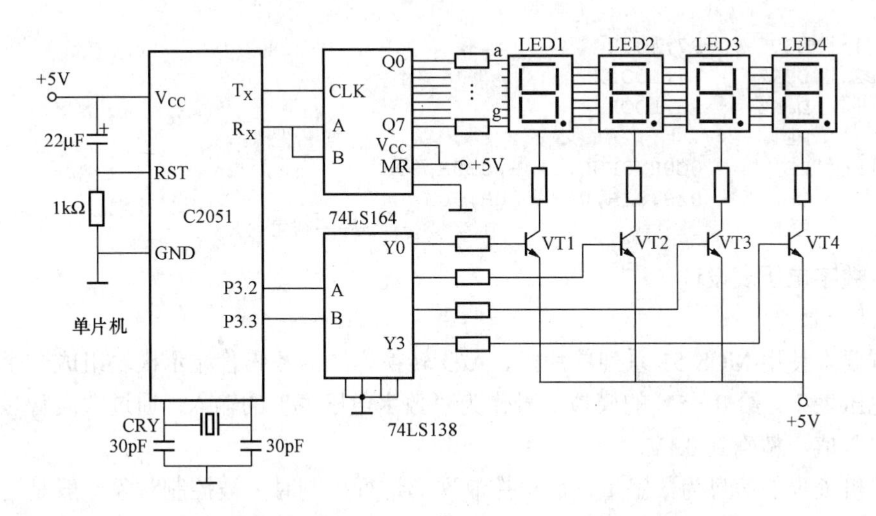

图 8-14 串行口动态扫描显示电路图

2. 程序设计

程序如下：

```
            ORG     0100H
            MOV     SCON,#00H           ;串口工作于方式 0
MAIN:       MOV     R3,#00H             ;字型码初始地址
LOOP:       MOV     R4,#0E8H            ;循环显示某个字符
DELAY:      ACALL   DISPLAY             ;显示
            DJNZ    R4,DELAY            ;延时未到，继续
            INC     R3                  ;显示下一个
            CJNE    R3,#0AH,LOOP        ;未显示到"9"继续
            AJMP    MAIN                ;返回主程序
DISPLAY:
            CLR     P3.2
            CLR     P3.3                ;选中第一位
            ACALL   DISP                ;显示
            ACALL   DELAY1              ;延时 10ms
            SETB    P3.3                ;选中第二位
            ACALL   DISP
            ACALL   DELAY1
            SETB    P3.3                ;选中第三位
            CLR     P3.2
            ACALL   DISP
            ACALL   DELAY1
            SETB    P3.3
            SETB    P3.2                ;选中第四位
            ACALL   DISP
            ACALL   DELAY1
            RET
DISP:       MOV     A,R3
            MOV     DPTR,#TABLE
            MOVC    A,@A+DPTR           ;查表
            MOV     BUFF,A              ;发送缓冲器
WAIT:       JNB     TI,WAIT             ;等待串行中断
            CLR     TI                  ;清中断标志
            RET
DELAY1: MOV     R6,#101H                ;延时子程序
```

```
LOOP1:  MOV     R7,#38H
LOOP2:  DJNZ    R7,LOOP2
        DJNZ    R6,LOOP1
        RET
TABLE:  DB      0C0H,0F9H,0A4H,0B0H,99H
        DB      92H,82H,0F8H,80H,90H
        END                                 ;程序结束
```

三、数字电压表设计

1. 设计原理

本例要求使用 MCS-51 系列单片机、A/D 转换模块、数码管显示模块组成一个简单的“数字电压表”。给 0～5V 的模拟信号作为“数字电压表”的输入；通过数码管显示测得的当前电压值，精确到 0.1V。

计算机处理的信息为数字量，而对控制现场进行控制时，被控制对象一般是连续变化的模拟量，模拟量必须经过转换，变为数字量送入计算机才能进行处理，将模拟量转变为数字量的过程称为 A/D 转换，本例使用 ADC0809 转换芯片将输入的模拟量转换为数字量。

（1）ADC0809 工作原理。ADC0809 单片 CMOS 数据采集器件，8 位 8 通道复用，控制逻辑微处理器兼容。8 位 A/D 转换器的转换技术为逐次逼近法。具有一个高输入阻抗的比较器。一个 256R 具有模拟开关树的分压电阻阵列，以便逼近输入电压。器件不需要外部调零或满量程调整。通过锁存、复用地址解码、TTL 三态输出，可以很方便地与微处理器接口。其逻辑图如图 8-15 所示。

ADC0809 具有以下特性：

1）单一 5V 操作。

2）5V 参考或者外部提供参考。

3）非调整误差±1.2 LSB 或±1 LSB。

4）输入单极性电压 0～5V。

5）低功耗 15mW。

6）转换时间 100us。

ADC0809 的管脚结构如图 8-16 所示。各管脚定义如表 8-2 所示。

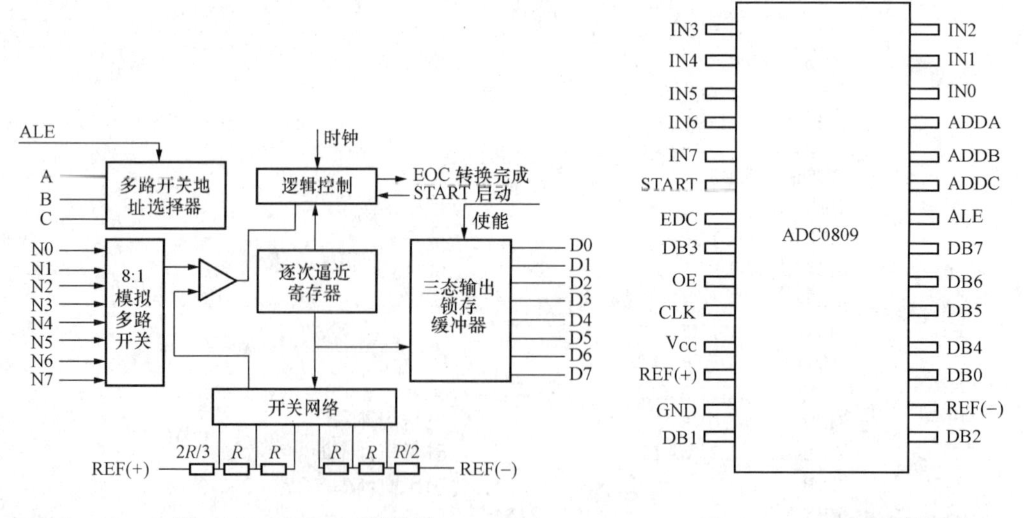

图 8-15　ADC0809 逻辑图　　　　图 8-16　ADC0809 管脚图

表 8-2　　　　**ADC0809 各管脚功能**

管脚名	功　　能
CLK	转换时钟输入，频率不超过 640kHz
地址 A,B,C	8 选 1 模拟通道的选择端
$V_{REF}(+)$ $V_{REF}(-)$	参考电压，可以分别接 5V 与地
EOC	转换完成通知端，为 1 表示完成了
OE	输出使能端
WE	写使能端
DB0～DB7	数据输出
IN0～IN7	8 个模拟输入通道
ALE	复用地址时的锁存端，可以锁存加到 A，B，C 端的地址信号
START	开始转换启动端，上升沿清除 ADC 内部寄存器，下降沿启动转换

（2）ADC0809 操作原理。通过地址 ADDC、ADDB 和 ADDA，选择输入的模拟电压通道，如表 8-3 所示。

表 8-3　　　　**通　道　选　择**

选择的通道	地　址　线		
	ADD C	ADD B	ADD A
IN0	L	L	L
IN1	L	L	H
IN2	L	H	L
IN3	L	H	H
IN4	H	L	L
IN5	H	L	H
IN6	H	H	L
IN7	H	H	H

（3）系统电路。本实例主要由 MCS-51 单片机、ADC0809 电路及动态扫描数码管显示电路三部分组成。由于电路比较简单，在总线上没有其他器件，所以直接选通 ADC0809，可以使用查询方式，也可以使用中断方式，EOC 接 INT0。ADC0809 转换器的转换结果显示在七段数码显示电路上。

当＋5V 的 V_{CC} 本身波动不超过 ADC0809 的测量精度时，可以将参考基准电压输入端直接接到 V_{CC}（$V_{REF}+$）和 GND（$V_{REF}-$）上。系统电路如图 8-17 所示。

输入电压与输出的数值之间的关系为：$V_{in}=DV_{REF}/256$。其中 D 为输出的数据值。由于 D 共有 256 个值，因此，在 0～5V 范围内的测量的精度为：5/256＜0.1，完全能满足系统要求。

2. 软件设计

程序全速运行时，A/D 转换结果的读取，必须在 EOC 信号有效之后。程序若采用查询方式，则要等 P3.2 为低电平后才可读取；若采用中断方式，主程序启动 A/D 转换后，就去处理其他事务，由中断服务程序自动读取A/D转换结果，并送入显示缓冲器，中断返回前，必须再启动另一次A/D转换。

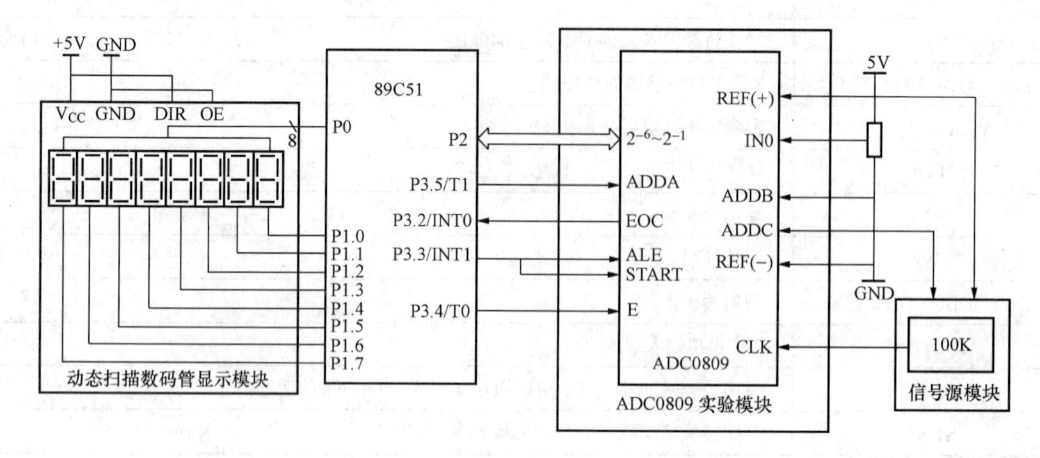

图8-17　数字电压表设计电路

查询方式则增加一行：JNB P3.2, $; 循环等待。

```
;ADD-A 接 T1,ADD-B,ADD-C,REF(-)接地,REF（+）接电源,ENABLE 接 T0,CLK 接 100K 时钟源
;ALE，START 接 int1,eoc 接 INT0,数据线接 P2
;P1 位选，P0 是段选
        ORG      0000H
        LJMP     MAIN
        ORG      0030H
MAIN:
        MOV      P2,#0FFH
        MOV      33H,#0       ;显示地址
                              ;把 ALE  OUTPUT ENABLE 设置为低电平
        CLR      P3.3         ;P3.3(INT1)=>ADC0809_ALE 锁存地址  ADC0809_START
                               启动
        CLR      P3.4         ;P3.4(T0)==>ADC0809_OUTPUT ENABLE 数据
                              ;输出使能
        NOP
        NOP
LOOP_ADC:
        CLR     P3.5          ;P3.5(T1)==>ADDA  通道 0  ADDB ADDC 接地
        MOV     SP,#40H
        SETB    P3.3          ;P3.3(INT1)=>ADC0809_ALE 锁存地址  ADC0809_START
                               启动
        CLR     P3.3          ;ADC0809_ALE 锁存地址  ADC0809_START 启动
                              ;把 ALE   START 从低变高,再变低电平,启动转换
WAIT_LOW:
        JB      P3.2,WAIT_LOW ;等待 EOC  0～8 个时钟,变成低电平
WAIT_FINISH:
        JNB     P3.2,WAIT_FINISH  ;P3.2(INT0)==>EOC 等待 EOC 变高
        SETB    P3.4  ;P3.4(T0)==>ADC0809_OUTPUT ENABLE 数据输出使能
        MOV     R0,P2         ;保存测试数据
                              ;8 位数据调整为 BCD 十进制,方法是除以 100,再除以 10
        MOV     A,R0
        MOV     B,#50
        DIV     AB
        MOV     32H,A
```

```
        MOV     A,B
        MOV     B,#5
        DIV     AB
        MOV     31H,A
        MOV     A,B
        RL      A
        MOV     30H,A
        MOV     R0,#33H
        CALL    DISP                          ;显示数据
        ;CALL   DELAY
        LJMP    LOOP_ADC
        RET
DISP:  MOV R4,#02H
DISP1: MOV R3,#0H
DISPLOOP2:
        MOV R2,#3
DISPLOOP0:
        MOV R1,#01H
        MOV R0,#30H
        MOV DPTR,#TAB
DISPLOOP1:
        MOV  A,@R0
        MOVC A,@A+DPTR
        MOV  P0,A
        MOV  P1,R1
        LCALL DL1MS
        INC  R0
        MOV  A,R1
        RL   A
        MOV  R1,A
        DJNZ R2,DISPLOOP1
        DJNZ R3,DISPLOOP2
        DJNZ R4,DISP1
DL1MS:
LOOP1:   MOV R6,#0FH
LOOP2:   NOP
        NOP
        DJNZ R6,LOOP2
        RET
tab:   db 03h,09FH,25h,0Dh,099h,49h,41h,01Fh,01h,09h,0FDH
DELAY:                                  ;延时子程序
        MOV R3,#4H
        MOV R2,#0FFH
        MOV R1,#0FFH
DELAY1:
        DJNZ R1,$                       ;原地循环
        DJNZ R2,DELAY1
        DJNZ R3,DELAY1
        RET
        END
```

使用旋钮提供一个可变的电压，测量该电压输出。与万用表测量的结果进行比较。

四、双机串行通信

本例将实现两个单片机之间的通信，现有两个 MCS-51 单片机甲和乙。甲机发送一个字节的呼叫信号给乙机，乙机正确地收到该呼叫信号后，返回一个字节的应答信号。当甲

机收到正确的应答信号后，再发送规定格式的数据帧。数据帧必须包括以下内容：

数据长度（1 字节）＋数据（*n* 字节）＋校验和（1 字节）

乙机收到完整的数据帧后，发送一个表明接收正确或错误的应答字节。要求在每个字节的发送帧格式为：起始位（1bit）＋数据位（8bit）＋停止位（1bit）。要求通信波特率为4800b/s，而以上各信号和数据帧的具体数据内容，可以自行规定。

1. 系统设计

（1）串行通信的方式。在串行通信中，有两种基本的通信方式：异步通信和同步通信。

异步串行通信规定了字符数据的传送格式，即每个数据以相同的帧格式发送。每个帧信息由起始位、数据位、奇偶校验位和停止位组成。从以上要求可知，本例可用异步通信的方法实现。

在异步通信中，每一个字符要用起始位和停止位作为字符开始和结束的标志，以至占用了时间。所以在数据块传送时，为了提高通信速度，常去掉这些标志，而采用同步通信。同步通信不像异步通信那样，靠起始位在每个字符数据开始时发送和接受同步。而是通过同步字符在每个数据块传送开始时使收/发双方同步。

按照通信方式，又可将数据传输线路分成三种：单工方式、半双工方式和全双工方式。

1）单工方式。在单工方式下，通信线的一端连接发送器，另一端连接接收器，它们形成单向连接，只允许数据按照一个固定的方向传送。

2）半双工方式。在半双工方式下，系统中的每个通信设备都由一个发送器和一个接收器组成，通过收发开关接到通信线路上，如图 8-18 所示。在这种方式中，数据能从 A 站送到 B 站，也能从 B 站传送到 A 站，但是不能同时在两个方向上传送，即每次只能一个站发送，另一个站接收。

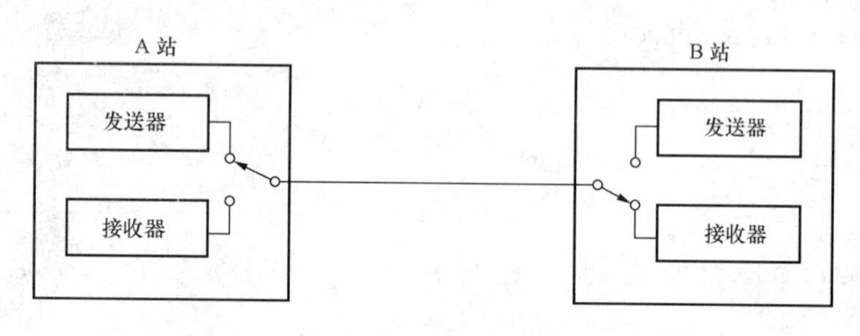

图 8-18　半双工方式

图 8-18 中的收发开关并不是实际的物理开关，而是由软件控制的电子开关，由通信线两端的半双工通信协议进行功能切换。

3）全双工方式。虽然半双工方式比单工方式灵活，但它的效率依然较低。从发送方式切换到接收方式所需的时间一般大约为数毫秒，这么长的时间延迟在对时间较敏感的交互式应用（如远程检测监视控制系统）中是无法容忍的。重复线路切换所引起的延迟积累，正是半双工通信协议效率不高的主要原因。

半双工通信的这种缺点是可以避免的，而且方法很简单，即采用信道划分技术。在图 8-19 所示的全双工连接中，不是交替发送和接收，而是可同时发送和接收。全双工通信系统的每一端都包含发送器和接收器，数据可同时在两个方向上传送。

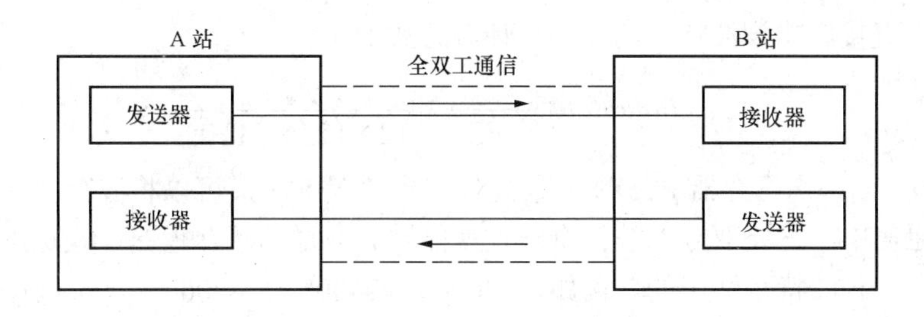

图 8-19　全双工方式

（2）单片机串行口工作方式。在数码管串行静态显示实例中，我们熟悉了单片机串口工作方式 0；单片机串口还具有 3 种工作方式。如表 8-4 所示。

表 8-4　　单片机串行口工作方式

方式 1（01）	8bit UART	波特率可变
方式 2（10）	9bit UART	波特率为 $1/32f_{osc}$ 或 $1/64f_{osc}$
方式 3（11）	9bit UART	波特率可变

这 3 种工作方式，均用于串行异步通信。在异步串行通信的一个字节的传送中，必须包括了起始位（0）和停止位（1）。除此之外，方式 1 具有 8 位（1 个字节）的数据位（低位在先），方式 2、3 则除这 8 位之外，还具有一个可编程的第 9 位，这个第 9 位编程通常被编程为奇偶校验位。

串口工作方式在特殊寄存器 SCON 中设置如下：

SM0	SM1	SM2	REN	TB8	RB8	TI	RI

（MSB）　　　　　　　　　　　　　　　　　　（LSB）

其中的 SM0 和 SM1 位确定了串口工作方式。要使通信双方能够通信成功，必须具有相同的串口工作模式；REN 为允许接收位，本实验中因为双方都要进行接收，因此 REN 也都应设为 1。TB8 和 RB8 这里暂不涉及。利用以下语句来设置 SCON:

```
MOV SCON,  #50H
```

（3）波特率的设置。在异步串口通信中，一个很重要的工作就是进行串口波特率的设置。波特率是指串口通信中每秒传送的位数，单位为 b/s，它反映了串行口通信的速度；同时，通信双方的速度必须一致，才能够顺利进行通信。

在串口工作方式 1 和方式 3 中，传送波特率都是可变的。单片机内部通过定时器 T1 来提供发送与接收缓存器的内部移位时钟。也就是说，要确定串行通信的波特率，必须对 T1 进行相关设置。51 单片机系统对此时 T1 的设置有以下固定的规定：

1）必须工作在定时器状态。

2）必须工作在“8 位自动重载”工作模式。

这必须在特殊寄存器 TMOD 中进行设置。关于 TMOD 的详细内容，可以利用以下语句来设置 TMOD:

```
MOV  TMOD, #20H
```

除了对 TMOD 的设置外，还必须设置定时器 T1 的定时值，也就是保存在 TH1 中的 8

位重载值。这直接影响到波特率的大小，计算公式如下。

$$BaudRate=\frac{2^{SMOD}}{32}\times\frac{f_{\rm osc}}{12\times(256-{\rm TH1})}$$

式中　*SMOD*——特殊寄存器 PCON 的最高位。当它置 1 时，可以将波特率增大 1 倍。

在双机通信中，只要双方的波特率一致就能够完成通信了；但是，在标准的异步通信协议中，只有几种波特是适用的。例如，1200b/s，2400b/s，4800b/s，9600b/s……等。

而通过这个公式可以看出，并不是所有的晶振频率都能够得到准确的上述波特率。比如采用 12MHz 晶振，代入公式进行运算，就无法得到 4800b/s 的准确波特率（TH1 必须为小数了）。在这种情况下，过去人们都使用软件补偿的方法，尽量得到准确的波特率；而现在，市场上有很多通信专用的晶振，例如，3.6864MHz、11.0592MHz……的晶振，都能够直接得到准确的波特率。因此在进行本实例的设计时，必须使用 11.0592MHz 的通信专用晶振。

当波特率已经确定，就可以反向推导出 TH1 的取值大小，在本实例中，我们要求波特率为 4800b/s，在晶振采用 11.0592MHz 的情况下，可推导出 TH1＝0F4H。

可使用以下语句设置其定时值：

```
MOV TH1,  0F4H
MOV TL1,  0F4H
```

2. 程序设计

（1）通信接口设计。在实例中，主要讨论单片机系统之间的异步串行通信的实现。

MCS-51 单片机具有 1 个“全双工”的串行口，主要因为单片机内部有独立的发送器（1 字节缓存）和接收器（1 字节缓存）。但由于具有的串口缓存太少，只有 1 个字节，在相互传送大量数据时，软件上实际上采用的还是半双工的工作方式。

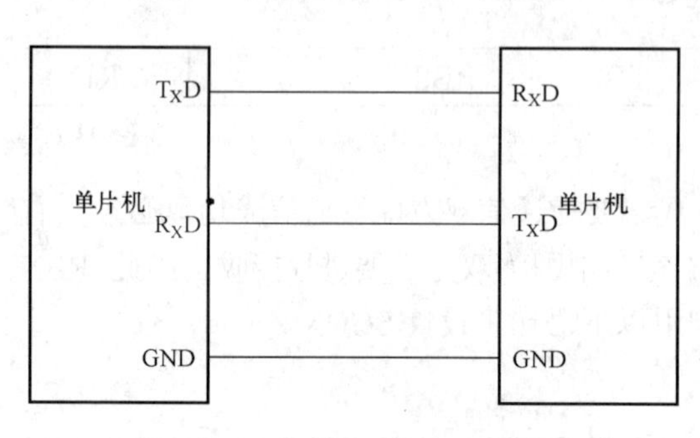

图 8-20　双机串行通信电路示意图

如果两个 MCS-51 单片机应用系统相距很近，可以将它们的串行口用导线直接连起来，就构成了双机通信，请注意两个单片机系统要“共地”，如图 8-20 所示。

（2）查询方式双机通信软件设计。为确保通信成功，通信双方必须在软件上有一系列的约定，通常称为软件“协议”。本例规定的软件“协议”如下：

通信双方均采用 4800b/s 的速率进行传送（系统时钟频率为 11.0592MHz），甲机发送数据，乙机接收数据。双机开始通信时，甲机发送一个呼叫信号“06H”，询问乙机是否可以接收数据；乙机收到呼叫信号后，若同意接收数据则发回“00H”作为应答，否则发“15H”表示暂不能接收数据，甲机只有收到乙机的应答信号“00H”后才可把存放在外部数据存储器的字节内容发送给乙机，否则继续向乙机呼叫，直到乙机同意接收。呼叫成功后甲机依次发送长度字节（1 字节）、数据字节（*n* 字节）和校验和字节（1 字节），其中校验和为长度字节和数据字节的“累加和”。乙机在成功收到甲机的数据之后，发送“00H”作为成功应答，否则发送“16H”作为失败应答。

（3）甲机发送程序约定。

1）基本设置。波特率设置初始化：定时器 T1 为工作模式 2，计数常数 0F4H。

PCON 的 SMOD＝1。

串行口初始化：方式 1 工作，允许接收。

内部 RAM 和工作寄存器设置：31H 和 30H 存放发送的数据块首址；2FH 存放发送的数据块长度；R6 为校验和和寄存器。

2）程序流程图如图 8-21 所示。

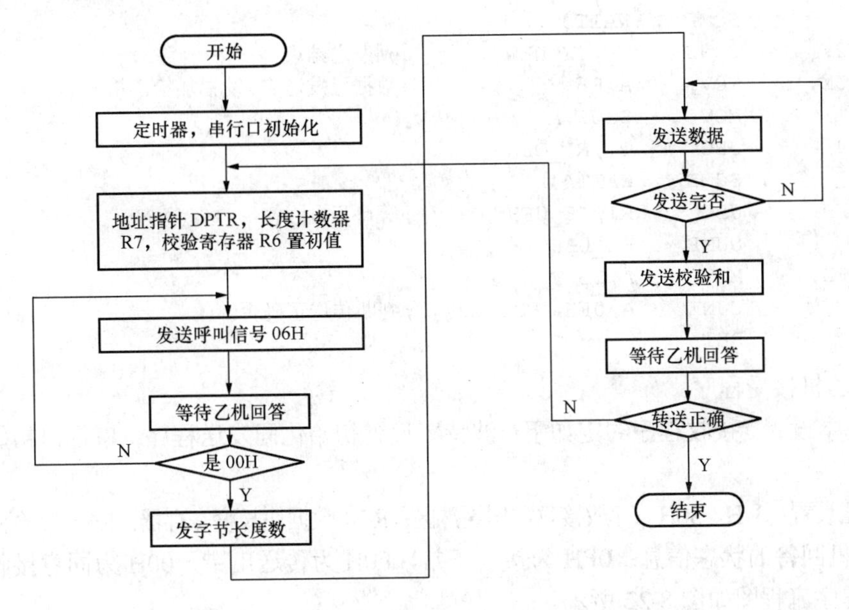

图 8-21　甲机发送程序流程图

3）程序设计。程序代码如下：

```
FMT_T_S:    MOV     TMOD,#20H       ;波特率设置
            MOV     TH1,#0F4H
            MOV     TL1,0F4H
            SETB    TR1
            MOV     SCON,#50H       ;串行口初始化
            MOV     PCON,#80H       ;置 SMOD=1
FMT_RAM:    MOV     DPH,31H         ;设置 DPTR 指针
            MOV     DPL,30H
            MOV     R7,2FH          ;送字节数至 R7
            MOV     R6,#00H         ;清累加和寄存器
TX_ACK:     MOV     A,#06H          ;发呼叫信号"06"
            MOV     SBUF,A
WAIT1:      JBC     TI,RX_YES       ;等待发送完一个字节
            SJMP    WAIT1
RX_YES:     JBC     RI,NEXT1        ;接收乙机回答
            SJMP    RX_YES
NEXT1:      MOV     A,SBUF          ;判断乙机是否同意接收,不同意就继续呼
            CJNE    A,#00H,TX_ACK
TX_BYTES:   MOV     A,R7            ;向乙机发送要传送的字节个数
            MOV     SBUF,A
            ADD     A,R6
            MOV     R6,A
```

```
WAIT2:      JBC      TI,TX_NEWS
            SIMP     WAIT2
TX_NEWS:    MOVX     A,@DPTR             ;发送数据
            MOV      SBUF,A
            ADD      A,R6                ;形成累加和送 R6
            MOV      R6,A
            INC      DPTR                ;指针加 1
WAIT3:      JBC      TI,NEXT2
            SJMP     WAIT3
NEXT2:      DJNZ     R7,TX_NEWS          ;判发送结束
TX_SUM:     MOV      A,R6                ;数据已发送完,发累加给乙机
            MOV      SBUF,A
WAIT4:      JBC      T1,RI_OFH
            SJMP     WAIT4
RX_0FH:     JBC      RI,IF_0FH           ;等待乙机回答
            SJMP     RX_0FH
IF_0FH:     MOV      A,SBUF
            CJNE     A,0FH, FMT_RAM      ;判断传送正确否
            RET
```

（4）乙机接受程序。

1）基本设置。接收程序约定如下：波特率设置初始化同发送程序；串行口初始化同发送程序。

寄存器设置：31H，30H，存放接收数据缓冲区；R7，数据块长度寄存器；R6，校验和寄存器。

向甲机回答的状态信息：0FH 为接收正常，F0H 为传送出错，00H 为同意接收数据。

2）程序流程图如图 8-22 所示。

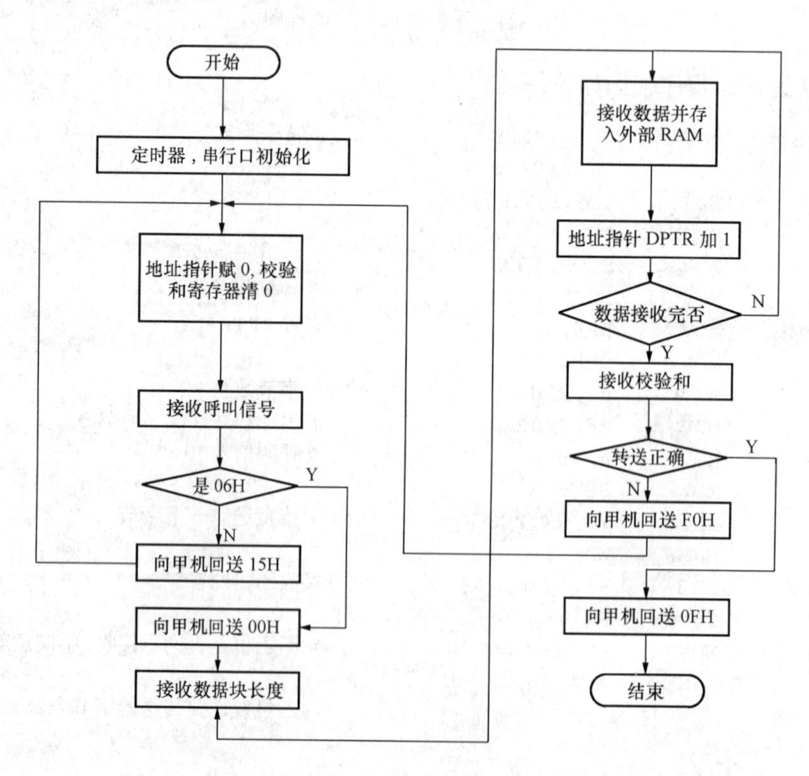

图 8-22´ 乙机接受程序流程图

3）程序设计。程序代码如下：

```
FMT_T_S:     MOV     TMOD,#20H             ;T1 初始化
             MOV     TH1,#0F4H
             MOV     TL1,#0F4H
             SETB    TR1
             MOV     SCON,#50H             ;串行口初始化
             MOV     PCON,#80H
FMT_RAM:     MOV     DPH,#31H              ;设置 DPTR 地址
             MOV     DPL,#30H
             MOV     R6,#00H               ;校验和寄存器清零
_ACK:        JBC     R1,1F_06H             ;接收呼叫信号
             SJMP    RX_ACK
IF_06H:      MOV     A,SBUF                ;判断呼叫信号是否有误
             CJNE    A,#06H,TX_15H
TX_00H:      MOV     A,#00H                ;向甲机回送同意接收信号
             MOV     SBUF,A
WAIT1:       JBC     T1,RX_BYTES           ;等待应答信号发送完
             SJMP    WAIT1
TX_15H:      MOV     A,#15H                ;向甲机报告接收呼叫信号不正确
             MOV     SBUF,A
WAIT2:       JBC     T1,HAVE2
             SJMP    WAIT2
HAVE1:       LJMP    RX_ACK
RX_BYTES:    JBC     R1,HAVE2              ;接收数据块长度
             SJMP    RX_BYTES
HAVE2:       MOV     A,SBUF                ;给长度寄存器赋值
             MOV     R7,A
             MOV     R6,A                  ;形成累加器和
RX_NEWS:     JBC     R1,HAVE3              ;接收数据
             SJMP    RX_NEWS
HAVE3:       MOV     A,SBUF                ;将接收到的数据存入外部 RAM
             MOVX    @DPTR,A
             INC     DPTR
             ADD     A,R6                  ;形成累加和
             MOV     R6,A
             DJNZ    R7,RX_NEWS            ;判断数据是否接收完毕
RX_SUM:      JBC     R1,HAVE4              ;接收数据校验和
             SJMP    RX_SUM
HAVE4:       MOV     A,SBUF                ;判断传送是否正确
             CJNE    A,R6,TX_ERR
TX_RIGHT:    MOV     A,#0FH                ;向甲机报告传送正确
             MOV     SBUF,A
WAIT3:       JBC     R1,GOOD
             SJMP    WAIT3
TX_ERR:      MOV     A,#0F0H               ;向甲机报告传送有误
             MOV     SBUF,A
WAIT4:       JBC     R1,AGAIN
             SJMP    WAIT4
AGAIN:       LJMP    FMT_RAM               ;返回重新接收数据状态
RET
```

参 考 文 献

[1] 李刚，林凌. 新概念单片机教程. 天津：天津大学出版社，2007.
[2] 陈明荧. 8051 单片机基础教程. 北京：科学出版社，2003.
[3] 张义和. 例说 51 单片机. 北京：人民邮电出版社，2008.
[4] 杜洋. 爱上单片机. 北京：人民邮电出版社，2010.
[5] 杨欣，王玉凤，刘湘黔. 51 单片机应用从零开始. 北京：清华大学出版社，2008.
[6] 马潮. AVR 单片机嵌入式系统原理与应用实践. 北京: 北京航空航天大学出版社，2007.
[7] 张毅刚. 新编 MCS-51 单片机应用设计. 黑龙江：哈尔滨工业大学出版社，2006.
[8] 赵建领. 51 系列单片机开发宝典. 北京：电子工业出版社，2008.
[9] 李萍. 51 单片机 C 语言及汇编语言实用程序设计. 北京：中国电力出版社，2010.
[10] 李荣正. PIC 单片机原理及应用. 北京: 北京航空航天大学出版社，2005.
[11] 王秋爽. 单片机开发基础与经典设计实例. 北京: 机械工业出版社，2008.
[12] 胡学海. 单片机原理及应用系统设计. 北京: 电子工业出版社，2005.
[13] 何立民. MCS-51 系列单片机应用系统设计系统配置与接口技术. 北京: 北京航空航天大学出版社，2003.
[14] 王恩荣. MCS-51 单片机应用技术. 北京: 化学工业出版社，2007.
[15] 沈庆阳. 8051 单片机实践与应用. 北京: 清华大学出版社，2002.
[16] 蔡美琴. MCS-51 系列单片机系统及其应用. 北京: 高等教育出版社，2005.
[17] 李朝青. 单片机原理及接口技术. 北京：北京航空航天大学出版社，2005.
[18] 杨西明. 单片机编程与应用入门. 北京：机械工业出版社，2004.
[19] 薛小玲. 单片机接口模块应用与开发实例详解. 北京：北京航空航天大学出版社，2010.
[20] 张旭涛，姜玉柱. 单片机技术应用实训. 北京：人民邮电出版社，2010.